木质藤本
植物资源（上册）

MUZHI TENGBEN ZHIWU ZIYUAN

牟凤娟　李一果　王昌命　等／著

科学出版社
北京

内 容 简 介

《木质藤本植物资源》是作者与多名参与者历经多年合作完成的,是迄今为止第一部系统介绍木质藤本植物资源及利用的专著。本书主要依据藤本植物的生长习性(缠绕类、卷曲类、吸附类、棘刺类、攀靠类、匍匐类、披散类、垂悬类)为思路,详尽介绍我国野生木质藤本植物资源及常用的栽培类群,并简介其同属近缘种类。裸子植物采用郑万钧系统,被子植物科采用哈钦松系统,各大类型下种类的排列次序按照科、属、种的学名首字母顺序进行排列。

全书共分上下两册,上册详细介绍多年生主茎缠绕藤本植物275种,下册介绍其他类型木质藤本植物300余种,每个种类的具体内容包括中文名、学名、英文名、科名、识别特征、分布范围、生境特点、繁殖方法及资源开发利用等诸多内容,每个植物类群均配有数张彩色图片,图文并茂,深入浅出。本书是研究木质藤本植物资源的种类鉴定及资源开发利用方面的重要书籍,内容丰富,具有较高的科学性和实用性,广泛适用于林学、农学、园林及植物学等领域的研究者和学生参考学习,也可供广大植物爱好者收藏。

图书在版编目(CIP)数据

木质藤本植物资源. 上册 / 牟凤娟等著. -- 北京 : 科学出版社, 2019.6
ISBN 978-7-03-060342-5

Ⅰ. ①木… Ⅱ. ①牟… Ⅲ. ①藤属-植物资源 Ⅳ. ①Q949.71

中国版本图书馆CIP数据核字(2018)第300397号

责任编辑:冯 铂 刘 琳 / 责任校对:彭 映
责任印刷:罗 科 / 封面设计:墨创文化

科学出版社 出版
北京东黄城根北街16号
邮政编码:100717
http://www.sciencep.com

四川省煤田地质制图印刷厂印刷
科学出版社发行 各地新华书店经销

*

2019年6月第 一 版　　开本:787×1096 1/16
2019年6月第一次印刷　　印张:21 1/2
字数:500千字
定价:258.00元
(如有印装质量问题,我社负责调换)

《木质藤本植物资源（上册）》编委会
（按贡献排名）

牟凤娟（西南林业大学）
李一果（昆明市生物资源开发创新办公室）
王昌命（西南林业大学）

朱鑫鑫（信阳师范学院）
李双智（西南林业大学）
赵雪利（西南林业大学）
胡　秀（仲恺农业工程学院）
周联选（中国科学院华南植物园）
徐晔春（广东省农业科学院环境园艺研究所）
宋　鼎（昆明理工大学）
俞筱押（黔南民族师范学院）
周　繇（通化师范学院）
肖春芬（中国科学院西双版纳热带植物园）

摄影者：
　　牟凤娟　朱鑫鑫　周联选　徐晔春　宋　鼎
　　周　繇　李双智　胡　秀　俞筱押　肖春芬

资助项目：
　　云南省高校林木生物技术重点实验室
　　云南省高校林下生物资源保护及利用科技创新团队
　　西南林业大学科研启动基金项目

前言

藤本植物作为一种生活型十分特殊的植物类群，是一类只能通过攀援器官借助其他植物或支撑物攀援升高或匍匐地面的植物，其中木质藤本植物具有生长周期长、攀援方式多样、适应能力强等特点。国内外曾出版过不少关于藤本植物的书籍，但大部分仅限园林栽培的观赏藤本植物，且涉及种类也较为有限。本套书针对藤本植物的不同攀援方式将藤本植物分为缠绕式、攀援式、蔓生式3种方式，再细化为缠绕类、卷曲类、吸附类、棘刺类、攀靠类、匍匐类、披散类、垂悬类等8种类别，并依据此分类方式为线索对国内外部分野生和栽培木质藤本植物（包括个别多年生草质藤本）代表种类进行阐述。全套书共分为上下两册，上册共涉及主茎缠绕式木质藤本植物275种，下册包含攀援式和蔓生式木质藤本植物300余种。同一类攀援方式下的植物按照其所属科、属、种拉丁学名首写字母顺序排列，每种植物类群的描述包括中文名称（中文异名、俗名）、拉丁学名、英文名称、生境特点、分布范围、识别特征、资源利用，以及生境图和特征细节图，力求做到图文并茂；并列出同属近缘其他种类及其分布和生境特点。本书的最大特点是以"资源植物学"和"民族植物学"概念为基础，在大量文献研究和野外调查研究工作基础上对木质藤本植物的观赏特性、药用功能、食用功能及其他开发价值等资源利用方面的内容进行总结。

在西南林业大学"树木学"、"园林树木学"、"风景园林树木学"等课程的教学过程中，本人一直密切关注木质藤本植物资源的开发利用，查阅和考证了大量文献资料，并进行大量野外调查工作，拍摄积累了大量野生、栽培木质藤本植物的图片。本书力求内容能够新颖和切合实用，内容综合了诸位作者多年来的研究成果，并吸收了国内外同行的相关研究成果，主要参与人员有朱鑫鑫（信阳师范学院）、胡秀（仲恺农业工程学院）、徐晔春（广东省农业科学院环境园艺研究所）、宋鼎（昆明理工大学）、周联选（中国科学院华南植物园）、周繇（通化师范学院）、俞筱押（黔南民族师范学院）、肖春芬（中国科学院西双版纳热带植物园），主要负责本书中藤本植物的图片拍摄及鉴定工作。在本书的研究和形成过程中，得到西南林业大学尹五元教授、邓莉兰教授、王慷林教授、覃家理副教授、陈彬博士（上海辰山植物园）的悉心指导和帮助，以及西南林业大学同事刘蔚漪、石明等老师的帮助，作者在此向他们表示深深的谢意！

本套书具有较广泛的适应性，可供农林工程技术人员及高校学生用作参考书和工具书，阶段性的研究成果也为进一步深入研究奠定前期基础。编著一套木质藤本植物资源方面的专著一直是作者多年的梦想，但因水平及能力所限，殷切希望诸位读者给予批评指正。

作者 牟凤娟
2019年1月

目录 CONTENTS

第一章 藤本植物概述 ……………………………… **001**

　一、藤本植物相关概念 ……………………………… **004**

　　（一）藤本植物 ……………………………… 004

　　（二）木质藤本植物 ……………………………… 005

　二、木质藤本的生态适应性 ……………………………… **006**

　　（一）藤本植物的生长模式 ……………………………… 006

　　（二）藤本植物的繁殖方式 ……………………………… 007

　　（三）藤本植物茎的可塑性 ……………………………… 007

　　（四）藤本植物叶的可塑性 ……………………………… 010

　　（五）木质藤本向触性 ……………………………… 011

　三、木质藤本的生态功能 ……………………………… **012**

　四、藤本植物的适应方式 ……………………………… **012**

　　（一）缠绕式 ……………………………… 014

　　（二）攀援式 ……………………………… 016

　　（三）蔓生式 ……………………………… 024

第二章 木质藤本植物的功能及应用 ……………………………… **033**

　一、木质藤本植物的文化内涵 ……………………………… **034**

　二、木质藤本植物的园林造景及应用 ……………………………… **035**

　　（一）立体绿化概念 ……………………………… 035

　　（二）木质藤本植物的园林应用 ……………………………… 036

　三、藤本植物的生态功能及应用 ……………………………… **045**

第三章　木质藤本植物资源特点及开发景⋯⋯⋯⋯⋯049
　　一、我国木质藤本植物资源特点 ⋯⋯⋯⋯⋯⋯⋯ 050
　　二、合理开发利用野生木本藤本植物 ⋯⋯⋯⋯⋯ 050
第四章　木质藤本植物资源⋯⋯⋯⋯⋯⋯⋯⋯⋯⋯053
　　一、主茎缠绕类木质藤本 ⋯⋯⋯⋯⋯⋯⋯⋯⋯ 054
　　　（一）植物特性 ⋯⋯⋯⋯⋯⋯⋯⋯⋯⋯⋯⋯ 054
　　　（二）代表种类 ⋯⋯⋯⋯⋯⋯⋯⋯⋯⋯⋯⋯ 054
主要参考文献⋯⋯⋯⋯⋯⋯⋯⋯⋯⋯⋯⋯⋯⋯⋯318
拉丁学名索引⋯⋯⋯⋯⋯⋯⋯⋯⋯⋯⋯⋯⋯⋯⋯329
中文名索引⋯⋯⋯⋯⋯⋯⋯⋯⋯⋯⋯⋯⋯⋯⋯⋯332

第一章

藤本植物概述
Chapter 1

随着城市现代化建设的发展和城市规模的不断扩大，人们的生态意识和环境保护意识逐渐增强，园林绿化在城市环境中起着越来越重要的作用。要提高城市的绿化覆盖率、增加城市绿量、改善城市环境质量，必须要将传统的平面绿化与垂直绿化有机结合起来，在有限的土地面积上有效扩大绿化面积。藤本植物具有管理粗放、经济效益高、占地少、见效快、能掩盖和遮挡不雅观建筑物等特点，可充分利用立地和空间，在拓展城市绿化空间、增加城市绿化面积和美化环境方面具有其他植物难以替代的作用，成为了垂直绿化的主体，在美化人口多、空地少的这类城市环境中具有重要意义。

许多藤本植物除了可供观叶、观花、观果、观形外，有的还可散发芳香气味；许多种类的根、茎、叶、花、果实、种子还可作为药材、香料等的原料，还具有其他开发价值。利用藤本植物发展垂直绿化、地被及盆栽，可提高绿化质量，改善和保护环境，创造景观、生态、经济三相宜的园林绿化效果；藤本植物丰富独特的适应特征及方式，还可作为生态学和进化生物学等研究领域的优良材料。

目前国内有数个藤本植物的专类园，如西双版纳热带植物园藤本园（侧重资源保存和景观）、上海辰山植物园藤蔓园（侧重华东区系藤蔓类植物和国外园艺藤蔓品种）、厦门园林植物园藤本植物区（侧重园林景观）、广西药用植物园藤本药物区（侧重药用资源），以及湖南生物机电职业技术学院藤本植物研究所藤本植物种质资源圃，这些专业机构为藤本植物的资源收集、保存及其他研究提供了良好的平台。

一、藤本植物相关概念

藤本植物

藤本植物（climbing plant）并非一个自然分类群，难以界定其范围，是一类生活型十分特殊的植物类群。可将其分为木质藤本与草质藤本（图1-1，图1-2），或是多年生藤本与一年生藤本。一般把不能单独直立，但具有特化的（如卷须、钩刺、吸盘、吸根、不定根等）或非特化的（如缠绕茎等）攀援器官和明显的攀援行为作为确定藤本的标准。总而言之，藤本植物一般指植物体的茎部细长，不能直立，只能通过攀援器官借助其他植物或支撑物缠绕或攀援向上生长的植物。藤本植物不能单独直立，只能匍匐于地面，或借助其他植物、支持物的支持才能生长到一定高度，但在高度和长度上具有灵活性及较强的生长能力并占据一定空间，也可在地面迅速蔓延，占据较大的区域。

图1-1 木质藤本（紫藤）

图1-2 草质藤本（圆叶牵牛）

Darwin最早对藤本植物进行了较系统的观测和分类研究，根据藤本植物的攀援器官和攀援方式划分为茎缠绕类、叶攀援类、钩刺等附属器官类和根系附着类这四大类型[1]。Putz和Mooney则在生态学和形态学特征相结合的基础上将藤本植物分为木质藤本（liana）、草质类（vine）、木质的附生类（woody epiphytes）（包括绞杀植物）、草质附生类（herbaceous epiphytes）和半附生植物（hemiepiphytes）五类[2]，这一分类将附生植物也归于藤本类群，明显扩大了藤本植物的范畴[3]。

木质藤本植物

木质藤本为茎不同程度木质化的藤本植物的统称，主要特征表现为：茎不能直立、必须缠绕或攀附在他物而向上生长。相对草质藤本而言，木质藤本植物具有非常明显的特点，在群落配置中无特定层次，却能达到丰富植物景观层次的作用。被誉为城市"美神"的木本藤本植物，在我国具有分布广泛、种类繁多、生长奇特，以及繁殖能力强、适应性广、易于造型等特点，有的枝密叶茂、蔽盖如荫，有的艳花繁开、花期悠长。木质藤本植物适于攀附建筑物、围墙、陡坡、岩壁等生长，是棚架和垂直绿化的优良藤本植物。在当今的园林绿化、环境美化中，木质藤本植物正以它独特的风格，愈来愈引起人们的重视。

木质藤本植物可以配置在景观群落最下层作为地被，也可通过自身的特有攀援结构沿着其他植物无法攀附的垂直立面不断生长延展、配置于上部作为垂直绿化或悬挂攀援。配置攀援植物于墙壁、格架、篱垣、棚架、柱、门、绳、竿、枯树、山石之上用以进行垂直绿化，还可收到一般绿化植物所达不到的观赏效果。这类植物往往是园林设计中花架、花格、墙壁的主要景观材料。

木质藤本植物除了在园林中应用于垂直绿化和用作地被植物，还可作为具有环保功能的护坡植物；许多种类可作为药用植物，开发营养剂、某些嗜好品、调味品、色素添加剂，以及农药、兽医用药、工业用原料等。如常见的药用藤本植物金银花（*Lonicera japonica*）、使君子（*Quisqualis indica*）、何首乌（*Fallopia multiflora*）等，食用藤本植物紫藤（*Wisteria sinensis*）、薜荔（*Ficus pumila*）、毛车藤（*Amalocalyx yunnanensis*）等，农业药用藤本植物雷公藤（*Tripterygium wilfordii*）、鱼藤（*Derris trifoliata*）等，纤维用藤本植物苦皮藤（*Celastrus angulatus*）、古钩藤（*Cryptolepis buchananii*）、南山藤（*Dregea volubilis*）等，橡胶资源藤本植物鹿角藤（*Chonemorpha eriostylis*）、酸叶胶藤（*Ecdysanthera rosea*）、杠柳（*Periploca sepium*）等。

二、木质藤本的生态适应性

随着热带森林片段化和全球气候变化加剧，木质藤本的丰富度呈现不断增加的趋势，可能对森林的结构、功能和动态产生重要影响。木质藤本采取高生产力的生态适应策略，研究木质藤本的功能性状及其生态适应性有助于分析其对气候变化的适应性，也为深入研究木质藤本与共存树木的相互作用、木质藤本对热带森林更新和动态的影响提供了理论基础。

（一）藤本植物的生长模式

木质藤本植物具有独特的生长模式，其可塑性（plasticity）是为适应环境变化而在生理和形态上发生的变化。许多藤本的植物体可在森林的水平和垂直方向上展布呈三维的觅食表面（three-dimensional 'foraging' surface），表现出对群落异质环境的明显适应性[4]。藤本植物由于依赖其支柱木的支持，从而减少了对自身主干和分枝支持结构的投资；热带藤本植物通常分配较大比例的生物量到光合系统，茎/叶比例较小，细弱的藤茎通常要为庞大的光合系统提供有效的输导。木质藤本植物的生理适应能力与其不同攀援机制有关，具有特化攀援器官的种类（如具有特化的攀援根、卷须、吸盘等）往往比不具特化攀援器官的木质藤本（如茎缠绕）种类在生理上具有更强的适应能力[5]。在整个生活史中，许多木质藤本种类要经历类似灌木状直立生长或者匍匐生长的阶段，有些直立的灌木状幼苗长至近 2 m 后才开始攀援。支持物是限制藤本攀援习性的主要因素，在无法获得合适支持物的情况下，一些种类的匍匐枝可以在地面蔓延相当长的距离而不呈现出任何攀援的趋势。大径级支柱木被藤本植物攀援的比率高于小径级支柱木的；茎缠绕和钩刺攀援藤本的胸径与支柱木胸径呈极显著相关，根攀援和卷须攀援藤本的胸径与支柱木胸径相关性不显著[6]。虽然有研究表明木质藤本对支撑树木种类有一定的选择性[6, 7]，但多数学者认为树种与木质藤本的攀援方式无特定关系，而更多地依赖于森林的演替状态[8]。

热带树木的强烈选择压力来自藤本植物的竞争，被藤本植物攀援的树木，其死亡率大于未被攀援的树木[9]；木质藤本能够通过缠绕树木，从而增加树木死亡率、减缓树木生长、造成树木茎干畸形等，最终降低木材的商业价值。藤本植物的攀援作用通常会对支柱木产生不良影响；支柱木也不只是单方面受害，其常可形成某种防御藤本植物攀援的策略。目前对藤本运动方式和机制的研究发现，藤本植物的攀援器官可通过主动寻找、等待和扩大对支柱木攀援范围等方式来增加获得支持的机会。藤本植物对支柱木的选择性包括两方面，即对支柱木种类和大小的选择。藤本植物对支柱木大小的选择存在一定的范围，而且与藤本的种类、大小及攀援器官的类型都有一定的关系。

二 藤本植物的繁殖方式

藤本植物中具有较高比例的雌雄异株类型，通常可占某一地区藤本植物种类的30%~40%，如中国亚热带中部的藤本植物有性繁殖系统中两性花类藤本最多，杂性花类最少，单性花类占27.5%，其中雌雄异株的种类明显多于雌雄同株的种类[10]。在常绿阔叶林中，许多藤本植物的个体密度低、分布稀疏，而且还具有较强的无性繁殖能力，无性繁殖对藤本植物在群落中取得竞争优势无疑具有十分重要的意义。许多藤本植物新茎产生的养分主要贮藏在膨大的根中，如葡萄科（Vitaceae）、防己科（Menispermaceae）、紫金牛科（Myrsinaceae）、木通科（Lardizabalaceae）中的藤本植物，这些藤本具有抗砍伐、抗火灾的能力，常能够免于被淘汰；有些藤本具有很大的块茎，如薯蓣科（Dioscoreaceae）、旋花科（Convolvulaceae）、菝葜科（Smilacaceae）和蝶形花科（Papilionaceae）中的某些藤本种类，这些藤本植物只要遇到合适的水肥条件，会很快萌发出新的茎来，并迅速形成藤丛或藤群。一些藤本还能利用珠芽进行繁殖，如薯蓣属（*Dioscorea*）藤本植物；还有一些可以利用具攀援根残体进行快速繁殖，如凌霄属（*Campsis*）藤本植物。

藤本植物的繁育系统也和整个植物一样，是长期适应环境的结果。在森林群落中，繁育方式不同的藤本植物，特别是雌雄异株的种类，其雌雄株的比率、数量多少和在群落中的分布格局均会影响到其有性生殖的质量，进而影响到种群的动态和群落的发展；反之，繁育能力不同的藤本植物也限定了它在群落中可能采取的扩散和分布策略。野外调查和观察研究发现许多藤本植物在群落中采取了集群分布的策略，这可能与藤本植物具有较高比例的雌雄异株繁育方式有关[11]。较高的雌雄异株比率也可能是导致藤本植物具有较强无性繁殖能力的重要原因[12]。

三 藤本植物茎的可塑性

木质藤本外形上与树木有着明显的差异，木质藤本具有较大的藤茎长度与胸径比[13]；其植株生物量的分配格局和树木显著不同，木质藤本支撑结构生物量所占比重较小，相对分配到叶片和根的生物量所占比重较大；与横向生长相比，木质藤本细长的茎往往表现出较高的纵向生长速率[1, 11, 14]。茎的快速伸长使其叶片更快地达到冠层，具有较大的地上竞争优势。

藤本植物较长的茎具有以下两个作用：① 可利用裸露岩石、其他植物或是其他支撑物而不是投资在支撑组织上，以最小的投资代价获得足够的阳光；② 可使植物不必攀爬到更高区域而快速侵占大片区域，典型代表种类是蔓长春花（*Vinca major*）。

原产热带地区的部分藤本植物发展出背光性（skototropism，negative phototropism），具有背光性可以让藤本植物沿着乔木树干攀爬至光线更多的区域，如绿萝（*Epipremnum aureum*）（图1-3）、麒麟叶（*Epipremnum pinnatum*）。藤本植物的茎结构为适应功能的改变，在减少支持而又不降低其输导能力方面表现出灵活多样的策略，如形成层变异（cambial variants）更有利于其弯曲生长和损伤时的恢复生长，导管的直径和形态变化更有利于输导等，这被认为是体现植物体结构对功能适应的最好模型之一[7]。木质藤本的木材密度小、导管直径大，具有较粗大的导管和较高的水分运输效率，且宽大的导管具有较强的储水能力；木质藤本的导管功能期较长，使其具有长期高效的水分运输能力[15, 16]。藤茎具有的这些特点可保证茎高效地为叶片输送水分，补偿叶片蒸腾引起的水分亏缺[17]，使叶片能够得到充足的水分和养分供给，此类藤本植物的典型代表是一些棕榈科（Arecaceae）省藤属（*Calamus*）植物（图1-4）。这些特点及运输的高含量养分保证了木质藤本具有较强的光合能力和较高的生长速率。

图1-3 绿萝　　　　　　　　　　　图1-4 省藤属

藤本植物在一生中都需要借助其他物体生长或匍匐于地面，大部分藤本植物一生都表现为藤本状态，而部分种类也会随环境而变化。不同生境、不同发育阶段、不同生活需要，都会导致其习性和生长型的变化。在没有支撑物时可生长为低矮灌木状，一旦有支持物时就转变为藤本状，如茄科（Solanaceae）的一些种类、卫矛科（Celastraceae）的南蛇藤（*Celastrus orbiculatus*）（图1-5，图1-6）、漆树科（Anacardiaceae）的毒漆藤（*Toxicodendron radicans*）、木犀科（Oleaceae）的茉莉花（*Jasminum sambac*）等种类不用攀爬，只在其生活史中某一阶段表现为藤本状态。蔷薇科（Rosaceae）蔷薇属（*Rosa*）和悬钩子属（*Rubus*）的许多种类也是如此，如鸡爪茶（*R. henryi*）在幼时或在旷地上呈披散状，表现为刺攀类型，但在林内，一旦找到支持木，就会以缠绕的方式向上攀援。有的藤本植物还可在地面上迅速蔓延，占据较大的面积，成为极好的铺地类植物，如五加科（Araliaceae）常春藤属（*Hedera*）（图1-7）、夹竹桃科（Apocynaceae）蔓长春花属（*Vinca*）（图1-8）。石岩枫（杠香藤 *Mallotus repandus* var. *chrysocarpus*）在旷地上或林分的早期阶段常呈灌木状，而在发育稳定的林分中则成为大型刺攀类藤本。萝藦科（Asclepiadaceae）球兰属（*Hoya*）在生长初期为缠绕生长，攀援上升后于节部长出气生根，当主茎进入成熟生殖期，则为附生藤本而悬挂于树杈上（图1-9，图1-10）；锦葵科（Malvaceae）黄槿（*Hibiscus tiliaceus*）原为海滨乔木，在溪边密林中则表现为大藤本。这种兼有几类生长型的特征，有助于藤本植物附着于支撑物，夺取良好的光照和生活的必需条件。

图1-5 南蛇藤（灌木状）

图1-6 南蛇藤（缠绕藤本）

图 1-7　洋常春藤

图 1-8　小蔓长春花

图 1-9　缠绕茎（球兰属）

图 1-10　气生根（球兰属）

（四）藤本植物叶的可塑性

　　藤本植物的可塑性是指在生长过程中可随生境的改变形成不同形态和功能的异胚体（hetero-blasty），这种发育方式被称为异胚性发育[11]。许多根攀类藤本植物对异质环境更为突出的有效适应方式是在发育过程能形成两种明显不同的叶，即营养生长阶段的幼态叶和生殖阶段形成的成熟态叶，幼态叶和成熟态叶的生理行为类似于阴生叶和阳生叶[7]，常见的代表种类有常春藤属植物（图1-11，图1-12）。许多藤本植物还可发育出一系列不同大小和形态的叶，以减少在时空异质环境中因较大的光合表面而导致的生理限制，一般在高光和旱生环境中具有较小的叶型[7]，即叶的两型性（leaf dimorphism）和至少两种形态机制在维持净光合速率的同时来避免光抑制[11]。藤本植物对光的适应还表现在其他许多方面，如通过可逆转的小叶片运动，在获得最大碳固定的同时，降低热负荷、减少光抑制；又如可逆转的小叶片运动还可降低25%的叶水分损失，并增加中午时叶的水势。

图 1-11 营养枝叶（常春藤）　　　　　　　　图 1-12 生殖枝叶（常春藤）

与直立的树木相比，木质藤本叶的生物量所占比重较大[11, 18]。在一些热带森林中，木质藤本的生物量通常不足森林总生物量的 10%，但其叶生物量可占到冠层叶片总生物量的 40%，并且绝大部分叶片集中在树冠顶层，形成一层致密的地毯式结构，能够最大限度地增加对光的接收面积[9, 19]；同时，某些种类还可快速改变叶片方位以适应新的环境，从而有效地利用光能和占据空间[9, 20]。木质藤本的叶片气孔密度和叶片密度更小，比叶面积及 N、P、K 含量更高，能够促进光、水分、CO_2 在叶肉组织内的扩散，使光合器官得到充足的资源供应。这些性状表现使得木质藤本具有比树木更强的光合潜力，位于全球叶片经济学谱上碳投资策略的"快速偿还"端。

五　木质藤本的向触性

达尔文发现西番莲属（*Passiflora*）植物的卷须向支柱快速弯曲运动时，卷须的末梢接触到支柱后，在 20～30 s 内就能激发出明显的弯曲来，于是其提出卷须的向触性是靠电波传递和原生质收缩来实现的。如丝瓜卷须的快速向触性运动是靠动作电波传递引起下段组织原生质体收缩来完成的，动作电波的传递也不是单靠局部回路电流，还需要神经递质乙酰胆碱的相互协作、交替推进来共同执行[21]。

藤本植物除了具有较高的光饱和点外，还具有较低的光补偿点，许多热带和温带藤本在光强度较低时仍有正光合速率；有些生长在强光下的种类也有较低的补偿点，这种光合特性可能有利于藤本植物对变化不定的光环境的适应。

三、木质藤本的生态功能

藤本植物是一类生活型十分特殊的类群，不仅是热带、亚热带森林结构中重要的组成部分和外貌特征，在森林中形成特殊的层片结构；也是影响群落动态的重要因素，在森林生态系统的结构和功能中具有重要的作用。全木质藤本在热带地区种类繁多，是热带森林重要的外貌特征和重要组分，丰富的木质藤本被认为是区别热带森林与温带森林的重要特征[22, 23]，直接或间接地影响着森林中树木的生长和更新，改变森林树木的种类组成，并且可通过改变森林碳固定量等方式在生态系统水平上发挥作用。在干旱季节，木质藤本能够比树木维持更高的光合能力，使其生长速率高于树木，从而为木质藤本在干湿季分明的季雨林里占据优势提供生理基础[14, 24]。木质藤本有利于森林的再生和竞争，不仅包括直接与乔木的竞争，还包括对乔木树种间的不同影响[20]。

木质藤本产生不定芽的能力很强，在伐木林中，木质藤本往往可以通过不定芽的萌生获得更新，这是木质藤本在受伐木干扰森林中具有较高丰富度的主要原因之一[25]。除此之外，木质藤本长距离开拓新生境则可能更需要依靠风力传播种子来完成[26, 27]。木质藤本的建立可能依赖林窗的形成，但一旦成功建立，它们可以在林冠郁闭后的林下存在[13]。森林干扰（砍伐、火灾等）可增加森林木质藤本的丰富度，从而导致木质藤本的丰富度和多样性在干扰频率较高的林缘显著高于森林内部[28, 29]。

藤本植物可根植于少土或无土但阳光充足环境中，可充分利用了有限的土壤和阳光条件。森林中的藤本植物由于受攀援能力和支柱木资源（类型、大小、分布及死亡或损伤等）的限制，在生长过程中通常会遇到强烈变化的环境条件（特别是光照）。对快速生长的藤本植物来说，小生境（microhabitat）的时空变化更加突出。因此，藤本植物对异质环境的有效适应是其在群落中生存和扩展的关键因素[7]。

四、藤本植物的适应方式

藤本植物在生存竞争以及演化上具有卓越的表现，能以最少的投资用于支柱建造，并获得最大的光合作用空间，如藤茎生物量仅为森林地面的5%，而叶面积却占整个森林叶面积的40%[20]。木质藤本植物的生理适应能力与其不同的攀援机制有关，具有特化攀援器官的种类（如具有特化的卷须等）往往比不具特化攀援器官的木质藤本（如茎缠绕）种类在生理上具有更强的适应能力[5]。由于藤本植物一般需要依靠攀援支柱木或其他物体生长，较直立植物而言，其生长过程增加了支柱木条件的限制，生长环境更加变化不定，与支柱木之间的关系也更为密切、复杂；此外，藤本植物并非自然分类群，具有不同发生来源、不同亲缘关系的藤本植物适应同样的生长方式必然带上各自类群的特点，这都会影响到藤本植物的适应方式。藤本植物丰富独特的适应特征和方式可作为生态学和进化生物学研究的优良素材。

攀爬习性是促使许多藤本植物类群进化成功和多样性增加的关键创新，在不同的植物类群中以不同的攀援方式独立进行进化。攀援方式的多样性丰富了整个植物生态系统乃至整个生物生态系统的生存方式，是藤本植物生存繁衍的基础，也为许多其他生物的生存提供了条件，即使是在攀援上的微小细节也具有生物学上的意义。攀援能力的差异影响到藤本在群落中的种间关系及其对群落的作用；有些种类的攀援方式在森林群落演替的各个时期，可能会有不同的表现，从而影响到森林群落的更新和演替。因此，研究藤本植物的攀援方式可为引种驯化、合理开发利用藤本植物资源提供科学理论依据。

本书参照前人的多项研究结果[1, 2, 30]，并结合作者本人的研究，将藤本植物划分为3种攀援方式、8种类型。

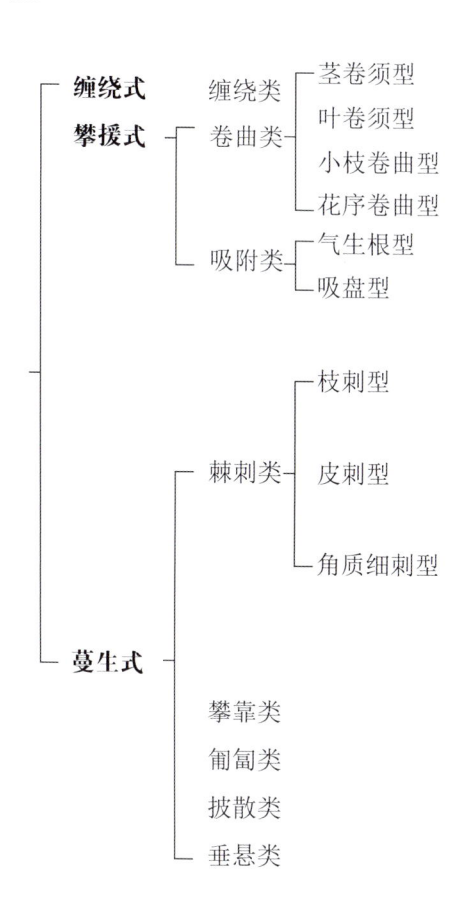

- 缠绕式攀援式
  - 缠绕类
  - 卷曲类
    - 茎卷须型
    - 叶卷须型
    - 小枝卷曲型
    - 花序卷曲型
  - 吸附类
    - 气生根型
    - 吸盘型
- 蔓生式
  - 棘刺类
    - 枝刺型
    - 皮刺型
    - 角质细刺型
  - 攀靠类
  - 匍匐类
  - 披散类
  - 垂悬类

（一）缠绕式

缠绕式（stem-twiners）藤本植物不具特化的攀援器官，依靠主茎缠绕于其他植物或物体等支撑物呈螺旋状向上生长。主茎缠绕式藤本植物的茎一般具有能波动前进、帮助其爬行的幼嫩部分，幼嫩的茎尖以一定的方式作卷曲运动，使植物体能够完全地缠绕住支持物。依缠着基质的方式不同可分为3小类。

1. 逆时针缠绕

逆时针缠绕即右旋性，这种缠绕方式的种类较多，如黧豆属（*Mucuna*）、葛属（*Pueraria*）、菜豆属（*Phaseolus*）、旋花属（*Convolvulus*）、马兜铃属（*Aristolochia*），及紫藤、木防己（*Cocculusor biculatus*）、长叶吊灯花（*Ceropegia dolichophylla*）、黑龙骨（*Periploca forrestii*）、清风藤（*Sabia japonica*）、翼梗五味子（*Schisandra henryi*）、大血藤（*Sargentodoxa cuneata*）、筋藤（*Alyxia levinei*）、日本薯蓣（*Dioscorea japonica*）、薯蓣（*D. polystachya*）、海金沙（*Lygodium japonicum*）等类群的藤茎基本为向右旋转上升生长（图1-13，图1-14）。

图1-13 茎右旋（剑叶吊灯花）　　　　图1-14 茎右旋（黑龙骨）

2. 顺时针缠绕

此类缠绕方式的藤本植物表现为左旋性，种类较少，如五味子科（Schisandraceae）中南五味子属（*Kadsura*）和五味子属（*Schisandra*）、葎草属（*Humulus*）、萹蓄属（*Polygonum*），还有金银花、羊乳（*Codonopsis lanceolata*）、黄独（*Dioscorea bulbifera*）、叉蕊薯蓣（*D. collettii*）、菊叶薯蓣（*D. composita*）、高山薯蓣（*D. delavayi*）、三角叶薯蓣（*D. deltoidea*）、纤细薯蓣（*D. gracillima*）、粘山药（*D. hemsleyi*）、白薯莨（*D. hispida*）、毛胶薯蓣（*D. subcalva*）、啤酒花（*Humulus lupulus*）、荞麦蔓（*Polygomum convolvulus*）和菟丝子（*Cuscuta chinensis*）等（图1-15，图1-16）。

图1-15 茎左旋（黄独）　　　　图1-16 茎左旋（啤酒花）

3. 兼右旋左旋缠绕

当起源地位于赤道附近时，同一属内的植物可能会有不同的旋向，如薯蓣属内既有右旋植物种类，也有左旋植物种类,据此可推测薯蓣属起源于南北回归线之间的赤道地区（图1-17，图1-18）。同样表现的还有蓼科（Polygonaceae）植物何首乌。

主茎缠绕类木质藤本是成熟森林中垂直方向最主要的攀援方式，因而是最重要的一类木质藤本。具缠绕木质茎的藤本攀援能力一般很强，可紧紧缠绕着支持它的树干，并随着支撑树干的加粗，二者均受到挤压。有的藤本紧贴树干的部分呈扁形，背面呈圆形，其强度大多超过树木。当支持乔木死亡后，藤本植物可趋向拉直。如扁担藤（*Tetrastigma planicaule*）、排骨灵（*Fissistigma bracteolatum*）缠绕在高大乔木上的接合部可扁化，以后拉直呈麻花状；有的缠绕茎外表木栓层较发达，如大叶素馨（*Jasminum attenuatum*），木栓层呈四五棱的翅状木栓，中间是木质极坚硬的圆茎；参薯（*Dioscorea alata*）的茎基部四方形，茎部以上有四翅。缠绕藤本与其他攀援方式的藤本相比，具有更强的耐受低温胁迫能力[31]。

图 1-17　茎右旋（薯蓣属）　　　　　　　　图 1-18　茎左旋（薯蓣属）

（二）攀援式

在部分藤本植物生长过程中，其卷须、叶、幼枝、花序轴、气生根等附着器官或有助于攀援他物的构造，能抓握细线、孔隙、粗糙表面或狭小的支持物以及植物的小枝、叶柄等，还可抓握另一藤茎的细小部位以伸展。部分藤本植物还可同时具有多种攀援方式。

1. 卷曲类

卷曲类（tendril）藤本植物有的是以长在茎上的枝、叶变态形成的卷须（表现长而卷曲，单条或分叉）；有的以叶柄、幼枝、花序轴等特化为卷须功能，卷曲攀缠它物向上伸展。卷须类藤本植物以这些同功不同源的器官，在风的吹动下卷握他物伸展，而它们的卷握方向有的是从上往下抓，有的是从下往上抓，有的则是两种混合方式同时使用。卷须类木质藤本通常在森林演替初期占优势，而在成熟或原始森林中很少，但在森林底层（高度 5 m 以下）卷须类木质藤本优势度占次优（12.0%），随着高度的增加相对优势度才显著降低。这是由于卷须类木质藤本通常只能攀附小径级树木，森林底层丰富的小径级树木为卷须类木质藤本攀援提供了充足的可用支持木，其他研究也发现卷须类木质藤本在小径级支持木丰富的区域具有较高的多度，如演替初期的森林、林窗。

(1) 茎卷须型

茎卷须型（specialized shoots）藤本具有由茎枝先端特化而成的卷须，借以卷攀。茎卷须生于叶腋（如南瓜 *Cucurbita moschata*）或与叶对生（如葡萄 *Vitis vinifera*），单一不分枝或2至多分枝，依植物种类而异。葡萄的卷须不断向外伸展自发地左右运动进行探索，卷须的尖端在慢慢地画着圆圈，当接触到支撑物时，会迅速生长并很快木质化，作螺旋收缩；但如果没有缠住物体时，卷须可较长时间保持绿色，后逐渐枯黄。此类藤本植物常见于葡萄科、无患子科（Sapindaceae）、西番莲科（Passifloraceae）、葫芦科（Cucurbitaceae）及苏木科（Caesalpiniaceae）羊蹄甲属（*Bauhinia*）（图1-19，图1-20），其中多花崖爬藤（*Tetrastigma campylocarpum*）卷须不分枝，贴生白粉藤（*Cissus adnata*）和锈毛白粉藤（*C. adnata*）的卷须2叉分枝，相隔2节间断与叶对生；扁担藤茎上具有不分枝的粗壮卷须，相隔2节间断与叶对生，还具有扁平状缠绕茎。

图 1-19 茎卷须（西番莲科）　　　　图 1-20 茎卷须（南瓜）

(2) 叶卷须型

叶卷须（leaf tendril）是由叶片、叶柄或托叶等叶的全部或部分变态特化而成的卷须，主要有以下5种类型。

托叶卷须型：托叶卷须型（stipular tendril）藤本植物叶柄基部的托叶变态为卷须，借以卷缠攀援，外观表现为两侧各产生一条卷须。当卷须缠绕住物体时，卷须继续生长并增粗，最后变得非常坚固；如果卷须没有缠住物体，则会缓慢向下弯曲，缠绕能力消失，与叶柄脱节一并脱落。主要见于菝葜科菝葜属（*Smilax*）和肖菝葜属（*Heterosmilax*）两属植物（图1-21，图1-22），比如牛尾菜（*Smilax riparia*）的叶柄基部有2叉卷须。

叶柄卷攀型：叶柄卷攀型（twining petioles）藤本植物可借总叶柄或小叶柄卷曲缠绕他

物攀援而向上生长。当一个叶柄已经缠住小枝或支撑物时，会发生显著的变化，即缠绕的叶柄在两三天内增粗较多，最后可增粗到为缠绕叶柄的两倍，且整个组织变得坚硬，其叶柄获得较大的硬度和强度，需要相当大的力量才可将其拉断。例如：铁线莲属（Clematis）许多种类的叶柄或复叶的总叶柄（叶轴）及小叶柄均能进行卷缠（图1-23）；旱金莲属（Tropaeolum）的叶柄细长，向上扭曲攀援（图1-24）；千年不烂心（Solanum cathayanum）能借单叶较短的叶柄卷曲进行攀援；宽药青藤（Illigera celebica）以叶柄卷握他物进行伸展；二籽扁蒴藤（Pristimera arborea）叶柄呈螺旋状卷曲、粗壮，卷曲的叶柄上长叶片；缠柄花（红萼藤 Rhodochitona trosanguineus）借以叶柄攀援。

图 1-21 托叶卷须（菝葜属）

图 1-22 托叶卷须（菝葜属）

图 1-23 总叶柄卷攀（铁线莲属）

图 1-24 叶柄卷攀（旱金莲属）

小叶卷须型：小叶卷须型（leaflet tendril）藤本植物的羽状复叶前端小叶变态为叶卷须，借以卷曲缠绕他物进行攀援。种类不多，常见于紫葳科（Bignoniaceae）、苏木科、蝶形花科中一些属、种，如炮仗花（*Pyrostegia venusta*）、美丽二叶藤（*Arrabidaea magnifica*）、蒜香藤（*Pseudocalymma alliaceum*）、榼藤（*Entadapha seoloides*）（图1-25，图1-26），以及香豌豆（*Lathyrus odoratus*）、四籽野豌豆（*Vicia tetrasperma*）等种类。

叶尖钩卷型：叶尖钩卷型植物的叶片先端呈钩状卷曲，可借以钩缠他物，但攀附能力较弱。如须叶藤（*Flagellaria indica*）、嘉兰（蔓生百合 *Gloriosa superba*）（图1-27，图1-28）、滇黄精（*Polygonatum kingianum*）等。

中脉卷须：猪笼草科（Nepenthaceae）猪笼草属（*Nepenthes*）植物的叶片中脉延伸特化为卷须，以此缠绕着其他植物向上攀援（图1-29，图1-30）。

图1-25 小叶卷须（炮仗藤）

图1-26 小叶卷须（榼藤）

图1-27 叶尖钩卷（须叶藤）

图1-28 叶尖钩卷（嘉兰）

图 1-29 中脉卷须（葫芦猪笼草）　　　　　　图 1-30 中脉卷须（猪笼草）

(3) 小枝卷曲型

攀援枝（包括侧生攀援枝）的前端幼嫩部分像卷须一样具有卷曲攀援的功能，一旦遇到适宜的支持木便螺旋状卷曲缠绕，固定支持木；未遇支持木的特别是散生攀援枝，头部自卷曲生长，基部未卷曲部位可生长叶片作为光合枝，顶芽损伤或死亡。若顶芽停止生长或死亡，紧靠顶芽下部的腋芽可代替顶芽继续生长。黄檀属（*Dalbergia*）的一些种类，如藤黄檀（*D. hancei*）、大金刚藤黄檀（*D. dyeriana*）、象鼻藤（*D. mimosoides*）、高原黄檀（*D. yunnanensis* var. *collettii*）、香港黄檀（*D.millettii*）的小枝有时弯曲为钩状或成环，或旋扭，初生出时有钩缠能力（图 1-31，图 1-32）。马钱科（Loganiaceae）的华马钱（牛目椒 *Strychnos cathayensis*）水平生长的小枝尖端一经碰到支持物，常变态为成对的螺旋状曲钩缠绕支持物，并迅速增粗，直径常为下面正常枝的 3 倍以上。而勐腊铁线莲（*Clematis menglaensis*）以茎上小枝卷握他物伸展。

图 1-31　小枝卷曲（象鼻藤）　　　　　　图 1-32　小枝卷曲（香港黄檀）

(4) 花序卷曲型

花序卷曲型藤本的花序某一部分能卷曲缠绕，借以攀援他物。此类藤本对攀援器官的投资相对较小，其攀援能力较强，攀爬速度快，通常喜阳生环境。但是需要缠绕于支柱上才能直立生长，否则只能贴地而生。如番荔枝科（Annonaceae）鹰爪花属（*Artabortry*）、铁青树科（Olacaceae）赤苍藤（*Erythropalum scandens*），白蔹（*Ampelopsis japonica*）可借花序轴卷握他物进行伸展（图1-33），珊瑚藤（*Antigonon leptopus*）借花序轴顶端形成的卷须攀援（图1-34），毛咀签（*Gouania javanica*）和倒地铃（*Cardiospermum halicacabum*）可借花序最下一对花的花柄进行卷缠（图1-35，图1-36）。

图1-33 花序轴卷曲（白蔹）

图1-34 花序轴卷曲（珊瑚藤）

图1-35 花序轴卷曲（毛咀签）

图1-36 花序轴卷曲（倒地铃）

2. 吸附类

吸附类植物的枝蔓借助于气生根（攀援根）、吸盘，可分泌黏液将植物黏附于他物表面或穿入他物内部而支持植株向上攀援生长。某些种类还能牢固吸附于光滑物体，如玻璃、瓷砖表面生长，是墙壁、屋面、石崖、堡坎及粗大树干表面绿化的理想材料。此类植物在依附固着支架时只有在生长周期内才有可能，已经木质化的新梢不会再生长出新的固着器官。

（1）气生根型

气生根（clinging stem root）又称攀援根，此类根的先端扁平，帮助细长柔弱的茎杆向上生长，多见于空气湿度较高的地区。根攀类木质藤本主要出现于老龄林或原始森林中，因此通常被认为具有较强的耐阴性。以气生根吸附攀援的植物有两种形式。一类为气生根多条，长出后表现为细而多分枝，立即吸附于他物的表面，常见于络石属（*Trachelospermum*）、常春藤属、凌霄属、榕属（*Ficus*）、卫矛属（*Euonymus*）、胡椒属（*Piper*）、藤蕨属（*Lomariopsis*）的部分种类（图1-37，图1-38），以及钻地风（*Schizophragma integrifolium*）、冠盖绣球（*Hydrangea anomala*）、冠盖藤、量天尺（*Hylocereus undatus*）和附着实蕨（*Bolbitis scandens*）。此类藤本的茎节处可长出气生不定根，也能分泌胶状物，将植物体固定到支持物上，随着植物的生长，不断长出新的气生根，使植物向上攀援，可攀附于树干或岩石上。另一类只产生少数气生根，初期粗壮近肉质，不分枝，待先端插入土壤或其他基质后，先端产生大量的分枝须根而吸附他物，并吸收水分与营养，常见于天南星科（Araceae）的附生植物，如绿萝、麒麟叶、龟背竹（*Monstera deliciosa*）等（图1-39），以及蔓绿绒属（*Philodendron*）（图1-40）。此类藤本植物可牢固附着于石壁、墙砖等光滑表面上，且分枝较少，高度有限，多作室内观叶应用。还有的植物表现介于藤木和附生植物之间，称为附生藤本植物，如狮子

图1-37 攀援根（洋常春藤） 　　　　　　　　图1-38 攀援根（厚萼凌霄）

图 1-39 气生根（龟背竹）　　　　　　　图 1-40 气生根（蔓绿绒属）

尾（*Rhaphidophora hongkongensis*）和大香荚兰（*Vanilla siamensis*）等。

（2）吸盘型

吸盘型（adhesive pads）藤本植物卷须的顶端可变态膨大成圆形扁平的吸盘，能分泌黏胶，借以吸附他物，常有很强的吸附能力。地锦属（*Parthenocissus*）以及蛇葡萄属（*Ampelopsis*）和西潘莲属中部分种类的卷须是一个敏感性器官（图 1-41，图 1-42），当受到接触刺激后将会卷曲，导致球茎状吸盘两边对称发育尺寸迅速增大，吸盘的大部分表皮表面被黏性流体所覆盖，最后黏附在卷须周围的衬底上；卷须会收缩成螺旋形，变得具有高度弹性，依靠吸盘的吸附力量将藤茎固定在物体的表面[32]。没有吸附于任何物体的卷须，会在 1～2 个星期内收缩为极细的线状而枯萎脱落。如地锦属植物的卷须总状多分枝，嫩时顶端膨大或细尖微卷曲而不膨大，后遇附着物扩大成吸盘状；西番莲属中部分种类的卷须前端也可特化为吸盘，如 *Passiflora arbelaezii*、*P. contracta* 等。

图 1-41 吸盘（爬山虎属）　　　　　　　图 1-42 吸盘（爬山虎）

吸附型藤本植物对支持物要求低，攀援能力强，通常形成耐阴或适宜阴生的特性，宜栽培于阴生环境。此类藤本植物会依附在实心物体表面生长，能将其气根或卷须（吸盘）扎进实心墙上最小的缝隙之中，在墙壁和稳固的支撑物上长势良好。在建筑墙面绿化最好选择具有吸盘或气生根的藤本植物，因为依靠吸盘和气生根直接吸附于墙面，无须支架，并且吸附得很牢固，也很平整美观。吸附类藤蔓生长强劲，能很快覆盖墙面，可攀附于岩石、亭、廊、花架、栅栏、树干和地面等处，覆盖地面或岩石上，不仅富有山林情趣、丰富了景观，还可防止水土流失。但吸附型藤本在其生长过程中会破坏某些种类的墙壁，尤其是用老化并开始变得松脆的灰泥黏着的砖墙，从而破坏房屋的结构；但如果墙壁十分结实，则藤本植物可以安全生长。不可将它们种植在需要经常粉刷的平面上，最好让藤本植物沿距离房屋 0.3 m 左右的棚架向上攀爬。

（三）蔓生式

1. 棘刺类

植株借助于枝或叶上的刺状物帮助其攀上其他支持物而向上生长，一般将其归为攀靠类。这一类植物的攀援能力较弱，在其生长初期应加以人工牵引或捆绑，辅助其向上到位生长。依棘刺的来源不同又分为以下 3 种类型。

(1) 枝刺型（hooked branches）

这一类型木本植物的刺由小枝变态而来，生于叶腋或近叶腋的上方，刺直或向下弯，有些种弯曲呈钩状，但不具继续卷曲特性。在园林中应用时，常需人工引导辅以必要措施。常见种类如：雀梅藤属（*Sagaretia*）、钩藤属（*Uncaria*）、叶子花属（*Bougainvillea*）、柘属（*Cudrania*）及钩刺藤（*Ancistrocladus tectorius*）等植物的枝刺直或略下弯（图 1-43，图 1-44，图 1-45）。有的钩刺攀往支持物后就会显著地增粗，如滇南马钱（*Strychnos nitida*）和华马钱的叶腋具成对弯刺；海域蔓胡颓子（*Elaeagnus glabra*）、三叶藤橘属（*Luvunga*）的刺自叶腋间生出，花序又位于枝与刺之腋间抽出；单叶藤橘属（*Paramignya*）的刺出自叶腋间，通常弯钩状（图 1-46）。

(2) 皮刺型

植物的皮刺（thorn）由表皮及皮部突起而形成，其中不含有木质部成分，着生也无一定位置，常不规则散生于茎及叶柄、叶脉上，有时亦着生于叶柄的两侧，通常短而宽扁。皮刺的成分主要是木质素、木栓质、纤维素及半纤维素，皮刺外部组织比内部组织木质素和木栓质含量高，"似离区"下部组织的木质素及木栓质含量较上部组织高[33]。如月季（*Rosa chinensis*）的皮刺是茎枝的表皮或皮层突起，分布密集，容易剥离；具有组织层次，表面角质化并被厚蜡质，表皮层细胞较小，排列紧密，细胞壁较厚，细胞腔较大；皮刺中心部为薄壁细胞组织，细胞大而圆，细胞壁薄，排列疏松，细胞间隙大；皮刺基部存在着由 3～5 层细胞组成的"似离区"。

图 1-43 枝刺蔓生（雀梅藤属）

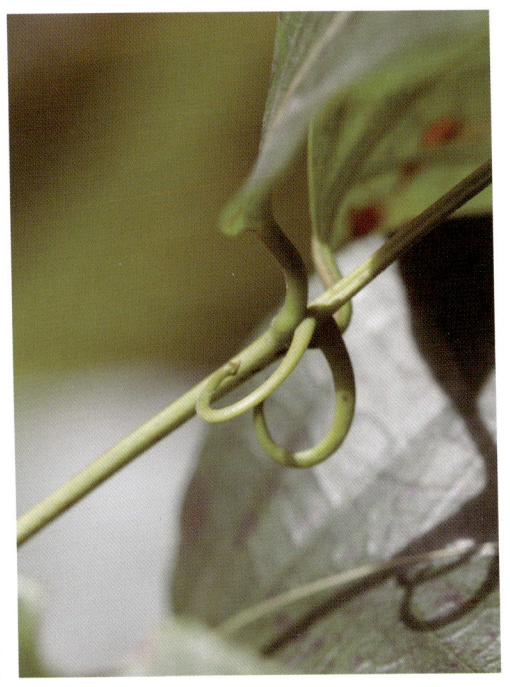

图 1-44 枝刺蔓生（钩藤属）

图 1-45 枝刺蔓生（叶子花属）

图 1-46 枝刺蔓生（单叶藤橘）

植物的皮刺不仅仅是分布于植物茎枝的表面，许多植物的叶柄和叶片上也布满了皮刺。皮刺在藤本植物中很普遍，如蔷薇属（图1-47）、悬钩子属、云实属（*Caesalpinia*）、花椒属（*Zanthoxylum*）、省藤属、菝葜属的大多数种类（图1-48，图1-49），及贯叶蓼（*Polygonum perfoliata*）等。悬钩属的叶柄和叶背面生长着许多小的皮刺；藤金合欢（*Acacia rugata*）的枝、叶柄上都散生多数倒钩刺，茎有5棱，棱上亦有倒钩锐刺；拟山枇杷（*Zanthoxylum dissitoides*）的枝、叶背下中脉有倒钩皮刺，幼嫩茎只有较密的钩刺以攀援他物，而不缠绕；两面针（*Z. nitidum*）、飞龙掌血（*Toddalia asiatica*）的叶面、叶背、中脉均有刺（图1-50）。

（3）角质细刺型

某些草质藤本植物的细刺由表皮的角质层突起形成，一般称之为刺毛。此类刺细小而透明，通常向下倒生，也有着不可估量的攀附能力。如桑科（Moraceae）葎草（*Humulus suandens*）的茎、枝、叶柄均具倒钩刺，对人体皮肤易造成伤害；茜草科（Rubiaceae）原拉拉藤（*Galium aparine*）的茎棱上、叶缘、叶脉上均有倒生的小刺毛（图1-51），茜草（*Rubia cordifolia*）的方柱形茎棱上生倒生皮刺（图1-52）；杠板归（*Polygonum perfoliatum*）的藤茎沿纵棱具稀疏倒生皮刺。

2. 攀靠类

攀靠类藤本植物的茎长而细软，既不具备缠绕能力，也无其他攀援结构，只能单纯地凭借其纤柔韧的新梢进行攀援生长。初直立，能借本身的分枝成一定角度铺展上升或叶柄

图1-47 皮刺蔓生（蔷薇属）　　　　　图1-48 皮刺蔓生（蚬壳花椒）

图 1-49 皮刺蔓生（穿鞘菝葜）　　　　　　图 1-50 皮刺蔓生（飞龙掌血）

图 1-51 细刺蔓生（原拉拉藤）　　　　　　图 1-52 细刺蔓生（茜草）

依靠他物的衬托而上升很高，与一般的叶、枝条的区别仅在于其敏感性较强。如南蛇藤属（*Celastrus*）、胡颓子属（*Elaeocarpus*）、酸藤子属（*Embelia*）、千里光（*Senecio*）的许多种类（图 1-53，图 1-54），及云南黄素馨（*Jasminum mesnyi*）、葡蟠（*Broussonetia kaempferi*）、西南野木瓜（*Stauntonia cavalerieana*）、棘刺卫矛（*Euonymus echinatus*）等种类。有的藤本植物发育成直角、交互对生的水平分枝，如买麻藤属（*Gnetum*）灌状买麻藤（*G. gnemon*）植物的茎、枝上节膨大，节上枝条交互对生，水平侧枝可攀靠他物（图 1-55）。蕨类中海金沙属（*Lygodium*）植物的蕨叶以无限延长的方式展开，且叶轴会偶合在支撑物上，每个蕨叶都会形成分开的藤蔓（图 1-56）。原产北美的杜鹃花科（Ericaceae）

马醉木属的 *Pieris phillyreifolia* 可利用其扁平的藤茎攀爬上落羽杉属（*Taxodium*）或扁柏属（*Chamaecyparis*）植物体的 10 余米处[34]。

图 1-53 攀靠类（密花胡颓子）　　　　　图 1-54 攀靠类（当归藤）

图 1-55 攀靠类（灌状买麻藤）　　　　　图 1-56 攀靠类（海金沙）

3. 匍匐类

许多具有不定根（气生根）的藤本植物在没有攀援支柱物时，可沿着地面的各个方向蔓延，将整个地面覆盖，如常春藤属、蔓长春花属、地果（*Ficus tikoua*）（图 1-57），以及草本植物马蹄金（*Dichondra repens*）、积雪草（*Centella asiatica*）、南美天胡荽（*Hydrocotyle vulgaris*）等种类（图 1-58）。匍匐酸藤子（*Embelia procumbens*）为攀援小藤本或平铺灌木，匍匐生根；匍匐悬钩子（*Rubus pecftinarioides*）为匍匐状半灌木，茎匍匐，节上生根；矮生栒子（*Cotoneaster dammerii*）常生不定根。

栒子属（*Cotoneaster*）中一些种类没有气生根，也可呈匍匐状蔓延，如匍匐栒子（*C. adpressus*）、平枝栒子（*C. horizontalis*）、高山栒子（*C. subadpressus*）等平卧小灌木（图1-59），以及匍匐杜鹃（*Rhododendron erastum*）、平卧杜鹃（*R. pronum*）、平卧怒江杜鹃（*R. saluenense* var. *prostratum*）、平卧白珠（*Gaultheria prostrata*）、平卧绣线菊（*Spiraea prostrata*）、匍匐忍冬（*Lonicera crassifolia*）、平卧忍冬（*L. prostrata*）、匍匐五加（*Eleutherococcus scandens*）等种类。此外，柏科（Cupressaceae）刺柏属（*Juniperus*）中的铺地龙柏（*J. chinensis* 'Kaizuca Procumbens'）、滇藏方枝柏（*J. indica*）、兴安圆柏（*J. sabina* var. *davurica*）、铺地柏（*J. procumbens*）、新疆方枝柏（*J. pseudosabina*）、叉子圆柏（*J. sabina*）、高山柏（*J. squamata*）等种类也可作为铺地种类在园林中加以利用（图1-60）。

图1-57 匍匐类（地果）

图1-58 匍匐类（马蹄金）

图1-59 匍匐类（平枝栒子）

图1-60 匍匐类（铺地龙柏）

4. 披散类

此类植物的新梢在生长过程中如嫩芽找不到生长依托，会因其自身的重量而垂向地面，最终形成一个凌乱的向下生长的植物丛。如连翘属（Forsythia）及素馨属中的云南黄素馨（Jasminum mesnyi）、迎春花（J. nudiflorum）等的枝条细长、呈拱形下垂（图1-61），以及假鹰爪（Desmos chinensis）等（图1-62）。

图1-61 披散类（云南黄素馨）　　　　　　图1-62 披散类（假鹰爪）

5. 垂悬类

垂悬类藤本植物是一种特殊的植物类群，无特殊的攀援器官，攀援能力最弱，其叶片对环境变化表现出了十分灵活的策略，在生长过程中为适应环境变化所做的改变被认为是一种异胚性发育特征。悬垂类主要有蔷薇属、悬钩子属、胡颓子属、树萝卜属（Agapetes）（图1-63），以及蕨类中的石松属（Lycopodium）（图1-64）。许多具有气生根的植物有可下垂的可能性，如萝藦科的球兰属、眼树莲属（Dischidia）（图1-65，图1-66）。悬垂类藤本植物的枝条悬垂向下披挂于垂直立面上，在园艺研究中具有重要的参考价值。可利用此类植物茎枝柔软披散的特点，将其栽培于花坛或容器内，让枝叶翻越容器悬挂于外，美化立体空间。

有些藤本植物的攀援行为表现出多样性，有的既是缠绕性的藤本植物，又具有特化的攀援器官：如凌霄属、小花藤（Microchites polyantha）和勐腊藤（Goniotem mapunctatum）既有缠绕茎，又具有攀援性气生根（图1-67）；大叶素馨既有缠绕茎，接地茎节也可萌生不定根；扁担藤除了具有扁平状缠绕茎，茎上还具有不分枝的粗壮卷须；多花猕猴桃（Actindia latifolia）既以藤茎缠绕于他物上升，又以叶柄卷曲攀援上升；葎草一方面本身是缠绕性的攀援植物，另一方面茎枝、叶柄上又长有密密麻麻的倒钩刺，不但可以帮助植物体向上攀援，也可以保护植物自身；大百部（Stemona tuberosa）是可缠绕藤本植物，茎上又常分出发达敏感的侧枝；筋藤（Alyxia levinei）、狭叶蓬莱葛（Gardnerira angustifolia）等植物一方面缠绕上升，另一方面靠茎、枝攀援于支柱木上；买麻藤属大部分种类除了以茎缠绕，其茎、枝上节膨大，节上枝条交互对生，水平侧枝可攀援他物；菟丝子属（Cuscuta）、无根藤（Cassytha *filiformis*）除用茎缠绕寄主外，还可从茎上生出吸器、或盘状吸根伸入寄主茎组织内进行攀援，并获取养料（图1-68）。此类寄生藤本对寄主均有害，是森林经营中应注意的问题。

图1-63 垂悬类（树萝卜属）

图1-64 垂悬类（垂枝石松）

图1-65 垂悬类（球兰属）

图1-66 垂悬类（眼树莲属）

猫爪藤（*Macfadyena unguis-cati*）同时具有三枚与叶对生的小钩状卷须与茎上的攀援根（图1-69，图1-70）；牛目椒具成对腋生弯刺，又有触觉敏感的小枝顶端。而景洪崖爬藤（*Tetrastigma jinhongense*）既有缠绕茎，还具有经卷须，此外接地茎节也可萌生不定根，棘刺卫矛、大血藤也具有缠绕、攀援、茎枝等多种方式攀援至支柱树木上。

图1-67 北美凌霄

图1-68 菟丝子属

图1-69 气生根（猫爪藤）

图1-70 小叶钩状卷须（猫爪藤）

第二章
木质藤本植物的功能及应用
Chapter 2

一、木质藤本植物的文化内涵

藤本植物在应用时要关注其科学性与艺术性，在满足植物生态要求、发挥植物对环境的生态功能的同时，通过植物的自然美和意蕴美要素来体现植物对环境的美化装饰作用，也是观赏植物应用的一个重要特点。在园林绿化中要注重融入美的元素，发挥藤本植物独特的自然美，以迎合人们的审美需求。实际应用过程中还要关注其科学性与工艺性，发挥植物对环境的生态功能。攀援植物姿态各不相同，通过茎、叶、花在芳香、色彩、质感方面的特点和整体构成，表现出生活中的各种自然美。

1. 藤本植物自然美

藤本植物种类繁多，姿态各异。形与色的完美结合是观赏植物能取得良好视觉美感的重要原因，不同色彩的花、叶可以形成不同的审美心理感受，如红、橙、黄色常具有温暖、热烈、兴奋感，会产生热烈的气氛；绿、紫、蓝、白色常使人感觉清凉、宁静，使环境有静雅的氛围。植物以绿色作为大自然赋予的主基调，同时多彩的花、果、叶以动态的形式向人们展现出美的形象。除视觉形象外，很多花、果、叶甚至整个植株还散发出清香、甜香、浓香、幽香等多种香味，使人产生嗅觉美感。攀援植物除具有一般直立植物形、色、香的完美结合外，其体态更显纤弱、飘逸、婀娜、依附的风韵。

2. 藤本植物意蕴美

藤本植物引发的意蕴美与通常所说的联想美、含蓄美、寓言美、象征美、意境美相近，其审美体验源自园林中的自然植物与一定的社会文化之间的联系，使植物形象用托物言志的方式传达某种社会的文化观念和价值观念。以物寓意、托物言情，使植物形象成为某种社会文化、价值观的载体，成为文人墨客、丹青妙手垂青的对象。有些植物能够作为一种传统文化的载体去传达某种文化意境，把植物的自然美和意蕴美结合到一起，通过藤本植物来体现其对环境的美化和装饰作用，从而使园林绿化的美感和体验感共同提升。由于具有一定的传统文化载体功能，这些植物在自然形态美的基础上又具有了丰富的意蕴美内涵。通过植物自然美、意蕴美的内容与环境的协调配合，来体现植物对环境的美化装饰作用，是观赏植物、攀援植物应用于观赏园艺的一个重要方面。

二、木质藤本植物的园林造景及应用

木本藤本植物种类繁多、千姿百态，许多攀援植物具有很高的观赏特性，可以观叶、观花、观果且具有很好的季相色彩变化和独特的风韵美。藤本植物以其枝条细长、不能直立而不同于其他园林景观植物，植物体从长达百米的大型木质藤本到低矮的铺地藤本，类型丰富，生态习性各异，观赏特色多样，其造景功能和应用方式丰富多彩，在城市中主要应用于立体空间绿化。攀援特性使园林绿化能够从平面向立体空间延伸，增加城市绿化的组成部分，扩大绿化空间。而且攀援植物没有固定的株形，具有很强的空间可塑性，可以营造不同的景观效果，现已被广泛用于建筑、墙面、棚架、绿廊、凉亭、篱垣、阳台、屋顶等处。由于造景形式的不同，攀援植物还具有分隔空间、营造休息环境的功能。

（一）立体绿化概念

立体绿化是指充分利用不同的立地条件，选择攀援植物及其他植物栽植并依附或者铺贴于各种构筑物及其他空间结构上的绿化方式。立体绿化是一个整体的概念，形式有墙面绿化、阳台绿化、花架绿化、棚架绿化、栅栏绿化、树围绿化、坡面绿化、屋顶绿化、高架绿化等。有人也将立体绿化称之为"建筑绿化"，因为大部分立体绿化都运用于建筑，而护坡绿化往往是用于堤坝防水，防止泥土流失的一种绿化方式。面对城市飞速发展带来寸土寸金的局面，而面对绿化面积不达标、空气质量不理想、城市噪声无法隔离等难题，发展立体绿化将是绿化行业发展的大趋势。城市立体绿化是城市绿化的重要形式之一，是改善城市生态环境、丰富城市绿化景观重要而有效的方式。发展立体绿化，能丰富城区园林绿化的空间结构层次和城市立体景观艺术效果，有助于进一步增加城市绿量、减少热岛效应，吸尘、减少噪声和有害气体，营造和改善城区生态环境；还能保温隔热，节约能源，以及滞留雨水，缓解城市下水、排水压力。

立体绿化植物材料的选择，必须考虑不同习性的植物对环境条件的不同需要，应根据不同种类植物本身特有的习性，选择与创造满足其生长的条件；并根据植物的观赏效果和功能要求进行设计。下面是几种常见的立体绿化形式以及与其相适宜的植物配置。

（二）木质藤本植物的园林应用

1. 垂直立面绿化造景

垂直立面包括建筑物外立面、桥梁桥墩、立交桥侧面、岩石表面、挡土墙、枯立面等，可利用吸附类藤本植物的特殊附着结构（如气生根、吸盘）在垂直立面上进行绿化造景；也可在垂直立面制作特殊的固定架构，使不具备吸附能力的缠绕类攀援植物通过攀爬形成立面植物景观。现代城市的建筑外观再美也是硬质景观，若配以软质景观藤本植物进行垂直绿化，既增添了绿意、使之富有生机，又可有效遮挡夏季阳光的强辐射，降低建筑物的温度。藤本植物绿化旧墙面，可以遮陋透新，与周围环境形成和谐统一的景观，提高城市的绿化覆盖率，美化环境。由于城市中钢筋水泥桥柱或墙面较多，且植物生长环境恶劣，一般无粗糙物体可攀附，需要选择抗污染、耐干旱、吸附能力较强的藤本种类。利用攀援植物的吸盘或不定根吸附于墙面、立柱、高架桥梁等处，可形成大面积绿化绿色屏幕，既能增加绿化面积，还可有效降低室温。如条件允许，也可种植一些景观优美、攀援能力强的种类。

垂直立面绿化具有良好的景观效果和生态效果，可软化建筑线条，遮挡不美墙体、优化建筑立面视觉效果；从平面角度或局部看，此种绿化有绿色或彩色挂毯的效果；从建筑物总体看，其绿化效果犹如巨大的绿色雕塑。在大楼的南面和西面进行垂直绿化，可改善室内温度，冬暖夏凉，同时又有减少噪声、保护墙壁的效果。在炎热季节，有墙面绿化的室内温度比没有墙面绿化的要低 2～4℃。

用吸附型攀援植物直接攀附建筑物或边坡形成绿墙、绿坡，是常见且经济实用的园林绿化方式。不同植物吸附能力不尽相同，应用时需了解各种边坡表层的特点与植物吸附能力的关系。边坡越粗糙对植物攀附越有利，多数吸附型攀援植物均能攀附，但具有黏性吸盘或卷须的爬山虎（*Parthenocissus tricuspidata*）、云南崖爬藤（*Tetrastigma yunnanense*）和具气生根的薜荔（*Ficus pumila*）、络石（*Trachelospermum jasminoides*）、中华常春藤（*Hedera nepalensis* var. *sinensis*）等种类的吸附能力更强，有的甚至可吸附于玻璃幕墙之上。

墙体绿化泛指攀援或者铺贴式方法以植物装饰建筑物的内外墙和各种围墙的一种立体绿化形式。是立体绿化中占地面积最小，而绿化面积最大的一种形式，其绿化面积可为栽植占地面积的几十倍以上。常利用具吸附、缠绕、卷须及钩刺等攀援特性的藤本植物绿化建筑墙面或是墙内外侧种植花灌木。墙面绿化的植物配置受墙面材料、朝向和墙面色彩等因素制约。粗糙墙面，如水泥混合沙浆和水刷石墙面，则攀附效果最好；墙面光滑的，如石灰粉墙和油漆涂料，攀附比较困难。墙面朝向不同，选择生长习性不同的攀援植物，混凝土墙体、石墙、清水砖墙、虎皮墙、水泥砂浆墙面宜选用以观叶见长、观赏价值高的吸附类藤本植物，如具有吸盘或卷须的地锦属（Parthenocissus）和崖爬藤属（Tetrastigma）（图2-1，图2-2），代表种类是异叶爬山虎（Parthenocissus herterophylla）、绿爬山虎（P. laetevirens）、爬山虎等；具有攀援根的常见中华常春藤、络石、凌霄（Campsis grandiflora）、冠盖藤（Pileostegia viburnoides）、珍珠莲（Ficus sarmentosa var. henryi）、爬藤榕（F. sarmentosa var. impressa）、薜荔、地果等攀援种类（图2-3，图2-4）。

图 2-1 地锦属

图 2-2 崖爬藤属

图 2-3 珍珠莲

图 2-4 地果

墙面绿化种植形式大体分两种，一类是地栽：一般沿墙面种植，带宽50～100 cm，土层厚50 cm，植物根系距墙体15 cm左右，苗稍向外倾斜；另一类是种植槽或容器栽植：一般种植槽或容器高度为50～60 cm，宽50 cm，长度视地点而定。墙顶设置种植槽，配置披散类的木本植物如云南黄素馨、紫花马缨丹等装饰挡土墙的色彩。

柱体垂直绿化是一类比较特殊的藤蔓植物绿化景观，主要为高架桥、立交桥的立柱电线杆及树干等柱形结构。用作柱体绿化的藤蔓植物主要为吸附类和缠绕类，如薜荔、洋常春藤、爬山虎、五爪金龙（Ipomoea cairica）、牵牛（I. nil）等；天南星科中具有气生根的藤蔓植物，如绿萝、龟背竹、麒麟叶、合果芋（Syngonium podophyllum）、喜林芋（绿宝石

Philodendron erubescens 'Green Emerald'）等植物（图 2-5，图 2-6），在南方热带地区常沿树干或其他支撑物攀爬形成特殊的景观，在亚热带及温带地区则可开发为柱状盆栽植物。还可以用紫藤、中华常春藤、爬山虎等垂挂于景点入口、高架立交桥、人行天桥、楼顶（或平台）边缘等处，形成独特的垂直绿化景观。

图 2-5 花叶洋常春藤

图 2-6 麒麟叶

2. 棚架、廊亭绿化造景

棚架可分为普通廊式棚架、复式棚架、凉架式棚架、半棚架和特殊造型棚架。棚架绿化的植物布置与棚架的功能和结构有关。棚架结构不同，选用植物也不同。棚架以观花和观景为主，兼有遮阴功能。攀援植物覆盖廊顶，形成绿廊与花廊，可增加绿色景观。花架在园林中有休息赏景、点缀风景、组织划分和联系空间的功能，可布置在广场周边、草地边缘、草地中央、园路上、水旁，也可与园林建筑相结合。用于棚架及廊亭绿化时可选择枝叶繁茂、柔软下垂，有较好的攀援能力，较好景观价值、经济价值或药用价值的种类，一般选用卷须类、缠绕类及蔓生类，如钩藤属、忍冬属（*Lonicera*）、山牵牛属（*Thunbergia*）、葡萄属（*Vitis*）、蔊豆属、猕猴桃属（*Actinidia*）、木通属（*Akebia*）、马兜铃属的部分种类，以及龙珠果（*Passiflora foetida*）、蛇王藤（*Passiflora moluccana* var. *teysmanniana*）等。具有显著点缀风景作用的花架应选择观赏价值高、花大色艳、花期长或叶形具有显著特色的藤本植物种类。休息赏景功能为主的花架通过植物的遮荫作用为游客创造宜人的休息场所，应配置枝繁叶茂、覆盖能力强、寿命相对较长的木质藤本。具有空间分隔功能的花架宜配置整体外貌细腻、爬满后犹如屏障的藤本植物,如应用锦屏藤(*Cissus sicyoides*)的气根形成帘幕分隔空间,营造出朦胧浪漫、浮想翩翩的氛围。

钢筋混凝土结构的棚架,一般体量较大、承受力大、线条刚硬笔直、色彩素雅,可选择种植大型藤本植物,如常春油麻藤(*Mucuna sempervirens*)、清明花(*Beaumontia grandiflora*)、紫藤、凌霄等(图2-7,图2-8)。钢花架表面光滑、材质坚硬,但易于变化

图2-7 常春油麻藤　　　　　　　　　　图2-8 清明花

造型,既可制作成形式规则、可承受一定重量的花架,也可制作各式多样的造型花架甚至动物的造型,其涂料色彩可以随意变化,但材质比较光滑,不易吸附,宜配置缠绕类藤本植物和卷须类藤本植物,其他形态的藤本植物则需要借助牵引措施使其易于攀爬上架。铁艺花架是种特殊的钢花架,造型灵动,具现代气息,适宜叶小、纤弱的缠绕类藤本植物半覆盖其上,如蔷薇属、球兰属及茑萝(*Quamoclit pennata*)、五爪金龙等;砖石结构花架原始纯朴厚重相犷,其表面粗糙易于吸附,宜选用质感粗放的吸附藤本植物,如蔓绿绒属、龟背竹、喜林芋、三裂树藤(*Philodendron tripartitum*)等,可起到弱化石柱生硬厚重的视觉效果。木、竹、绳结构的棚架体量中等或小体量,造型轻巧,承受力低,可种植缠绕类或卷须类、叶型中等的藤本植物,如飘香藤(*Mandevilla splendens*)、红蝉花(*M. sanderi*)、金香藤(*Pentalinon luteum*)、西番莲(*Passiflora caerulea*)、牵牛花、啤酒花等(图2-9,图2-10),纤巧玲珑,颇具野趣。混合结构的棚架,可使用木质和草质攀援植物相结合进行配置。

可采用同一种植物,一株或数株栽植于棚架周围的立柱旁,也可以用形态类似的几种植物配置在一起。许多多年生植物幼年植株体量小,不能覆盖棚架的缺陷,为了加快体现绿化效果,可以临时种植一些生长速度较快的草本蔓性植物覆盖棚架,而将藤本植物暂时放在地面上生长,待生长到一定体积量后再上棚架攀援。

3. 篱垣式造景

篱笆和栅栏是植物借助各种构件攀援生长,用以维护和划分空间区域的绿化形式。除了

图 2-9 飘香藤　　　　　　　　　　　　　　图 2-10 金香藤

造景，还具有分割空间和防护的主要作用，可用于分隔道路与庭院、创造幽静的环境，或保护建筑物和花木不受破坏。主要以缠绕类、卷须类和蔓生类等藤本植物，借助护栏、低矮围墙、栅栏、铁丝网、篱笆等具有支撑功能的支撑物进行绿化造景，其景观两面均可观赏。可选用常绿或观花的攀援植物，如蔷薇属（藤本月季）、忍冬属、铁线莲属等（图 2-11，图 2-12），

图 2-11 忍冬属　　　　　　　　　　　　　　图 2-12 铁线莲属

也可以选用部分一年生藤本植物，如牵牛花、茑萝等，在围墙、栅栏、角隅附近栽植，用于生物围墙的营建。

栽植的间距以 1～2 m 为宜，若是临于围墙栏杆，栽植距离可适当加大。一般装饰性栏杆，高度在 50 cm 以下，则不需种植攀援植物；而保护性栏杆一般在 80～90 cm，对蔓靠式植物应考虑适宜的缠绕、支撑结构并在初期对植物加以人工辅助和牵引。

4. 假山、置石绿化造景

假山和置石是风景园林中不可或缺的景观元素，与假山、置石装饰的藤蔓植物刚柔并济、相互映衬。用于假山、置石绿化美化的藤蔓植物主要选用悬垂的蔓生类和吸附类植物。此类藤蔓植物的选择要考虑假山、置石的色彩和纹理，同时在配置数量上要适度，并充分显示假山、置石的美丽和气势。常见种类有络石属、常春藤属及金银花、蔓长春花、爬山虎、凌霄、薜荔、地果、素馨（*Jasminum grandiflorum*）等（图 2-13，图 2-14）。

图 2-13 贵州络石　　　　　图 2-14 常春藤

5. 阳台、屋顶景观绿化

阳台绿化是利用各种植物材料，包括攀援植物，把阳台装饰起来的一种绿化方式。阳台是建筑立面上的重要装饰部位，既是供人休息、纳凉的生活场所，也是连接室内外的过渡空间。阳台一般比较狭窄、与人距离近，阳台绿化可以为房屋增添绿意、怡情逸致，又可美化街景、拓展城市绿化空间。利用藤本植物在楼顶、阳台和屋顶进行栽培繁殖，让其匍匐伸展，逐渐覆盖屋顶，可在不增加绿化用地面积的基础上增加绿化面积，并达到调温的效果；还可改善城市建筑物立体景观，减少建筑物的辐射热，起到节能降耗的作用，为节约型社会创建服务。用于此处绿化的植物要求适应性强、耐热、耐寒、耐旱，宜选用小型、质感细腻柔且没有异味和不易招蚊虫的藤本植物，如牵牛、茑萝、蝶豆（Clitoria ternatea）、何首乌等。缠绕类藤本如多花素馨（Jasminum polyanthum）可通过牵引沿阳台攀援，也可选择披散类藤本向阳台外侧披垂下去；但不宜使用大型木质藤本，否则会因为枝叶侵占空太多而影响光线，基质太少无法支持大型木质藤本持久生长。

屋顶绿化（屋顶花园）是指在建筑物、构筑物的顶部、天台、露台之上进行的绿化和造园的一种立体绿化形式。屋顶绿化有多种形式，主角是绿化植物，多用花灌木建造屋顶花园，实现四季花卉搭配，宜选择耐旱、耐瘠薄、喜阳、抗风的种类。屋顶花园中的花架可配置观赏价值高、易于养护的中小型藤本植物，如红花龙吐珠（Clerodendrum speciosum）、星果藤（Tristellateia australasiae）、金香藤（Urachites lutea）、金银花、藤本月季等；也可根据配置观赏在屋顶进行廊架绿化，利用花盆种植葡萄、鸡蛋果（Passiflora edulis）、南瓜（Cucurbita moschata）等具有一定经济价值的藤本植物；还可在花槽中配置披散类或悬垂类藤本植物向墙外侧披垂，美化建筑立面，如云南黄素馨、三角梅（Bougainvillea glabra）等。

6. 地被景观

所谓地被植物，是指某些有一定观赏价值，铺设于大面积裸露平地或坡地，或适于阴湿林下和林间隙地等各种环境覆盖地面的多年生草本植物，以及矮丛生、枝叶密集或偃伏性或半蔓性、匍匐型的灌木及藤本。不仅包括多年生低矮草本植物，还有一些适应性较强的低矮、匍匐型的灌木和藤本植物。有学者将地被植物的高度标准定为 1 m，并认为有些植物在自然生长条件下，植株高度超过 1 m，具有耐修剪或苗期生长缓慢的特点，通过人为干预，可以将高度控制在 1 m 以下，也视为地被植物。地被植物的株丛密集、低矮，经简单管理即可代替草坪，覆盖地表以防止水土流失，能吸附尘土、净化空气、减弱噪声、消除污染，并具有一定观赏价值和经济价值。

许多藤本植物横向生长十分迅速，能快速覆盖地面，形成良好的地被景观。用作地被的藤蔓植物主要有蔓长春花、扶芳藤（Euonymus fortunei）、五叶地锦（Parthenocissus quinquefolia）、常春藤、地果、络石、薜荔、金银花、山葡萄（Vitis amurensis）、观赏薯（Ipomoea batatas）等（图 2-15，图 2-16）。

7. 盆栽桩景类

利用植物的观赏特性或易整形修剪的特点，进行盆栽或造型，放置于室内外绿化。观赏价值高的盆栽种类有龟甲龙（Dioscorea elephantipes）、金线吊乌龟（Stehania cephatantha）等（图 2-17，图 2-18）；用于桩景的有雀梅藤属及洋常春藤、中华常春藤、紫藤、清风藤、金银花、爬藤榕等（图2-19，图2-20）。

8.岩石、边坡绿化

由于岩石或道路边坡土壤瘠薄或根本没有土壤，夏季高温干旱，降雨易对植被和坡面造成严重冲刷，加剧生态环境恶化，要求植物需要耐干旱、瘠薄。应选择具有吸盘或气生根、覆盖及攀援能力强的种类。爬墙虎类藤本植物引入我国公路绿化中，效果十分显著，已大面积推广。可用于边坡绿化的种类有龙须藤（*Bauhinia championi*）、野葛（*Pueraria lobata*）、络石、薜荔、刺果藤（*Byttneria aspera*）、毛叶轮环藤（*Cyclea barbata*）、三裂

图2-15 蔓长春花

图2-16 络石

图2-17 龟甲龙

图2-18 金线吊乌龟

图 2-19 洋常春藤　　　　　　　　　　　　　图 2-20 紫藤

叶葛藤（*Pueraria phaseoloides*）、玉叶金花（*Mussaenda pubescens*）、楠藤（*M. erosa*）、匍匐九节（*Psychotria serpens*）、大花老鸦嘴（*Thunbergia grandiflora*）、锡叶藤（*Tetracera asiatica*）等。

坡面绿化指以环境保护和工程建设为目的，利用各种植物材料来保护具有一定落差的坡面的绿化形式。根据具体情况（坡度），宜选用不同的种类：陡坡（>60°）选用具吸盘类，如常春藤、爬墙虎类；中等坡（30°～60°）选用具不定根类，如络石、薜荔、冠盖藤等；低缓坡（<30°）可选用具卷须或缠绕攀援类，如大花老鸦嘴、木通（*Akebia quinata*）、帘子藤（*Pottsia laxiflora*）、锡叶藤等。坡面绿化中应注意以下两点。

（1）河、湖护坡有一面临水、空间开阔的特点，应选择耐湿、抗风、有气生根且叶片较大的攀援类植物，不仅能覆盖边坡，还可减少雨水的冲刷，防止水土流失。例如，适应性强、性喜阴湿的爬山虎，较耐寒、抗性强的常春藤等。

（2）道路、桥梁两侧坡地绿化应选择吸尘、防噪、抗污染的植物，要求不得影响行人及车辆安全，并且姿态优美的植物，如叶革质、油绿光亮、栽培变种较多的扶芳藤，枝叶茂盛、一年四季花团锦簇的三角梅等。

世界各地的许多城市十分重视立体绿化、垂直绿化和空中绿化，这已成为全世界绿色运动的一部分。桥面可设置种植槽，配置披散类藤本植物如三角梅、云南黄素馨、硬骨凌霄（*Tecomaria capensis*）、软枝黄蝉（*Allemanda cathartica*）等，还可对水边基岸进行悬垂绿化修饰，既可巩固水土，也可使驳岸显得更加自然。园林中常见的仿树枝干也常用藤本植物的装饰达到以假乱真的效果。

三、藤本植物的生态功能及应用

木质藤本植物具有降温、反射光线等改善小环境气候的作用,以及降低噪声、净化空气的生态功能,在生态防护中具有独特的优势。藤本植物不仅在森林组成和结构上具有重要作用,而且对森林动物、森林演替、森林稳定等方面有较大的影响,是整个森林生态系统不可缺少的成分。它的缺失或破坏,可能会带来森林结构和组成上的不协调或破坏,从而影响许多生物的生存。因此,利用藤本植物具有的特殊运动功能和生长方式以及对各种逆境的适应性及顽强的生命力,对裸露山体、石壁及石漠化进行治理,有利于加速植被恢复,改善生态环境,促进当地社会可持续发展。

1. 裸露山体治理

在城市、公路、铁路、水利、电力、矿山、地质灾害防治等工程建设中,经常需要开挖大量的边坡,会形成范围颇大的裸露山体。边坡的开挖破坏了原有植被,造成了一系列新的生态环境问题,如水土流失、滑坡、泥石流、局部小气候的恶化及生物链的破坏等。根据恢复生态学原理,在排除环境干扰的条件下,边坡有自我修复、恢复的能力。但这个过程很长,并且随着环境的变化有很多不确定性,不能及时达到防护和绿化的效果,必须借助人工辅助才能加快其恢复过程。目前在边坡防护工程中大都选择一些根系发达、固土能力强的草种,采用最多的是蝶形花科、禾本科(Poaceae)等草本植物,而采用的藤本植物种类却很少[35]。

边坡、石壁土壤贫瘠,夏季高温灼烤造成的干热威胁,降雨对植被、坡面造成的严重冲刷等恶劣的生态环境,增大了水土保持、复垦绿化的难度,使植物的选择及应用更加重要。相对其他应用对象而言,裸露山体的藤本植物配置生态要求高于观赏要求,宜选用适应性强、耐瘠薄、生长迅速、管理粗放、有一定观赏价值的植物快速覆盖山体[35],同时还要具有耐干旱、耐高温、匍匐能力强等特点[36]。对于边坡干旱瘠薄的特殊环境而言,藤本植物对水、肥的需求较草本植物更少,适应性强,具有更发达的根系和更高的生物量,固土护坡及绿化效果好[37]。山体的边缘可直接种植藤本植物,亦可在裸露山体的不同地点构筑种植坑栽植藤本植物。利用藤本植物生长快、覆盖面大的特点,使裸露山体在较短的时间内全面变绿;降低地表径流的冲刷,改善生态环境。可供选择的藤本植物有葛藤、南蛇藤、软枝黄蝉、圆叶牵牛、蔓地榕、首冠藤(*Bauhinia corymbosa*)、龙须藤等。要注意与其他乔、灌、草植物的相互配合,利用其他植物的遮挡,形成一个生态结构合理的系统,从而迅速覆盖坡面,达到快速绿化的目的[37]。

2. 石壁生态恢复

矿山、石场的石壁坡面光滑,大多数坡度超过80°,近乎垂直,且几乎无任何基质,没有植物根系生存的土壤,使得石壁的生态复绿困难极大,复绿是一项复杂的坡面生态工程技术(slope ecological engineering,SEE)。如果解决了采石场石壁的复绿,那么整个采石场的生态恢复就完成了一大半。目前国内外采用的复绿工程技术主要有种子喷播法、客土喷播法、植生吹附工法、钢筋水泥框格法、植生卷铺盖法、纤维绿化法、厚层基材喷射绿化法、生态多孔混凝土绿化法以及客土袋液压喷播植草法等等[38]。就采石场石壁这种干旱、瘠薄的特殊环境而言，藤本植物对水、肥的需求较草本植物更少，适应性更强，具有更发达的根系和更高的生物量，坡面绿化效果好。相对于以上复绿方法中的草本植物来说，藤本植物在生态恢复中具有独特的优势，可通过在台阶或板槽的内外两侧栽植攀援植物，在石壁上攀下垂的枝叶来解决上述问题。种植藤本植物不但增加了山体的覆盖面积，达到了美化、绿化效果，更重要的是能有效地降低石壁地面温度，为其他灌木和乔木的生长创造有利的生存环境[36]。

采石场的生态恢复应以周边地理环境的植被类型为参照，这对绿化植物的选择也具有一定的影响。在充分考虑石壁绿化特殊性的基础上，应选择符合石壁绿化要求的植物：① 考虑到绿化的长期性，选择木质藤本植物；② 选择抗性强的乡土植物，可耐干旱、耐贫瘠、耐高温、耐强光照或阴湿，并具备一定抵御极端气候因子变化的能力；③ 生长快速，能快速覆盖石壁坡面；④ 攀附能力强，具有发达的吸盘、气生根或卷须等攀援器官；⑤ 保证石壁与周边自然环境的协调，并使其具有一定的观赏性[39, 40]。地理分异的存在，使得从华北、华东直到华南，不同地域的采石场复绿后呈现出不同的绿化效果。具体到某一采石场石壁绿化的时候，究竟采用哪种或者哪几种藤本植物，还需因地制宜。

不同攀援植物对环境条件要求不同，因此在进行复绿时应考虑立地条件。在进行采石场坡面绿化时，北面坡应选择耐阴植物如五爪金龙；西面坡应选择喜光、耐旱的植物如爬山虎、薜荔、葛藤等；在位置低且潮湿的地方宜利用耐阴湿种类，如常春藤、蟛蜞菊（*Wedelia chinensis*）[41]。

3. 石漠化治理

石漠化（stony desertification）是在热带、亚热带湿润、半湿润气候条件和岩溶极其发育的自然背景下，由于受人为活动干扰，使地表植被遭受破坏，导致土壤严重侵蚀和流失，土地生产力严重下降，地表出现类似荒漠景观的土地退化现象和过程[42]，是岩溶地区土地退化的极端形式。石漠化地区土地裸露程度高、土层薄，林草植被盖度低，生态功能退化，导致水土流失，水资源调蓄能力减弱，泥沙淤积江河湖库，影响整个流域的生态安全和经济发展，是我国西南地区当前的首要生态问题。我国的石漠化主要发生在西南山区，行政范围涉及 463 个县，面积 107.1 万 km²，其中重度和极重度石漠化土地面积占 20.9%；该区域是珠江、长江水源的重要补给区，是南水北调水源区、三峡库区，生态区位十分重要。

岩生植物中许多为藤本植物，具有植株低矮，株形紧密；根系发达，耐干旱，耐瘠薄土壤；生长缓慢，生活期长；花色艳丽等特点，是治理石漠化的良好资源[43]。藤本植物是石漠化地区森林群落演替的先锋植物，石灰岩山地群落演替的初期主要是由藤本植物、草和少量灌乔木组成，充分体现了藤本植物很强的生态适应性。因此，在石漠化治理中，特别是对重度石漠化山地、立地条件差、基本不具备人工造林的条件，应充分利用和发挥藤本植物的抗逆性、占地面小但覆盖率大，具运动性等优势，将其作为先锋植物，逐步改变石灰岩山地乔木树种不能生长或难以生存的现象。自然恢复过程中，藤本植物能较充分地利用岩溶生境中各类小生境资源，如石面、石缝、石沟等，而这往往又是人工造林所不能及的，反映出自然恢复在对资源利用上更合理、充分。利用藤本植物进行石漠化治理，能有效地覆盖石面石缝，使得石漠化山地资源利用最大化[42]。

由于许多藤本植物为喜光植物，一般在采伐迹地、林缘、荒芜地上聚生，这类先锋植物多系适应性强的广布种。在治理石漠化时，可根据不同的生境类型选择不同的植物，首选藤本植物，其次为草本和灌木，不应使用乔木[44]。采用常绿与落叶藤本植物相结合，大型与中小型藤本植物相结合；主要采用容器苗，选择适应性强、生长快、有一定经济效益的种苗[42]。例如喙果鸡血藤（*Millettia tsui*）在湖南省石灰岩山地是最适宜推广的藤本植物，成活率和保存率均较高，长势好，生长快，藤茎有很高的药用价值，且四季常青、藤美、花美，是优良的垂直绿化和景观营造植物，对石灰岩山区农民致富具有很重要的意义[45]。在黔北比较干热的（极）强度喀斯特石漠化生境中，桑科中地果和薜荔这两种藤本植物在裸露岩石上生长最好，耐旱性最强；在黔北丹霞地貌发育较好的赤水、习水等地区，水、热条件较好，天南星科的藤本植物石柑子（*Pothos chinensis*）在红色砂岩上生长最好；这3种藤本植物在岩石上蔓延的过程中，可以长出不定根，牢牢地吸附在岩石上[42]。其他种类，如常春油麻藤、凌霄、金银花、爬山虎属、扶芳藤、络石、常春藤、窄叶南蛇藤（*Celastrus oblanceifolius*）、崖豆藤（*Mallotus millietii*）、雷公藤等藤本植物适用于石漠化治理，对加速植被恢复，改善生态环境，促进当地社会可持续发展具有十分重要的意义。

木质藤本植物在栽培的各个管理环节中需要注意控制生长速度，并针对其攀爬特点加以适当引导，以达到不同的生产目的。

第三章

木质藤本植物资源特点及开发前景

Chapter 3

一、我国木质藤本植物资源特点

我国热带、亚热带森林类型多样，木质藤本植物种类丰富[46-49]。复杂的地形和一定的海拔高度有利于藤本植物多样性的形成；藤本植物的物种多样性自北向南递增，这是由北向南气温递增所致；而由东向西藤本植物种数递增，这应归因于向西海拔增高和山地地形复杂[10]。我国藤本植物资源丰富、种类繁多，就全国而言，在近3万种高等植物中，藤本植物有3000余种，分属于80科300多属，主要分布于华南、西南、华中和华东的热带、亚热带地区，加上从国外引入的种类，可利用的数量和前景相当丰富可观[50, 51]；其中可栽培利用的藤本植物有1000余种，来源非常广泛，研究价值较大[48, 52]。

藤本植物是一类生活型十分特殊的类群，是构成热带、亚热带森林群落的重要组成部分，在森林生态系统的结构和功能中具有重要的作用。在热带森林中，木质藤本植物物种丰富度通常占木本植物物种丰富度的25%左右，最高可达44%[20]。藤本植物的分布与植被类型、土壤、海拔高度、湿度、温度等环境条件密切相关，低海拔地区的藤本分布量大于高海拔地区；林缘的藤本植物多于林内；林内的林窗及林间空隙处多于密林处；光照充足地带多于光照弱的地带；次生林多于原生林；溪沟河谷两侧山坡潮湿地段的藤本分布量大于山脊干旱地段；低山常绿阔叶林及低山次生落叶阔叶林多于低山针叶林；低山毛竹阔叶树混交林中的藤本植物亦较丰富。阳性种藤本植物主要出现在林窗中，而且对不同大小和演替阶段林窗环境的反应存在明显的差异；耐荫种藤本植物则主要出现在林内，林窗边缘以及中、小面积的林窗和处于演替中、后期的林窗中[53]。

二、合理开发利用野生木质藤本植物

在藤本植物的研究与应用上，目前还存在着种质资源收集保存不足、开发研究深度不够、园林绿化应用不广、政策支持力度不大等诸多问题。在加强对藤本植物保护和基础研究的同时，加强对藤本植物资源开发利用的研究，特别在城市园林建设上，由于城市绿化用地紧缺，向高层空中扩展绿化面积，大力发展立体绿化或垂直绿化是必然趋势。

1. 加强野生种质资源调查

由于攀援植物绝大部分种类仍处于野生状态，可谓"久居深山无人问"。因此，应加强其物种特性及其生态环境的研究，进一步摸清当地资源家底，了解其生长发育的环境条件，为进一步有计划、有组织地开发利用奠定基础。

2. 加强野生资源引种、驯化和扩繁研究

虽然国内有植物园、科研单位和大专院校对藤本植物资源调查和收集方面做了许多工作，但大部分仅限于资源调查，缺乏系统性及实用性研究，真正作为产业化商品运作种类还很少。通过科学研究，在掌握野生木质藤本植物引种地与当地的气候土壤等条件因子，在了解其生长发育、开花结实和繁殖规律的基础上建立资源圃，研究人工引种、驯化和繁殖的方法，解决野生木质藤本植物规模化生产配套技术。

通过筛选，对适于城市园林绿化的种类，在种苗实验场所建立攀援植物引种驯化基地，变野生为栽培，变资源优势为商品优势，集中搜集、驯化、繁殖观赏价值高的种类，并研究其生长发育、开花结实和繁殖规律及其生态适应性。对引种驯化栽培成功的品种要逐步应用于园林绿化及生态保护中，并对其园林景观构成、观赏价值及生态保护价值进行科学评价。

3. 利用野生资源，加强新品种创新

随着城市绿化发展，利用丰富野生木质藤本资源，创造新品种，可进一步丰富城市绿化中木质藤本植物种类。近年来也从国外引进一些木质藤本植物新品种，但存在的问题是过度重视其观赏特性，而轻视其生态适应性。另外，盲目引进新品种，也有可能使外来物种种群扩散，造成当地生物多样性损失。可利用具有优良特性的野生种与栽培种杂交，培育高品位的优良新品种。国内有些科研单位成功培育出铁线莲（*Clematis florida*）、花叶扶芳藤（*Euonymus fortunei* var. *reticulales*）、斑叶扶芳藤（*E. fortunei* var. *gracilis*）、花叶爬山虎（*Parthenocissus henryana*），但品种太少，同国外同领域研究的差距较大。因此，利用丰富野生木质藤本植物资源，在注重传统育种方法的同时，也要加大分子育种研究，培育出更多具有自主知识产权的品种。

4. 加强野生资源的生理生态研究

目前国内对木质藤本植物生理生态学特性研究，主要集中在五叶爬山虎（*Parthenocissus quinquefolia*）、扶芳藤等，而对其他木质藤本植物研究较少。攀援植物在植物群落的垂直结构中常归属于层间植物，对植物群落的动态变化有重要的影响。因此，应对其行为生态学进行研究；同时，对于攀附能力较弱的攀援植物，应研究如何能够较好地攀附于壁面及篱垣等处，增强观赏效果并减少维护费用；此外，攀援植物吸附或缠绕树干，影响树体的水分、营养的运输及阳光的吸收。目前这些棘手的问题都有待于进一步研究。在垂直绿化中，如立交桥、荒山绝壁和屋顶花园等特殊环境都易产生高温表面；此外，还有许多特殊环境，如光照不充足或常年没有光照，在对野生木质藤本植物应用中，要对其生理生态进行深入研究，为城市绿化建设中的景观植物多样性和植物生态配置提供理论依据。

5. 开展经济价值研究

在攀援植物中，很多种类都具有一定的经济价值。萝藦科、夹竹桃科、木通科、毛茛科、猕猴桃科、葡萄科、虎耳草科、蔷薇科等的全株或某些器官具有一定的药用价值，素馨属的花可提炼香精油，八月瓜属（*Holboellia*）、猕猴桃属、悬钩子属的果实可食用或酿酒等。在进行垂直绿化利用时可兼顾这些特性，但应以绿化、美化效果为主。

6. 加强野生木质藤本资源的保护

虽然野生藤本资源比较丰富，但多数种类资源量还很不足，且分布星散。在对野生木质藤本资源开发利用时，不能对其资源采取掠夺式开发，应注意合理保护资源，以维护生态平衡，走可持续发展之路。

第四章
木质藤本植物资源
Chapter 4

一、主茎缠绕类木质藤本

（一）植物特性

缠绕类藤本植物以其全部幼芽、嫩枝缠绕来攀援支撑物。其茎尖端一开始垂直向上生长，在2～9 h的运行周期内以圆周运动寻找合适的依托；一旦找到依托，以螺旋状进行缠绕。植物体先是蓬松地固着在攀援支撑上，当生长过程由原先的一味拔高收缩变为张拉绷紧时，嫩枝才能越来越紧密地与支架结合在一起。藤本植物具有不同的缠绕方向，旋向的起源与植物初始生存空间的某些对称几何因素有关[54]。

缠绕类植物的攀援能力一般较强，常能缠绕住较粗的柱状物体而上升，部分种类甚至可高达20 m以上。缠绕类藤本植物需要可供它们缠绕的物体，新生的枝条会在生长过程中缠住支撑物，坚固的柱子和藤架都可作为良好的支撑物。缠绕木质藤本是良好的棚架攀援植物，可用于遮盖柱杆、建筑，还可攀援棚架、亭子、门栏，覆盖台壁和石栏，是山坡、崖壁的优良绿化材料，但对支持物要求较高，需要对攀援部分进行较大投资，因而攀援高度有限。适合缠绕生长的攀援支撑首先应具有明显的垂直结构，建在围墙和房屋墙壁前的攀援支撑应与墙面保持至少10 cm的距离，这样植物才能有足够的生长空间。

（二）代表种类

1、红花木芦莉			爵床科 Acanthaceae
拉丁学名	*Ruellia affinis*（Schrad.）Lindau	英文名称	Red Ruellia, Flower of Caipora
生境特点	喜温暖、潮湿、喜光照、耐半阴	分布范围	原产巴西；热带地区引种栽培
识别特征	常绿，缠绕木质藤本。整株光滑无毛。叶对生，叶片椭圆形，先端渐尖，基部楔形，边缘微卷；叶柄短。单花腋生，大型；花冠阔漏斗状，深红色或淡红色，5裂，裂片开展			
资源利用	花期晚冬至夏季，光热满足时可整年开花。花期较长，花姿优美、花朵硕大、花色红艳，适合庭园垂直美化或盆栽观赏，或用于阳台、天台或阶前观赏，也可于路边、墙垣、林缘下丛植或片植，或修剪为灌木状。扦插、播种繁殖			

图 4-1A 红花木芦莉（藤茎、花） 　　　　　　　图 4-1B 红花木芦莉（藤茎、花）　　　　　　牟凤娟　摄

2、翼叶老鸦嘴（黑眼花、黑眼苏珊、翼柄邓伯花）　　　爵床科 Acanthaceae

拉丁学名	*Thunbergia alata* Bojer ex Sims	英文名称	Black-eyed Susan Vine, Black-eyed Susan
生境特点	喜温暖、湿润、阳光，不耐寒	分布范围	原产非洲西部；华南多地逸生为野生
识别特征	常绿，多年生缠绕藤本。茎蔓纤细。叶对生，叶菱状心形或箭头形，叶缘不规则浅裂；叶柄有翼。花单生，花冠筒状钟形，橙黄色，上部咽喉部分呈褐黑色，5 裂		
资源利用	花期 6～11 月。花有黄、橙等色，色彩金黄明艳，花筒黑色如眼；可攀附他物，也可匍匐地面生长；可盆栽、攀附窗台或小花棚，及花架、墙垣等垂直绿化。扦插、分株、播种繁殖		
常见品种	*T. a.* 'Alba' 白色品种，花冠白色，喉部紫黑色 *T. a.* 'Aurantiaca' 橙黄色品种，花冠橙黄色，喉部紫黑色 *T. a.* 'Lutea' 纯黄色品种，花冠纯黄色，喉部无紫黑斑 *T. a.* 'Beheri' 纯白色品种，花冠纯白色，喉部无紫黑斑		

图 4-2A 翼叶老鸦嘴（藤茎、花）　　图 4-2B 翼叶老鸦嘴（花） 　　图 4-2C 翼叶老鸦嘴（花）　　朱鑫鑫　摄
牟凤娟　摄

3、红花山牵牛 爵床科 Acanthaceae

拉丁学名	*Thunbergia coccinea* Wall.	英文名称	Scarlet Clockvine
生境特点	海拔 800 ～ 1000 m 山地林中或灌木丛中；喜温暖、湿润、耐半荫	分布范围	云南中南部、西藏东南部，以及印度、中南半岛北部
识别特征	常绿，攀援藤本。藤茎基部常木质化；茎、枝条具明显或不明显 9 棱；茎初被短柔毛，后仅节处被毛。叶柄长 2 ～ 7 cm，有沟，花序下叶无柄，被短柔毛或仅先端被短柔毛；叶片宽卵形、卵形至披针形，长 8 ～ 15 cm，宽 3.5 ～ 11 cm；先端渐尖，基部圆或心形，边缘波状或具疏离的大齿；两面脉上被短柔毛，掌状脉 5 ～ 7 条。总状花序顶生或腋生，下垂，总花梗、花轴、花梗、小苞片均被短柔毛；苞片叶状、无柄，每苞腋着生花 1 ～ 3 朵；小苞片长圆形，先端急尖；花冠红色，花冠管先端着生花药处被绒毛，花冠管和喉间缢缩，冠檐裂片近圆形；柱头露出，2 裂，裂片相等。蒴果下部近球形，上部具长喙		
资源利用	花期 12 月至翌年 1 月。耐阴能力强；叶色深绿、花色红艳，可供观赏。根、叶、花可药用，具平肝阳、清湿热的功效。播种、扦插繁殖		

图 4-3A 红花山牵牛（藤茎、花序） 图 4-3B 红花山牵牛（花） 牟凤娟 摄

4、大花山牵牛（大花老鸦嘴、山牵牛、大邓伯花）			爵床科 Acanthaceae
拉丁学名	*Thunbergia grandiflora*（Rottl. ex Willd.）Roxb.	英文名称	Bengal Clockvine，Thunbergias，Blue Sky Vine
生境特点	山地灌丛；喜阳光、温暖、湿润，较耐旱，不耐寒	分布范围	广西、广东、海南、福建（鼓浪屿），以及印度、中南半岛
识别特征	常绿，攀援木质藤本。分枝较多，小枝稍4棱形，后逐渐回复圆形；初密被柔毛，主节下有黑色巢状腺体及稀疏多细胞长毛。叶对生，质厚，卵形、宽卵形至心形，长4～9（～15 cm），宽3～7.5 cm；先端急尖至锐尖，有时具短尖头或钝；上面被柔毛，毛基部常膨大而使叶面呈粗糙状，背面密被柔毛；叶柄被侧生柔毛。单花腋生或总状花序顶生；花梗上部连同小苞片下部有巢状腺体；花冠漏斗状，冠檐蓝紫色；雄蕊4，2强；雄蕊花丝下面逐渐变宽，药隔突出成一锐尖头，基部具弯曲长刺。蒴果被短柔毛，下部近球形，上部具长喙		
资源利用	花期夏、秋两季。习性强健、抗逆性强；分枝较多，可攀援至较高位置，任其自由蔓延易成为入侵物种[62]；花大而艳丽，淡蓝色，同一花序开放时间比较一致，花期较长，开花量较大；藤蔓可覆盖度大且枝条垂挂，主要用于棚架，以及绿廊、拱门等垂直绿化[63]。根、叶入药，可治疗胃病。花可作蔬菜食用。播种、扦插、块茎、组织培养繁殖[62, 64]		

图 4-4A 大花山牵牛（花）　　　牟凤娟　摄

图 4-4B 大花山牵牛（果实）　　　徐晔春　摄　图 4-4C 大花山牵牛（藤茎、花）　　　牟凤娟　摄

5、长黄毛山牵牛（巢腺山牵牛）			爵床科 Acanthaceae
拉丁学名	*Thunbergia lacei* Gamble	英文名称	Yellow-haired Thunbergia
生境特点	海拔 300～1500 m 灌丛或林下；喜温暖、阳光，耐旱，不耐寒	分布范围	云南南部多地，以及缅甸
识别特征	常绿，攀援草质藤本，通常 7～8 m，个别可达 17 m。茎粗壮，密被黄色多细胞长毛，老时仍残存可见，节下有巢状腺体。叶纸质，卵形；先端渐尖，基部心形，下部两侧各具 2～3 浅裂，偶近全缘或浅波状，两面被硬毛，背面较密；叶脉 5～7 出掌状脉；叶柄长 2～5 cm，具沟，被黄色柔毛。总状花序顶生或腋生，下垂，长 5～15 cm，有时花单生或双生叶腋，总梗、总轴、花梗及小苞片密被黄色硬毛及散布有黑色巢状腺体，尤以花梗顶部及小苞片为明显；苞片叶状，卵形，长 1～3 cm，先端渐尖；小苞片 2，卵状长圆形，长 2.5～3 cm，初时合生，后自一侧裂开成佛焰苞状；萼环状，全缘；花冠浅紫色或浅蓝色，基部被稀疏硬毛，花冠裂片圆形，直径 2～3 cm；雄蕊 4，花药椭圆形，不外露，2 药室间有髯毛，药室下具弯曲长刺，花丝向基部增宽；子房及花柱无毛，柱头 2 裂。蒴果扁圆形，直径 1.8 cm，喙长 2.5 cm，被短柔毛，喙上有巢状腺体		
资源利用	花期 1～3 月。适应能力强，较耐旱；花朵蓝色，可供观赏。根、茎供药用，有调补水血、理气止痛之功效。播种、扦插繁殖		

图 4-5A 长黄毛山牵牛（花序） 牟凤娟 摄

图 4-5B 长黄毛山牵牛（花） 朱鑫鑫 摄

图 4-5C 长黄毛山牵牛（花） 牟凤娟 摄

图 4-5D 长黄毛山牵牛（花） 朱鑫鑫 摄

6、黄花老鸦嘴（跳舞女郎）			爵床科 Acanthaceae
拉丁学名	*Thunbergia mysorensis*（Wight）T. Anderson	英文名称	Mysore Trumpetvine，Indian Clockvine，Lady's Slipper Vine，Dolls' Shoes
生境特点	喜温暖、潮湿、半荫、不耐寒	分布范围	原产印度南部热带地区；现多地引种观赏
识别特征	常绿，缠绕木质藤本。茎细长，绿色，光滑。叶对生，革质；长椭圆形，具光泽；叶缘具不规则齿。总状花序腋生，悬垂，长可达 90 cm；花萼 2 枚，长为花冠的 1/3，紫红色；花冠唇形，内侧鲜黄色，外缘紫红色，裂片反卷；花丝长，顶端具丝状毛；花开放后向上竖立		
资源利用	花期冬季，温度适宜时可全年开花。花大色艳，形奇优雅，花期较长，为优良的观花藤蔓植物；适宜公园、庭院等处大型棚架、绿廊、绿亭及露地餐厅等的顶面绿化；可于墙垣、假山阳台等处作垂直绿化或作护坡花木。扦插、播种繁殖		

图 4-6A 黄花老鸦嘴（藤茎、花）　　朱鑫鑫 摄　　图 4-6B 黄花老鸦嘴（花）　　牟凤娟 摄

同属近缘种类：

中文名称	拉丁学名	习性	分布范围	生境特点
二色山牵牛、二色老鸦嘴	*T. eberhardtii*	常绿	产海南（琼海和保亭），以及越南北部	生海拔 300～800 m 密林中
桂叶山牵牛、桂叶老鸦嘴	*T. laurifolia*	常绿	原产中南半岛和马来半岛	广东、台湾等地栽培

7、软枣猕猴桃（软枣猕猴桃、软枣子、圆枣子）			猕猴桃科 Actinidiaceae
拉丁学名	*Actinidia arguta* (Sieb. & Zucc) Planch. ex Miq.	英文名称	Bower Kiwifruit, Tara Vine
生境特点	针、阔混交林或杂木林中；喜凉爽、湿润气候	分布范围	黑龙江岸至南方广西（五岭山地）
识别特征	落叶，大型木质藤本。枝部髓白色至淡褐色，片层状。叶膜质或纸质，卵形、长圆形、阔卵形至近圆形，长 6～12 cm，宽 5～10 cm；顶端急短尖，基部圆形至浅心形，等侧或稍不等侧，边缘具繁密锐锯齿。花序腋生或腋外生，1～2 回分枝，1～7 花，或厚或薄地被淡褐色短绒毛；花绿白色或黄绿色，芳香，直径 1.2～2 cm；萼片 4～6 枚，卵圆形至长圆形；花瓣 4～6 枚，楔状倒卵形或瓢状倒阔卵形；花丝丝状，花药黑色或暗紫色，长圆形箭头状。浆圆球形至柱状长圆形，不具宿存萼片，成熟时绿黄色或紫红色		
资源利用	多攀援于阔叶树上，枝蔓多集中分布于树冠上部，可用作绿化观赏植物。全株可药用，具有提高免疫功能和抗感染、抗肿瘤作用；根（藤梨根）具有很好的抗癌作用[65, 66]。果实可生食，酿酒，加工蜜饯、果脯、罐头、果肉果冻等[67]；花可作蜜源，也可提取香精、芳香油。播种、扦插、嫁接繁殖		
其他变种	软枣猕猴桃（*A. arguta* var. *arguta*）叶膜质，较大，阔椭圆形，有时阔倒卵形，边缘锯齿不内弯，背面仅脉腋有白色髯毛；花药暗紫色；浆果成熟时绿黄色，球圆形至柱状长圆形，顶端有钝喙。产黑龙江、吉林、辽宁、山东、山西、河北、河南、安徽、浙江、云南（主产东北地区），及朝鲜和日本 心叶猕猴桃［*A. arguta* var. *cordifolia* (Miq.) Bean］叶圆形，基部心形；花乳白色。产辽宁、吉林、山东、浙江等省，及朝鲜和日本；生海拔 700 m 以上山地丛林中 陕西猕猴桃［*A. arguta* var. *giraldii* (Diels) Voroshilov］叶背被卷曲柔毛。产陕西、河北、河南、湖北；生海拔 1000 m 左右山林中 凸脉猕猴桃（*A. arguta* var. *nervosa* C. F. Li.）叶坚纸质，叶脉发达显著。产四川、云南、河南、浙江；生海拔 900～2400 m 山林中 紫果猕猴桃［*A. arguta* var. *purpurea* (Rehd.) C. F. Liang］叶缘锯齿不发达，浅且圆，齿尖短而内弯；叶片干后大多呈黑绿色。产云南、四川、贵州、陕西、湖北、湖南、广西；生海拔 700～3600 m 山林中、溪旁或湿润处		

图 4-7A 软枣猕猴桃（藤茎、花）　　周　繇　摄

图4-7B 软枣猕猴桃（花序）　　　　　　　　　图4-7C 软枣猕猴桃（果实）　　　　　　　周 鉥 摄

8、硬齿猕猴桃			猕猴桃科 Actinidiaceae
拉丁学名	*Actinidia callosa* Lindl.	英文名称	Callose Kiwifruit
生境特点	海拔400～2600 m潮湿处；喜凉爽、湿润气候	分布范围	长江以南多省区
识别特征	落叶，大型缠绕木质藤本。全体近无毛，仅部分脉腋和花序花萼等处被毛；枝、茎、叶干后多呈泥黄色；枝、茎较坚直；小枝皮孔较显著，髓淡褐色，片层状或实心，芽体被锈色茸毛；隔年枝髓片层状。叶卵形、阔卵形、倒卵形或椭圆形，长5～12 cm，宽3～8 cm；叶缘有芒刺状小齿或普通斜锯齿乃至粗大重锯齿，齿尖通常硬化；叶柄水红色。花序1～3朵，通常1花单生；花白色；萼片5片；花瓣5片，花药黄色，卵形箭头状；子房近球形，被灰白色茸毛。浆果墨绿色，乳头形，具显著淡褐色圆形斑点，宿存萼片反折		
资源利用	常攀援于树上，枝蔓多集中分布于树冠上部。根皮、茎、叶、果可入药，根、根皮或藤茎皮主治骨折、外伤流血、肝病肝硬、咽喉肿块、风湿、狗咬伤、刀枪伤（《彝医植物药（续集）》）。果实风味独特、营养丰富，可食用。播种、嫁接、扦插繁殖		
其他变种	**硬齿猕猴桃**（*A. callosa* var. *callosa*）　小枝薄被绒毛；叶较薄较软，边缘锯齿短小斜举，叶背侧脉腋上有髯毛；萼片两面均被紧密短绒毛。产云南和台湾，及不丹、印度北部 **尖叶猕猴桃**（*A. callosa* var. *acuminata* C. P. Liang）　小枝无毛；叶顶部长渐尖，基部浑圆，背面侧脉腋上无髯毛；花序和萼片均被黄褐色长茸毛。特产湖南 **异色猕猴桃**（*A. callosa* var. *discolor* C. P. Liang）　叶坚纸质，边缘有粗钝的或波状的锯齿，通常上端的锯齿更粗大；花序和萼片两面均无毛 **驼齿猕猴桃**（*A. callosa* var. *ephippioidea* C. P. Liang）　叶片边缘有突出的瘤足状重锯齿，齿端尖锐。特产云南；生海拔2400 m处 **台湾猕猴桃**（*A. callosa* var. *formosana* Fin. & Gagn.）　小枝无毛；花序和萼片密被黄褐色短茸毛。特产台湾 **京梨猕猴桃**（*A. callosa* var. *henryi* Maxim.）　浆果乳头状至矩圆柱状，具显著淡褐色圆形斑点，宿存萼片反折，长达5 cm。产长江以南各省区，四川、湖北、湖南等地最盛 **毛叶硬齿猕猴桃**（*A. callosa* var. *strigillosa* C. P. Liang）　小枝稍坚硬，无毛；叶边缘具芒刺状小齿，腹面散被小糙伏毛，背面脉腋多少有髯毛；花序、萼片内外两面均无毛；花柄丝状。产贵州、广西、湖南等省区接壤地区；生海拔700～1400 m山林沟谷中		

图 4-8A 异色猕猴桃（花序）　　　　　　　　图 4-8B 异色猕猴桃（藤茎、叶、花）

图 4-8C 京梨猕猴桃（花序）　　　　　　　　图 4-8D 京梨猕猴桃（藤茎、花）　　　　朱鑫鑫　摄

9、中华猕猴桃（阳桃、羊桃藤）			猕猴桃 Actinidiaceae
拉丁学名	*Actinidia chinensis* Planch.	英文名称	Yangtao Kiwifruit
生境特点	喜温暖、湿润，喜阳，喜微酸性土，忌曝晒	分布范围	南方多省区
识别特征	落叶，大型木质藤本。幼枝被灰白色茸毛或褐色长硬毛或铁锈色硬毛状刺毛，皮孔长圆形，比较显著或不甚显著；髓白色至淡褐色，片层状。叶纸质，倒阔卵形至倒卵形或阔卵形至近圆形；顶端截平形并中间凹入或具突尖、急尖至短渐尖，基部钝圆形、截平形至浅心形；边缘具脉出的直伸睫状小齿，腹面深绿色，无毛或中脉和侧脉上有少量软毛或散被短糙毛，背面苍绿色，密被灰白色或淡褐色星状绒毛。聚伞花序，1～3朵花，花初放时白色，后变淡黄色，有香气；苞片小，卵形或钻形，均被灰白色丝状绒毛或黄褐色茸毛；萼片3～7片，通常5片，阔卵形至卵状长圆形，两面密被压紧的黄褐色绒毛；花瓣5片，有时少至三四片或多至六七片，阔倒卵形，有短距；雄蕊极多；子房球形，密被金黄色的压紧交织绒毛或不压紧不交织的刷毛状糙毛。浆果黄褐色，被茸毛、长硬毛或刺毛状长硬毛，成熟时秃净或不秃净，具小而多的淡褐色斑点；宿存萼片反折		
资源利用	花期4月中旬至5月中、下旬，果期8～9月。花大、美丽，可观花、观果；适合棚架、墙垣、花架群植；在盆栽中配以支架，使枝蔓攀附其上，形成猕猴桃盆景。全株可药用，根、根皮具有活血化瘀、清热解毒、利湿驱风的作用[66, 68]。果可食用，酿酒，加工果脯、果汁、果酱。扦插、压条、嫁接、播种繁殖		

9、中华猕猴桃（阳桃、羊桃藤） 猕猴桃 Actinidiaceae

其他变种	中华猕猴桃（*A. chinensis* var. *chinensis* Li）花枝、叶柄、果实被灰白色茸毛，毛早落，易秃净或较稠密地被粗糙绒毛；叶倒阔卵形，长 6～8 cm，宽 7～8 cm，顶端大多截平形并中间凹入；花直径 2.5 cm，子房被绒毛；果近球形，长 4～4.5 cm。花期 4 月中旬至 5 月中、下旬，南部较早、北部较晚。产陕西（南端）、湖北、湖南、河南、安徽、江苏、浙江、江西、福建、广东（北部）和广西（北部）；生海拔 200～600 m 低山区山林中，一般多出现于高草灌丛、灌木林或次生疏林中 美味猕猴桃［*A. chinensis* var. *deliciosa*（A. Chevalier）A. Chevalier］产于河北、河南、甘肃、陕西、重庆、湖南、江西、广西、广东、四川、云南等地，广泛栽培；生 800～1400 m 山地林下 硬毛猕猴桃（*A. chinensis* var. *hispida* C. F. Liang）花枝多数较长，达 15～20 cm，被黄褐色长硬毛，毛落后仍可见到硬毛残迹；叶倒阔卵形至倒卵形，顶端常具突尖，叶柄被黄褐色长硬毛；花较大，直径 3.5 cm 左右；子房被刷毛状糙毛；果近球形、圆柱形或倒卵形，长 5～6 cm，被常分裂为 2～3 数束状刺毛状硬毛。产于甘肃（天水）、陕西（秦岭）、四川、贵州、云南、河南、湖北、湖南、广西（北部）；生海拔 800～1400 m 山林地带 刺毛猕猴桃（*A. chinensis* var. *setosa* H. L. Li）幼枝被铁锈色硬毛状刺毛；叶阔卵形或近圆形，腹面或疏或密地被短糙毛，叶柄被铁锈色硬毛状刺毛；花直径 1.8 cm 左右；果近球形至椭圆形，被长硬毛。产台湾（阿里山）；生海拔（500～）1300～2600 m 处山林或灌丛
其他变型	中华猕猴桃（*A. chinensis* var. *chinensis* f. *chinensis*）小枝和叶柄初时被柔软绒毛，很快秃净 井冈山猕猴桃（*A. chinensis* var. *chinensis* f. *jinggangshanensis* C. F. Liang）小枝和叶柄密被粗糙绒毛，经久不落。产江西（井岗山）；生海拔 900～1100 m 山地林缘或沟谷等处

图 4-9A 中华猕猴桃（花序） 牟凤娟 摄

图 4-9B 中华猕猴桃（果实） 徐晔春 摄

图 4-9C 中华猕猴桃（植株） 牟凤娟 摄

10、毛花猕猴桃（白毛猕猴桃、毛冬瓜） 猕猴桃科 Actinidiaceae

拉丁学名	*Actinidia eriantha* Benth.	英文名称	Hairy-flowered Kiwifruit
生境特点	海拔 200～1000 m 山地高草灌木丛或灌木丛林中，或山沟溪流旁；喜凉爽、湿润	分布范围	浙江、福建、江西、湖南、贵州、广西和广东
识别特征	落叶，大型藤本。小枝、叶柄、花序和萼片密被乳白色或淡污黄色直展的绒毛或交织压紧的绵毛；隔年枝大多或厚或薄地残存皮屑状的毛被，皮孔大小不等，茎皮常从皮孔两端向两方裂开；髓白色，片层状。叶软纸质，卵形至阔卵形，长 8～16 cm，宽 6～11 cm，边缘具硬尖小齿，背面粉绿色，密被乳白色或淡污黄色星状绒毛。聚伞花序，1～3 花，被毛；花瓣顶端和边缘橙黄色，中央和基部桃红色；子房球形，密被白色绒毛。浆果柱状卵珠形，密被不脱落的乳白色绒毛，宿存萼片反折		
资源利用	花期 5 月上旬至 6 月上旬，果熟期 11 月。多攀援在阔叶树上，枝蔓多集中分布于树冠上部；花朵小巧红艳、果实密被白色绒毛，可观花、观果。根、根皮、叶可药用，其中干燥根（白山毛桃根）为道地畲族药，具抗肿瘤、抗氧化、降酶保肝、免疫调节、解热镇痛等作用[69]。果实可食用，营养极为丰富，维生素含量很高。播种、扦插、组织培养繁殖		

图 4-10A 毛花猕猴桃（花）　　　　　　　　　图 4-10B 毛花猕猴桃（藤茎、果实）　　周联选 摄

11、粉毛猕猴桃 猕猴桃科 Actinidiaceae

拉丁学名	*Actinidia farinosa* C. F. Liang	英文名称	Farinose Kiwifruit
生境特点	海拔 1000～1200 m 林缘；喜湿润，耐阴蔽	分布范围	广西西北部（田林）

11、粉毛猕猴桃		猕猴桃科 Actinidiaceae
识别特征	半常绿，中型缠绕藤本。着花小枝长2～4 cm或更短，密被黄褐色绵毛；隔年徒长枝薄被残存糙毛，皮孔很小，与茎皮颜色相近；髓污白色，片层状。叶阔卵形或卵状近圆形，长9～11 cm，宽7～8.5 cm；顶端具突尖状短尖，基部浅心形，边缘具不明显突尖状硬头小齿；背面苍绿色，密被黄褐色、棉絮状星状绒毛，易脱落；叶柄密被黄褐色绵毛，易脱落。聚伞花序腋，1～3花，花序柄很短，花两性；苞片钻形，均密被黄褐色长绒毛；花小，半张开，径约5 mm；萼片卵形，外面密被长绒毛，内面无毛；花瓣5片；子房圆柱形，密被黄褐色茸。浆果卵珠状圆柱形，较小，毛被逐渐脱落，具斑点	
资源利用	花期6月中旬。茎、叶片等被红色柔毛，花洁白小巧，可供观赏。播种、扦插繁殖	

图4-11A 粉毛猕猴桃（花）　　　　图4-11B 粉毛猕猴桃（藤茎、花）　　　胡 秀 摄

12、条叶猕猴桃（光萼猕猴桃）		猕猴桃科 Actinidiaceae	
拉丁学名	*Actinidia fortunatii* Fin. et Gagn.	英文名称	Fortunat Kiwi
生境特点	海拔1000 m以下林中、灌丛中、谷地或坡地	分布范围	广东、广西、贵州黔南（平坝）、湖南
识别特征	半常绿或落叶，小型藤本。幼枝上皮孔小而少，几不可见；着花小枝密被红褐色长绒毛；隔年枝秃净。叶坚纸质，长条形或条状披针形，长7～17 cm，宽1.8～2.8 cm；顶端渐尖，基部耳状2裂或钝圆形，边缘有极不显著的、疏生的、具硬质尖头的小齿；腹面绿色无毛，背面粉绿色。聚伞式花序腋生，1～3花，花序柄极短，被红褐色绒毛；花粉红色；萼片5片，边缘具睫状毛；花瓣5片，倒卵形；子房密被黄褐色茸毛，圆柱状近球形			
资源利用	花期4月中旬至5月底，果期11月。植株小巧，可盆栽观赏。播种、扦插、嫁接繁殖			

图4-12A 条叶猕猴桃（果实） 　　　　　　　　　图4-12B 条叶猕猴桃（藤茎、果实）　　　　　　朱鑫鑫 摄

13、蒙自猕猴桃			猕猴桃科 Actinidiaceae
拉丁学名	*Actinidia henryi* Dunn	英文名称	Henryi's Kiwi
生境特点	海拔1400～2500 m处	分布范围	云南南部

图4-13A 蒙自猕猴桃（雄花）

图4-13B 蒙自猕猴桃（两性花） 　　　　　　　　图4-13C 蒙自猕猴桃（藤茎、花）　　　　　　　朱鑫鑫 摄

13、蒙自猕猴桃		猕猴桃科 Actinidiaceae
识别特征	半常绿，中型至大型藤本。着花小枝密被红褐色长绒毛或黄褐色粗糙长毛。叶纸质，长方长卵形至长方披针形，长 9～14 cm，宽 3～5 cm；顶端渐尖，基部钝圆形至浅心形，边缘小锯齿，叶柄被红褐色长绒毛或黄褐色糙毛或仅有硬毛数条。聚伞花序，密被红褐色或黄褐色绒毛，花序柄短，花柄密被黄褐色绒毛；苞片卵形，花白色，萼片卵形；花瓣条状椭圆形；花丝与花药近等长；子房柱状近球形。浆果卵状圆柱形，长约 2 cm	
资源利用	花期始于 5 月上旬。播种、扦插繁殖	
其他变种	蒙自猕猴桃（*A. henryi* var. *hensyi*）体型较弱小；小枝密被红褐色长绒毛；叶长方长卵形；边缘小齿不发达，多呈突起状；叶柄毛较少。产云南南部（蒙自、建水、河口、屏边大围山） 光茎猕猴桃 [*A. henryi* var. *glabricaulis* (C. Y. Wu) C. F. Liang] 体型较弱小；小枝密被茶褐色长绒毛；叶腹面遍被小糙伏毛和小刚伏毛，叶柄无毛或偶有刚毛数条。产云南东南部（文山）；生海拔 2300 m 处 多齿猕猴桃（*A. henryi* var. *pfllyoclonta* Hand. -Mazz.）体型粗壮；小枝密被黄褐色粗糙长毛；叶两面中脉上有糙伏毛，边缘小齿发达密致，呈芒刺状；叶柄毛较多。产云南（富民、河口）；海拔 1400～2500 m 处	

14、狗枣猕猴桃（狗枣子）		猕猴桃科 Actinidiaceae	
拉丁学名	*Actinidia kolomikta*（Maxim.& Rupr.）Maxim.	英文名称	Kolomikta Vine, Arctic Beauty Kiwi
生境特点	喜光照、凉爽、湿润，耐阴，不耐涝，不耐旱	分布范围	黑龙江、吉林、辽宁、河北、四川、湖北和云南，以及俄罗斯远东地区、朝鲜、日本
识别特征	落叶，大型木质藤本。小枝紫褐色，短花枝基本无毛，具较显著黄色皮孔；长花枝幼嫩时顶部薄被短茸毛，有不甚显著的皮孔，隔年枝褐色，有光泽，皮孔相当显著，稍凸起；髓褐色，片层状。叶膜质或薄纸质，阔卵形、长方卵形至长方倒卵形，长 6～15 cm，宽 5～10 cm，顶端急尖至短渐尖，基部心形，少数圆形至截形，两侧不对称；叶腹面散生若干微弱小刺毛，边缘有单锯齿或重锯齿，叶上部往往变为白色，后渐变为紫红色。聚伞花序，雄性具花 3 朵，雌性通常 1 花单生；花白色或粉红色，芳香，萼片 5，边缘有睫毛；花瓣 5，长方倒卵形。浆果柱状长圆形、卵形或球形，有时为扁体长圆形，长达 2.5 cm，光滑，无斑点；未熟时暗绿色，成熟时淡橘红色，并有深色纵纹；果熟时花萼脱落		
资源利用	花期 5 月下旬（四川）至 7 月初（东北），果熟期 9～10 月。本种为猕猴桃属植物最耐寒的种类，具有浅根性、速生性、寿命长的特性；花有香味，叶上部变为白色、紫红色，可供赏叶、赏花和赏果；常用于攀援棚架、墙垣，也适合在草坪中孤植或群植，还可做盆景或插花材料。根、藤茎、叶、果实可供药用，果实（狗枣子）可滋补强壮[70, 71]。果实可食用，酿制果汁；花含挥发油，可提取香料；蜜腺发达，是很好的蜜源植物；茎可做工艺品、手杖及烟袋杆[72]。播种、扦插、嫁接、组织培养繁殖		
其他品种	花叶狗枣猕猴桃（花叶深山天木蓼）[*A. kolomikta* 'Variegata' (Variegated Kiwi Vine)] 幼叶边缘为紫红色，成熟叶片上半部呈粉色到白色的变化；花白色		

图4-14A 狗枣猕猴桃(花)　　　　　　　　　　图4-14B 狗枣猕猴桃（藤茎、花）　　　　　朱鑫鑫　摄

图4-14D 狗枣猕猴桃（叶）

图4-14C 狗枣猕猴桃(藤茎、叶)　　　　　　　图4-14E 狗枣猕猴桃（藤茎、叶、花）　　　周　繇　摄

15、两广猕猴桃			猕猴桃科 Actinidiaceae
拉丁学名	*Actinidia liangguangensis* C. F. Liang	英文名称	Guangdong-Guangxi Kiwifruit
生境特点	海拔 200～1000 m 山地山谷灌丛、林中向阳处	分布范围	广东、广西、湖南（江华）

15、两广猕猴桃		猕猴桃科 Actinidiaceae
识别特征	常绿，大型藤本。着花小枝长短悬殊，短枝仅长数厘米，隔年枝基本秃净无毛；髓白色，片层状。叶软革质，卵形或长圆形，长 7～13 cm，宽 4～9 cm；顶端急尖或尾状急渐尖，边缘硬尖小齿，腹面绿色，背面淡绿色，密被淡黄褐色压紧的、星状绒毛；叶柄薄被茶褐色茸毛。聚伞花序，大多 1 花，苞片条状披针形，均被黄褐色长绒毛；花白色，径约 1.5 cm；萼片 5 枚，长圆形，外面密被绒毛，内面基本无毛；花瓣 5 枚，瓢状倒卵形，花丝狭条形，花药黄色，卵形箭头状；退化子房被毛。浆果幼时圆柱形，密被黄褐色绒毛，成熟时卵珠状至柱状长圆形	
资源利用	花期 4 月至 5 月，果熟期 11 月。根、茎叶供药用。播种繁殖	
其他变种	红花两广猕猴桃 （*A. liangguangensis* var. *rubriflora* R. G. Li et M. Y. Liang） 嫩枝绛红色，被绛红色短绒毛；叶背绿色，无毛；叶柄绛红色，稀被紫红色至锈褐色绒毛，腹面少有软刺；花红色；果短圆柱形，幼时被浅白色绒毛。产广西（金秀）[73]	

16、大籽猕猴桃			猕猴桃科 Actinidiaceae	
拉丁学名	*Actinidia macrosperma* C. F. Liang	英文名称	Cat Ginseng, Kiwi	
生境特点	喜温暖、湿润、阳光，有一定耐寒性，不耐干旱，忌涝	分布范围	广东、湖北、江西、浙江、江苏和安徽	
识别特征	落叶，中小型藤本或灌木状藤本。着花小枝淡绿色，无毛或下部薄被锈褐色小腺毛，皮孔不显著或稍显著；隔年枝绿褐色，皮孔小且稀；髓白色，实心。叶幼时膜质，老时近革质，卵形或椭圆形，长 3～8 cm，宽 1.7～5 cm；顶端渐尖、急尖至浑圆形，基部阔楔形至圆形，两侧对称或稍不对称，边缘有斜锯齿或圆锯齿，老时或近全缘腹面绿色；叶柄水红色。花常单生，白色，芳香；苞片披针形或条形，边缘有若干腺状毛；萼片二三枚，卵形至长圆形，顶端有喙；花瓣 5～12 枚，瓢状倒卵形；子房瓶状，无毛。浆果卵圆形或球圆形，顶端有乳头状喙，成熟时橘黄色，果皮上无斑点；种子粒大			
资源利用	花期 5 月中，果熟期 10 月上、中旬。枝叶繁茂，花淡雅、芳香；可作棚架、绿廊、墙垣，或植于假山、岩石旁。干燥根及粗茎（猫人参、红货）可入药，民间传统用于治疗深喉脓肿、骨髓炎、风湿痹痛、疮疡肿毒等[74]。果实可食用。种子可榨油。播种、扦插、嫁接、组织培养繁殖[75]			
其他变种	大籽猕猴桃 （*A. macrosperma* var. *macrosperma*） 藤蔓常缺短型果枝；叶长 8 cm，宽 5 cm，较大，边缘具圆锯齿，老叶近全缘，叶背脉腋上有髯毛，中脉和叶柄无软刺；萼片常见 2 枚；花瓣一般 5～6 枚，最多不超过 9；种子纵径 4 mm 梅叶猕猴桃 （*A. macrosperma* var. *mumoides* C. F. Liang） 灌木状藤本，短型果枝常见；叶边缘具斜锯齿。花期 5 月，果熟期 9 月底至 10 月上旬。产安徽、江苏、浙江和江西；生海拔较低丘陵山地荫坡灌丛中。花开最盛，且芳香，具有较高的观赏价值			

图 4-15 两广猕猴桃（果实）　　　　周联选 摄　　图 4-16 大籽猕猴桃（果实）　　　　宋 鼎 摄

17、黑蕊猕猴桃（黑蕊羊桃）			猕猴桃科 Actinidiaceae
拉丁学名	*Actinidia melanandra* Franch.	英文名称	Purple Kiwi, Red Kiwi, Mini Kiwi
生境特点	常生海拔 700～3600 m 山溪林边	分布范围	南方各省区
识别特征	落叶，中型藤本。小枝洁净无毛，有皮孔；髓褐色或淡褐色，片层状。叶纸质，椭圆形、长方椭圆形或狭椭圆形，长 5～11 cm，宽 2.5～5 cm；顶端急尖至短渐尖，基部圆形或阔楔形，等侧或稍不等侧；背面灰白色、粉绿色至苍绿色。聚伞花序不均地薄被小茸毛，1～2 回分枝，有花 1～7 朵；花绿白色；苞片小，钻形；萼片 5，有时 4，卵形至长方卵形，边缘有流苏状缘毛；花瓣 5 片，有时 4 片或 6 片，匙状倒卵形；花药黑色，长方箭头状；子房瓶状，洁净无毛。浆果瓶状卵珠形，顶端有喙，基部萼片早落		
资源利用	花期 5～6 月上旬。花朵小巧，花白蕊黑，较为特别。果熟时可生食。播种繁殖		
其他变种	黑蕊猕猴桃（*A. melanandra* var. *melanandra*）叶椭圆形，长 7～11 cm，宽 3.5～4.5 cm，顶端尾状短渐尖，基部楔形至阔楔形两侧多半不对称，锯齿不很显著而且内弯，背面粉绿色，侧脉腋上有淡褐色髯毛，他处完全无毛。产四川、贵州、甘肃、陕西、湖北、浙江、江西等省；生海拔 1000～1600 m 山地阔叶林中湿润处 垩叶猕猴桃（*A. melanandra* var. *cretacea* C. F. Liang）叶缘锯齿显著且不内弯，叶背呈极显著垩白色。产湖北（三叉口） 无髯猕猴桃（*A. melanandra* var. *glabrescens* C. F. Liang）叶狭窄，脉腋无髯毛。产湖南（衡山）。 广西猕猴桃［*A. melanandra* var. *kwangsiensis*（Li）C. F. Liang］叶基部圆形，背面的中心部分多少有一些锈色的卷曲短绒毛。产广西（罗城大苗山）；生海拔约 1000 m 山地疏林中 褪粉猕猴桃（*A. melanandra* var. *subconcolor* C. F. Liang）叶长圆形，锯齿极不显著，背面白粉褪尽呈苍绿色。产浙江（天目山、瑞安和丽水）		

图 4-17A 黑蕊猕猴桃（花）　　　　　　　图 4-17B 黑蕊猕猴桃（藤茎、叶）　　　朱鑫鑫　摄

18、美丽猕猴桃			猕猴桃科 Actinidiaceae
拉丁学名	*Actinidia melliana* Hand.-Mazz.	英文名称	Mell Kiwifruit
生境特点	海拔 200～1300 m 山地林下或灌丛	分布范围	主产广西和广东，南到海南，北到湖南、江西
识别特征	半常绿，中型藤本。当年枝和隔年枝有锈色长硬毛，皮孔显著；髓白色，片层状。叶膜质至坚纸质，隔年叶革质，长方椭圆形、长方披针形或长方倒卵形，长 6～15 cm，宽 2.5～9 cm；顶端短渐尖至渐尖，基部浅心形至耳状浅心形；背面密被糙伏毛，背面粉绿色，边缘具硬尖小齿，上部（边缘）常向背面反卷；叶柄锈色长硬毛。聚伞花序腋生，花序两回分歧，花多达 10 朵，被锈色长硬毛；苞片钻形，花白色；萼片 5 枚，长方卵形，背面薄被绒毛；花瓣 5 枚，倒卵形，花药黄色，子房近球形，密被茶褐色绒毛。浆果成熟时秃净，圆柱形，有显著的疣状斑点，宿存萼片反折		
资源利用	花期 5～6 月。幼茎、幼叶密具锈红色毛被，花白色、小巧可爱，可供栽培观赏。果实可食用。播种、扦插繁殖		

图 4-18A 美丽猕猴桃（藤茎、花）　　　周联选　摄　　图 4-18B 美丽猕猴桃（花）　　　　徐晔春　摄

19、葛枣猕猴桃（葛枣子、木天蓼） 猕猴桃科 Actinidiaceae

拉丁学名	*Actinidia polygama*（Sieb. et Zucc.）Maxim.	英文名称	Silver Vine, Cat Powder
生境特点	海拔 500～1900 m 山地杂木林中；喜光、喜温暖	分布范围	东北、甘肃、陕西、河北、河南、山东、湖北、湖南、西南，以及俄罗斯远东地区、朝鲜、日本
识别特征	落叶，大型藤本。着花小枝细长；髓白色，实心。叶膜质（花期）至薄纸质，卵形或椭圆卵形，长 7～14 cm，宽 4.5～8 cm；顶端急渐尖至渐尖，基部圆形或阔楔形，边缘有细锯齿，腹面绿色，散生少数小刺毛，有时前端部变为白色或淡黄色，背面浅绿色。花序 1～3 花，花序柄和花柄被微绒毛；苞片小；花白色，芳香，直径 2～2.5 cm；萼片 5 片，卵形至长方卵形；花瓣 5 片，倒卵形至长方倒卵形，最外二三枚的背面有时略被微茸毛；花丝线形，花药黄色，卵形箭头状；子房瓶状。浆果成熟时淡橘色，卵珠形或柱状卵珠形，长 2.5～3 cm，无毛，无斑点，顶端有喙，基部有宿存萼片		
资源利用	花期 6 月中旬至 7 月上旬，果熟期 9～10 月。果实、虫瘿可入药，治疝气、腰痛；从果实提取的成分 Polygamol 为强心利尿的注射药[76]。果实可食用，加工果汁饮料[77]；嫩叶可作蔬菜食用。播种、扦插、组织培养繁殖[78]		

图 4-19A 葛枣猕猴桃（花）　　　　图 4-19B 葛枣猕猴桃（果实）　　　　周　繇　摄

20、昭通猕猴桃 猕猴桃科 Actinidiaceae

拉丁学名	*Actinidia rubus* Levl.	英文名称	Rubus Kiwi, Zhaotong Kiwifruit
生境特点	海拔 2000～2100m 山地林下、沟谷	分布范围	云南东北部（昭通）、重庆（南川）
识别特征	落叶，中型藤本。着花小枝密被红褐色长硬毛，有凸起的淡黄褐色皮孔；隔年枝毛大多断折变短；髓白色，片层状。叶纸质，长方阔卵形至倒长方阔卵形，长 7.5～9cm，宽 6～7cm；顶端短渐尖、急尖或钝形，基部截平形至浅心形，边缘有波状小齿，较大的两齿之间多半有更小的小齿 2 个；腹面深绿色，遍体薄被小糙伏毛，背面淡绿色；叶柄被相当多红褐色长硬毛。花黄色，单生或数花密集近簇生，花柄被硬毛；萼片长方卵形或倒卵形，互不相等，顶端短尖；花瓣倒卵形，稍不相等，顶端浑圆；花药黄色；子房扁球形，密被白色或黄褐色茸毛。果近球形、椭圆形、卵形或倒卵形，长 2～4cm，宽 2～3.2cm[79]		
资源利用	花期 6 月。播种、扦插繁殖		

图4-20A 昭通猕猴桃（两性花）

图4-20B 昭通猕猴桃（雄花）

图4-20C 昭通猕猴桃（藤茎、花） 朱鑫鑫 摄

同属近缘种类：

中文名称	拉丁学名	习性	分布范围	生境特点
陕西猕猴桃	A. arguta var. giraldii		产重庆、甘肃、陕西、河北、河南、湖北、湖南、江西、广西、四川、云南和浙江	生海拔900～2400 m山地林下
奶果猕猴桃	A. carnosifolia var. glaucescens	落叶	产广西、广东、贵州、云南	生海拔900～1400 m山地树丛中
城口猕猴桃	A. chengkouensis	落叶	产重庆（巫山、巫溪、城口）、陕西（岚皋）、湖北（巴东）	生海拔1000～2000 m树林中
金花猕猴桃	A. chrysantha	落叶	产南岭山地（广西、广东和湖南），以广西较盛	生海拔900～1300 m疏林中、灌丛中或山林迹地上
白花柱果猕猴桃	A. cylindrical var. albiflora		产广西（临桂）[73]	
柱果猕猴桃	A. cylindrica f. cylindrica	半常绿	产广西（融水大苗山）	生海拔600～800 m处

中文名称	拉丁学名	习性	分布范围	生境特点
钝叶猕猴桃	A. cylindrica f. obtusifolia	半常绿	产广西（融水大苗山）	生海拔约 500 m 处
毛花猕猴桃	A. eriantha	落叶	产江西、浙江、福建、广东、广西、贵州和湖南	生海拔 200～1000 m 低山林下、灌丛
楔叶猕猴桃	A. fasciculoides var. cuneata	落叶	产广西（田林）	生海拔 800 m 石灰岩石山疏林中
簇花猕猴桃	A. fasciculoides var. fasciculoides	落叶	产云南（西畴）	生海拔 1300～500 m 山地疏林中
圆叶猕猴桃	A. fasciculoides var. orbicuiata	落叶	产广西（龙州）	生海拔 400 m 石灰岩石山上
灰毛猕猴桃	A. fulvicoma var. cinerascens	半常绿	产广东（罗浮山、英德、五华、蕉岭）、湖南（道县）	
黄毛猕猴桃	A. fulvicoma var. fulvicoma	半常绿	产福建、广东中部和北部、广西、贵州、湖南、江西南部和云南	生海拔 100～400 m 山地疏林中或灌丛中
糙毛猕猴桃	A. fulvicoma var. hirsuta	半常绿	产广东、广西、贵州和云南	生海拔 1000～1800 m 山林地中
厚叶猕猴桃	A. fulvicoma var. pachyphya	半常绿	产广东东部、江西南部	
粉叶猕猴桃	A. glaucocallosa	落叶	产云南（景东、龙陵和腾冲）	生海拔 2300～2800 m 沟谷、阴湿常绿阔叶林中
大花猕猴桃	A. grandiflora	落叶	产四川（天全二郎山）	生海拔约 1800 m
长叶猕猴桃	A. hemsleyana var. hemsleyana	落叶	产浙江南部、福建北部、江西东部	生海拔 500～900 m 处
粗齿猕猴桃	A. hemsleyana var. kengiana	落叶	产浙江南部	
多齿猕猴桃	A. henryi var. pfllyoclonta	半常绿	产云南（富民、河口）	生海拔 1400～2500 m 处
全毛猕猴桃	A. holotricha	落叶	产四川南部、云南东北部	生海拔约 1400 m 山地疏林中
湖北猕猴桃	A. hubeiensis	落叶	产湖北（宜昌）	
中越猕猴桃	A. indochinensis var. indochinensis	落叶	产广东、广西和云南，及越南北部	生海拔 600～1300 m 山地密林中
卵圆叶猕猴桃	A. indochinensis var. ovatifolia	落叶	产广西（上思）[73]	
滑叶猕猴桃	A. laevissima	落叶	产贵州东北部（江口和印江）	生海拔 800～2000 m 山地上灌丛中或疏林中

中文名称	拉丁学名	习性	分布范围	生境特点
小叶猕猴桃	A. lanceolata	落叶	产浙江、江西、福建、湖南和广东	生海拔 200～800 m 山地上高草灌丛中或疏林中和林缘等
阔叶猕猴桃、多果猕猴桃、多花猕猴桃	A. latifolia var. latifolia	落叶	产四川、云南、贵州、安徽、浙江、台湾、福建、江西、湖南、广西和广东，及越南、老挝、柬埔寨和马来西亚	生海拔 400～800 m 山地山谷或山沟地带灌丛中或森林迹地上
长绒猕猴桃	A. latifolia var. mollis	落叶	产云南（屏边、普洱）	
漓江猕猴桃	A. lijiangensis	落叶	产广西东北部	
临桂猕猴桃	A. linguiensis		产广西（临桂）	
倒卵叶猕猴桃	A. obovata	落叶	产贵州（清镇）	
桃花猕猴桃	A. persicina	落叶	产广西（融水）	
贡山猕猴桃	A. pilosula	落叶	产云南（贡山茨开）	生海拔约 2000 m 处山地树林中
融水猕猴桃	A. rongshuiensis	落叶	产广西（融水）	
革叶猕猴桃	A. rubricaulis var. coriacea	半常绿	主产四川和贵州，及云南、广西西北、湖南西部、湖北西部	生海拔 1000 m 以上山地阔叶林中
红茎猕猴桃	A. rubricaulis var. rubricaulis	半常绿	产云南、贵州、四川、广西西北、湖南西部	生海拔 300～1800 m 山地阔叶林中
光茎猕猴桃	A. rudis var. glabricaulis		产云南（马关、麻栗坡和西畴）	生海拔 1300～2300 m 灌丛、路旁
糙叶猕猴桃	A. rudis var. rudis	半落叶	产云南（屏边和蒙自）	生海拔 1200～1400 m 山地疏林中溪边、沟边湿润处
密花猕猴桃	A. rufotricha var. glomerata	半常绿	产广西西北部（凌云和乐业）、贵州西南角（安龙）	
红毛猕猴桃	A. rufotricha var. rufotricha	半常绿	产云南（麻栗坡）	
清风藤猕猴桃	A. sabiaefolia	落叶	产福建、江西、湖南和安徽	生 1000 m 以上山地山麓或山顶疏林中
花楸猕猴桃	A. sorbifolia	落叶	产贵州（印江和安龙）	生海拔 1300～1600 m 山地丛林中
星毛猕猴桃	A. stellatopilosa	落叶	产四川（城口）	生海拔约 1200 m 山地灌丛中
安息香猕猴桃	A. styracifolia	落叶	产湖南和福建	
栓叶猕猴桃	A. suberifolia	落叶	产云南（屏边和蒙自）	生在海拔 900～1000 m 干燥灌丛中

中文名称	拉丁学名	习性	分布范围	生境特点
巴东猕猴桃	A. tetramera var. badongensis	落叶	产湖北（巴东）	
四萼猕猴桃	A. tetramera var. tetramera	落叶	产四川、陕西、甘肃、河南和湖北	生海拔 1100～2700 m 山地丛林中近水处
毛蕊猕猴桃	A. trichogyna	落叶	产重庆东部（巫溪、巫山和城口）、湖北（利川和鹤峰）、江西（黎川和景德镇）。	生海拔 1000～1800 m 山地树林中
榆叶猕猴桃	A. ulmifolia	落叶	产四川（屏山）	
扇叶猕猴桃	A. umbelloides var. flabellifolia	落叶	产云南（勐海）	生海拔约 1800 m 处
伞花猕猴桃	A. umbelloides var. umbelloides	落叶	产云南（景东和腾冲）	生海拔 1800～2000 m 混交林中
榆叶猕猴桃	A. ulmifolia	落叶	产四川（平山）	生海拔 900 m 山地林下
麻叶猕猴桃	A. valvata var. boehmeriaefolia	落叶	产江西和浙江	生海拔约 1100 m 山地疏林中
对萼猕猴桃	A. valvata var. valvata	落叶	产安徽、浙江、江西、湖北和湖南	生低山区山谷丛林中
柔毛猕猴桃	A.venosa f. pubescens	落叶	产四川和云南交界地区	生海拔约 1900 m 山地杂木林中
显脉猕猴桃	A.venosa f. venosa	落叶	产四川、云南和西藏	生海拔 1200～2400 m 山地树林中
葡萄叶猕猴桃	A. vitifolia	落叶	产四川（马边、峨边、雷波）、云南（彝良、永善、镇雄）、贵州西部（毕节）	生海拔 1600 m 左右处
浙江猕猴桃	A. zhejiangensis		产福建和浙江	

21、藤漆（利黄藤、追风藤）				漆树科 Anacardiaceae
拉丁学名	*Pegia nitida* Colobr.		英文名称	Shining Pegia
分布范围	云南（西南至东南部）、贵州（册亨）、广西（果果、田林），以及印度、尼泊尔、不丹、缅甸、泰国		生境特点	海拔（200～）500～1800 m 沟谷林中
识别特征	常绿，攀援状木质藤本。小枝紫褐色，具条纹，密被黄色绒毛。奇数羽状复叶，叶轴、叶柄圆柱形，密被黄色绒毛，小叶 4～7 对；小叶膜质至薄纸质；卵形或卵状椭圆形，长 4～11 cm，宽 2～4.5 cm；先端短渐尖或急尖，基部略偏斜，心形或近心形，上半部边缘具钝齿，稀全缘；叶面具白色细小乳突体，叶背沿脉上疏被黄色平伏柔毛，脉腋具黄色髯毛，侧脉两面突起。圆锥花序密被黄色绒毛；花萼无毛，裂片狭三角形；花瓣无毛，长卵形，急尖；雄蕊较花瓣短。核果椭圆形，偏斜，略压扁，成熟时黑色；种子长圆形，压扁状			
资源利用	花期 1～4 月，果期 5～7 月。全株可药用，具通经、驱虫、镇咳之功效。播种繁殖			

图 4-21A 藤漆（藤茎、花）　　　　　　　图 4-21B 藤漆（花序）　　　　　　　　　　　朱鑫鑫 摄

22、云南香花藤（老鼠牛角）			夹竹桃科 Apocynaceae
拉丁学名	*Aganosma harmandiana* Pierre	英文名称	Forest Aganosma，Yunnan Aganosma
生境特点	海拔 600～1400 m 山地疏林或山谷河旁，常攀援树上；喜光照、湿润	分布范围	云南南部，以及老挝、越南、缅甸
识别特征	常绿，攀援灌木，长达 8 m。全株被黄色绒毛，有乳汁。叶宽长圆形、宽卵形或近圆形，长 5～16 cm，宽 4～12 cm；顶端渐尖或急尖至钝，具尖头，稀微凹；叶背密被黄色绒毛。聚伞花序顶生，着花稠密；花萼裂片窄披针形，两面被短柔毛，花萼内面基部具 5 枚腺体；花冠白色，花冠筒较萼片短，外面被短绒毛，裂片长圆形，顶端渐尖，外面被短绒毛；雄蕊着生在花冠筒中部；花盘杯状，较子房长；子房由 2 枚离生心皮组成，顶端被柔毛。蓇葖广叉生，线状圆筒形，被黄褐色绒毛；种子长圆形，扁平，顶端具白色绢质种毛，长 2～4.5 cm		
资源利用	花期 5～8 月，果期 9 月至翌年 2 月。常攀爬于大树上，花色洁白，可用于垂直美化。根、叶供药用，可利水消肿。播种、扦插繁殖		

077

图4-22A 云南香花藤（叶、花序）

图4-22B 云南香花藤（花序）

图4-22C 云南香花藤（藤茎）

朱鑫鑫 摄

23、广西香花藤（石上羊奶树、廖刀竹）			夹竹桃科 Apocynaceae
拉丁学名	*Aganosma siamensis* Craib	英文名称	Thailand Aganosma
生境特点	海拔300～1300 m山地密林或疏林沟谷潮湿地，常攀援于树上或灌木丛中	分布范围	广西和云南
识别特征	常绿，攀援灌木，长达9 m。幼枝、花序被黄褐色短柔毛。叶纸质，椭圆形至椭圆状长圆形，长5～10 cm，宽1.7～4.7 cm；顶端渐尖至急尖，基部钝或楔形；中脉和侧脉在叶面扁平或微凹，于叶背中脉凸起，侧脉扁平。聚伞花序顶生，花9～15朵；花萼裂片线状披针形，较花冠筒长，花萼内面基部具5枚腺体；花冠白色，芳香，花冠筒圆筒形，基部膨大，顶端收缩，外面被短柔毛，内面在雄蕊背部花冠筒上至喉部被长柔毛，裂片长镰刀形，顶端渐尖；雄蕊着生在花冠筒基部，花丝短，被长柔毛，花药箭头状，内藏，顶端渐尖，基部具耳，腹部粘生在柱头上；子房被柔毛，由2枚离生心皮组成，花柱短，柱头圆锥状；每心皮有胚珠多颗。蓇葖果		
资源利用	花期5～6月。叶片肥厚、光亮，可供垂直绿化。全株可药用，有治水肿的作用。播种、扦插繁殖		

同属近缘种类：

中文名称	拉丁学名	习性	分布范围	生境特点
香花藤	*A. marginata*	常绿	产广东和海南	生低丘陵山坡疏林中或林缘或近海边沙地灌木丛中

中文名称	拉丁学名	习性	分布范围	生境特点
短瓣香花藤	A. schlechteriana var. breviloba	常绿	产贵州、云南和广西，及泰国	生海拔 200 m 丘陵山地林谷中或路旁
柔花香花藤	A. schlechteriana var. leptantha	常绿	产云南南部	生海拔 1000～1500 m 山地林谷中
海南香花藤	A. schlechteriana var. schlechteriana	常绿	产四川、贵州、云南、广西和海南	生海拔 500～1700 m 山地疏林中、路旁或水沟旁灌木丛中，攀援树上

图 4-23A 广西香花藤（藤茎、叶、花）　　　　图 4-23B 广西香花藤（藤茎、花）　　　牟凤娟　摄

24、海南链珠藤（白骨藤）			夹竹桃科 Apocynaceae
拉丁学名	*Alyxia odorata* Wallich ex G. Don	英文名称	Fragrant Alyxia
生境特点	疏林、灌丛；喜阴湿，较耐阴，不耐暴晒	分布范围	广东、广西、贵州、四川、海南和云南，以及泰国和缅甸
识别特征	常绿，攀援灌木。小枝压扁或方形后成圆形，具稀少皮孔。叶对生或 3 叶轮生；坚纸质，椭圆形至长圆形，长 4～12 cm，宽 2.5～4.5 cm；顶端渐尖，稀钝头，基部急尖或近圆形，边缘微向外卷。花序腋生或近顶生，或短圆锥式聚伞花序，总花梗、花梗、小苞片被灰色短柔毛；花萼裂片，被短柔毛，具缘毛；花冠黄绿色，花冠筒圆筒状，于上端膨大，花喉处收缩；雄蕊着生于花冠筒上部膨大的位置；子房具 2 个分离的心皮，被疏长柔毛。核果近球形，通常长圆状椭圆形，有时弯曲，常具 1～3 个关节		
资源利用	花期 8～10 月，果期 12 月至翌年 4 月。叶色浓绿，果实如串珠，可栽培观赏。茎、叶可药用，有清热解毒的作用。播种、扦插繁殖		

25、链珠藤（阿利藤、瓜子藤、念珠藤）			夹竹桃科 Apocynaceae
拉丁学名	*Alyxia sinensis* Champ. ex Benth.	英文名称	Chinese Alyxia
生境特点	矮林或灌木丛中；喜光，较耐阴，不耐暴晒	分布范围	浙江、江西、福建、湖南、广东、广西和贵州
识别特征	常绿，藤状灌木，高达 3 m。具乳汁。叶革质，对生或 3 枚轮生；叶片常圆形或卵圆形、倒卵形，顶端圆或微凹，长 1.5～3.5 cm，宽 8～20 mm，边缘反卷。聚伞花序腋生或近顶生，被微毛；花梗、小苞片与萼片均有微毛；花萼裂片卵圆形，近钝头，内面无腺体；花冠先淡红色后退变白色，近花冠喉部紧缩，喉部无鳞片，裂片卵圆形；子房具长柔毛。核果卵形，2～3 粒种子组成链珠状		
资源利用	花期 4～9 月，果期 5～11 月。叶片小巧玲珑，光滑、秀丽，花期较长，果实外形独特，呈链珠状；可布置为矮篱、栅栏、亭阁、廊架或盆栽，景观独特。植株有小毒；全株（瓜子藤）可祛风活血、通经活络，根（阿利藤）能解热镇痛、消痈解毒。全株还可作发酵药。播种、扦插繁殖		

图 4-24 海南琏珠藤（藤茎、果实）　　朱鑫鑫 摄

图 4-25A 链珠藤（花）　　徐晔春 摄

图 4-25B 链珠藤（果实）　　周联选 摄

同属近缘种类：

中文名称	拉丁学名	习性	分布范围	生境特点
尾尖链珠藤	A. fascicularis		产西藏（墨脱），及印度、泰国	生海拔 1800 m 混交林下
富宁链珠藤	A. funingensis	常绿	产云南和广西	生海拔 650 m 山地密林中或灌木丛中
兰屿链珠藤	A. insularis	常绿	产台湾	
筋藤、香藤	A. levinei	常绿	产贵州、广东和广西	生海拔 200～500 m 山地疏林下或山谷、水沟旁灌丛
陷边链珠藤	A. marginata	常绿	产云南（富宁），及越南	生海拔 100～1800 m 山地混交林中或石山上
勐龙链珠藤	A. menglungensis	常绿	产云南南部	生海拔达 2000 m 山地密林中
长花链珠藤	A. reinwardtii	常绿	产云南南部，及泰国、越南、菲律宾、马来西亚和印度尼西亚	生海拔 800～1700 m 山谷林下或灌丛
柳叶链珠藤	A. schlechteri var. salicifolia		产广西（乐业甘田）	生海拔 900 m 山地密林下[80]
狭叶链珠藤	A. schlechteri var. schlechteri	常绿	产贵州、云南和广西	生海拔 700～1200 m 山地疏林中或灌木丛中
那坡链珠藤	A. siamensis var. pubescens	常绿	产广西（那坡德隆）	生山地疏林下[80]
长序链珠藤	A. siamensis var. siamensis	常绿	产广东、广西和云南，及越南	生海拔 200～1000 m 山谷、溪旁、石上或密林下疏阴潮湿或润湿地方
台湾链珠藤	A. taiwanensis		产台湾（台中）	生海拔 1200～1300 m 疏林缘
大叶链珠藤	A. villilimba var. macrophylla	常绿	产广西（那坡德隆）[80]	
毛叶链珠藤	A. villilimba var. villilimba	常绿	产云南东南部	生石灰山林内较湿润处

26、毛车藤（酸果藤、锯子藤、酸扁果）			夹竹桃科 Apocynaceae
拉丁学名	*Amalocalyx yunnanensis* Tsiang	英文名称	Yunnan Amalocalyx
生境特点	海拔 800～1000 m 山地疏林中，常攀援于树上；喜温暖、湿润，不耐阴	分布范围	云南南部（普洱和西双版纳），以及缅甸、泰国、老挝和越南
识别特征	常绿，木质缠绕藤本。各部具乳汁；枝、叶柄、叶、总花梗、小苞片、花萼外面和外果皮均密被锈色长柔毛，老时无毛；枝棕色，圆筒状，有不等长条纹；腋间及腋内腺体不多，易落，深紫色，线状钻形，长 1 mm。叶纸质，宽倒卵形或椭圆状长圆形，长 5～15 cm，宽 2～10.5 cm；端锐尖或具小尖头，基部紧缩成耳形，叶面密被粗毛，老时无毛。聚伞花序近伞房状，二叉，腋生，花冠红色，近钟状，无毛，花冠筒中部以下圆筒形，上部膨大，裂片向右覆盖；雄蕊着生于花冠筒的中部，花丝极短，有长柔毛。蓇葖果 2 枚并生，椭圆形，外果皮木质，有皱纹，深褐色，被锈色柔毛，内果皮有光泽、质脆；种毛黄色绢质		
资源利用	花期 4～10 月，果期 9 月至翌年 1 月。花朵淡粉红色，果实外形奇特，可供观赏。根可入药，具有下乳之功效。嫩果味极酸，可生食或煮食。播种、扦插繁殖		

图 4-26A 毛车藤（花序） 牟凤娟 摄　　图 4-26B 毛车藤（藤茎、果实） 朱鑫鑫 摄

27、金平藤			夹竹桃科 Apocynaceae
拉丁学名	*Baissea acuminata* (Wight) Benth. ex Hook. f.	英文名称	Acuminate Baissea
生境特点	海拔 500～1600 m 山地疏林中或山坡路旁、溪边或山谷水沟边灌丛中	分布范围	贵州、云南南部，以及泰国、老挝、越南和马来西亚
识别特征	攀援灌木，长达 10 m。含乳汁，全株无毛；茎灰绿色，具皮孔；叶腋内外具腺体。叶薄纸质，长圆形或倒卵状长圆形，稀卵状披针形，长 7～13.5 cm，宽 2.5～5 cm（最长 16 cm，宽 6.5 cm）；顶端钝而具尾尖，尾尖长约 1 cm；中脉在叶面略凹入，在叶背凸起。聚伞花序通常三歧，腋生和顶生；总花梗长 3～11 cm；花萼裂片卵圆状三角形，花萼内面基部具 10 枚腺体；花黄色，长 10 mm，花冠深 5 裂，花冠筒圆筒形，比花冠裂片短，内面从雄蕊背面花冠筒上至花冠喉部密被柔毛，花冠裂片长圆形，无毛，顶端钝或圆；雄蕊着生在花冠筒中部以下，花丝短，内面密被柔毛，花药箭头状，腹部与柱头粘连，顶端渐尖，具一丛白色长柔毛，基部耳；花盘 5 裂，环绕子房，每裂片顶再 2 裂；子房由 2 枚离生心皮组成，花柱短，柱头顶端 2 裂。蓇葖双生，长圆柱形，顶端渐尖至钝，长达 21.5 cm，直径约 1.5 cm，具纵条纹；种子长圆形，两端狭窄，扁平，长 2～3 cm，顶端具黄白色绢质种毛，长 4 cm		
资源利用	花期 4～7 月，果期 7～10 月。叶片质地厚实，可缠绕于栅栏。播种、扦插繁殖		

图 4-27A 金平藤（花序）　　　　　　　　　图 4-27B 金平藤（植株）　　　　　　牟凤娟　摄

28、清明花（炮弹果、剎抢龙）			夹竹桃科 Apocynaceae	
拉丁学名	\multicolumn{2}{c	}{*Beaumontia grandiflora* Wall.}	英文名称	Easter Lily Vine
分布范围	\multicolumn{2}{l	}{广西西南部、云南南部，以及印度、孟加拉国、不丹、尼泊尔、缅甸、泰国和越南；广东和福建栽培}	生境特点	海拔 300～1500 m 河岸、潮湿山地林中
识别特征	\multicolumn{4}{l	}{常绿，高大藤本。枝幼时有锈色柔毛，老时无毛，茎有皮孔。叶长圆状倒卵形，长 6～15 cm，宽 3～8 cm；顶端短渐尖，幼时略被柔毛，老渐无毛，稀叶背被浓毛；叶柄长 2 cm。聚伞花序顶生，小花 3～5，有时更多；花梗有具锈色柔毛，长 2～4 cm；花萼裂片长圆状披针形或倒卵形，或倒披针形，长 2.5～4 cm；花冠长约 10 cm，外面被微毛，裂片卵圆形，雄蕊着生于花冠筒的喉部，花药箭头状。蓇葖果形状多变，内果皮亮黄色；种毛白色绢质}
资源利用	\multicolumn{4}{l	}{花期春夏季，果期秋冬季。花洁白、硕大，繁多，散发出阵阵清香，盛开时庄重壮观，适合庭院、凉亭或大型棚架等处栽培观赏，也可修剪作小灌木盆栽。根、叶供药用，历史上将其用于治疗跌打损伤和风湿[81]。播种、扦插、高压法繁殖}

同属近缘种类：

中文名称	拉丁学名	习性	分布范围	生境特点
断肠花、大果夹竹桃	B. brevituba	常绿	产广西和海南	多生海拔 300～1000 m 疏林中，攀援于大树上
云南清明花	B. khasiana	常绿	产云南西南部，及印度和缅甸	常生 1500～1800 m 山地密林中，攀援大树上
思茅清明花	B. murtonii	常绿	产云南南部（勐海），及柬埔寨、老挝、泰国、越南和马来西亚	海拔 1000～1500 m 湿交林、山地灌丛或河岸
广西清明花	B. pitardii	常绿	产广西南部、云南南部，及越南	多生海拔 800～1500 m 山地山谷密林中或疏林中，攀援大树上

083

图 4-28A 清明花（藤茎）　　　　　　　　　　　图 4-28C 清明花（花）　　　　　　　　　牟凤娟　摄

图 4-28B 清明花（藤茎、花）

29、鹿角藤（毛柱鹿角藤、黄藤）			夹竹桃科 Apocynaceae
拉丁学名	*Chonemorpha eriostylis* Pitard	英文名称	Antlervive
生境特点	疏林山地及湿润山谷中	分布范围	云南、广西和广东，以及越南
识别特征	粗壮木质大藤本，长达 20 m。具丰富乳汁，除花冠和叶面外均被粗长毛。叶倒卵形或宽长圆形，长 12～25 cm，宽 7～15 cm。聚伞花序 7～15 花；花萼筒状，被绒毛，内面基部具腺体；花冠白色，近高脚碟状，花冠筒内面具 5 行毛；雄蕊着生于花冠筒近基部，花药箭头状，花丝被微毛；花盘环状，顶端波状，较子房长；子房 2 心皮离生，无毛，花柱被长硬毛。蓇葖 2 枚，近木质，披针形，端部渐尖，外果皮被黄褐色茸毛；种子倒卵形，扁平，端部渐尖，基部圆形，长 2.6 cm，宽 8 cm；种毛白色绢质，长 7 cm		
资源利用	花期 5～7 月，果期 8 月至翌年 4 月。植株的寿命较长，可攀附在垂直立面上；花朵色彩鲜艳、芳香扑鼻。老茎供药用；提取物具有广谱抑菌功效[82～83]。植株皮层、叶及果富含胶乳，可制橡胶制品[84]。播种、扦插、压条繁殖		

图 4-29A 鹿角藤（藤茎、花）

图 4-29B 鹿角藤（花）

图 4-29C 鹿角藤（藤茎、花）　　　　牟凤娟　摄

30、海南鹿角藤			夹竹桃科 Apocynaceae	
拉丁学名	*Chonemorpha splendens* Chun et Tsiang	英文名称	Hainan Antlervive	
生境特点	山谷中或疏林中	分布范围	海南和云南	
识别特征	常绿，粗壮木质藤本。具乳汁；小枝、总花梗、叶背和花萼筒被淡黄色短绒毛。叶近革质，宽卵形或倒卵形，长 18～20 cm，宽 12～14 cm。聚伞花序总状式，连总花梗可达 35 cm，下段总状式，小苞片甚多，上段伞房状，着花 9～13 朵；花萼筒状，顶端不规则两唇形，每唇具二个小齿；花冠淡红色；雄蕊着生于花冠筒基部之上；花盘环状，顶端 5 浅裂。蓇葖近平行，向端部渐狭，长 25 cm，幼时被短绒毛；种子扁平，瓶形，端部紧缩，基部圆形；种毛白色绢质，长 5 cm			
资源利用	花期 5～7 月，果期 8 月至翌年 1 月。提取物具有杀虫活性[85]；氯仿萃取物具有除草活性[86]。植株含胶乳，可制一般日常橡胶制品。播种、扦插、压条繁殖			

同属近缘种类：

中文名称	拉丁学名	习性	分布范围	生境特点
丛毛鹿角藤	*C. floccosa*	常绿	产广西南部	生山地杂木林中

085

中文名称	拉丁学名	习性	分布范围	生境特点
大叶鹿角藤	C. fragrans	常绿	产云南和广西，广东栽培，及斯里兰卡、印度、缅甸、马来西亚和印度尼西亚	生山地阔叶密林中较潮湿地方，攀援树上
漾濞鹿角藤	C. griffithii	常绿	产云南西南部，及印度、尼泊尔、缅甸、泰国	生海拔 900～1600 m 山地密林中
长萼鹿角藤	C. megacalyx	常绿	产云南南部，及老挝	生海拔 900～1500 m 山地林边、山坡、沟谷向阳处
小花鹿角藤	C. parviflora	常绿	产广西南部	生山地杂木林中
尖子藤	C. verrucosa	常绿	产广东、海南和云南，及东南亚各地	生中海拔山地疏林中，溪旁、路旁灌丛或润湿肥土密林中，常攀援树上

图 4-30A 海南鹿角藤（藤茎、叶）　　　图 4-30B 海南鹿角藤（植株）　　　牟凤娟 摄

31、小花藤				夹竹桃科 Apocynaceae
拉丁学名	*Ichnocarpus polyanthus* (Blume) P. I. Forster		英文名称	Polyanthous Ichnocarpus
分布范围	广东、广西、海南和云南，以及印度、不丹、尼泊尔、中南半岛、马来西亚和印度尼西亚		生境特点	海拔 200～1800 m 山谷密林潮湿地或山区灌丛
识别特征	攀援灌木。枝纤细，除花序外全株无毛。叶卵圆状椭圆形或椭圆状长圆形，长 6～8 cm，宽 2.5～4 cm，顶端短渐尖或锐尖，基部宽楔形。圆锥聚伞花序腋生与顶生，总花梗被柔毛，花梗被柔毛；花萼被柔毛，钟状，裂片卵圆形，长 2.5 mm，基部内面有腺体；花冠白色，花冠筒内面及喉部有毛，中间略为胀大，裂片长圆状披针形；雄蕊着生于冠筒的基部；花盘环状，顶端微 5 裂；子房被长柔毛，花柱短，柱头 2 裂。萼长箸形或线状圆柱状，长约 25 cm，直径 5 mm；种子顶端具白色绢质种毛			
资源利用	花期 4～6 月，果期 9～12 月。花朵洁白、小巧，数量繁多，常攀爬于树冠表面。播种繁殖			

同属近缘种类：

中文名称	拉丁学名	分布范围	生境特点
腰骨藤	I. frutescens	产贵州、云南、广西、广东、福建和海南，及斯里兰卡、印度、不丹、孟加拉、中南半岛、马来西亚、菲律宾和大洋洲	生海拔200～900 m山地疏林中、灌木丛
少花腰骨藤	I. jacquetii	产广东、广西和海南，及泰国	生海拔300～500 m山地疏林中或灌丛
麻栗坡少花藤	I. malipoensis	产云南东南部	生海拔1000～1200 m山地密林中

图4-31A 小花藤（花序）　　　　图4-31B 小花藤（藤茎、花）　　　朱鑫鑫 摄

32、红蝉花（巴西素馨、双腺藤）			夹竹桃科 Apocynaceae
拉丁学名	*Mandevilla sanderi* Woodson	英文名称	Brazilian Jasmine
生境特点	喜温暖、湿润、阳光，稍耐阴，不耐寒、干旱，不耐水湿、阳光暴晒	分布范围	原产巴西；现多地引种栽培
识别特征	常绿，木质藤本。全株有白色体液。叶对生，薄革质，披针状长圆形至长椭圆形；全缘，两面光滑、光亮。总状花序；花冠漏斗形，5裂，桃红色，喉部黄色，花管膨大呈鲜黄色		
资源利用	夏至秋季开花。花姿花色娇柔艳丽，盆栽或吊篮栽培摆放居室的窗台、阳台或悬挂走廊、台阶，更增添几分亮丽和新意。播种、扦插、组织培养繁殖[87]		
其他品种	*M. s.* 'Alba'　　花冠粉白色，喉部黄色。花期极长，适合盆栽，用于花篮或花架 白纹藤　（*M. s.* 'My Fair Lady'）　花冠粉红或白色 小红帽　（*M. s* 'Red Riding Hood'）　花冠粉红色 *M. s.* 'Scarlet Pimpernel'　花冠红色，喉部黄色		

图4-32A 红禅花（粉红色花）　　　　　　　　图4-32C 红禅花（红色花）　　　　牟凤娟 摄

图4-32B 红禅花（粉白色花）

33、飘香藤（红皱藤、双腺藤、红文藤）			夹竹桃科 Apocynaceae
拉丁学名	*Mandevilla splendens*（Hook. f.）Woodson	英文名称	Shining Mandevilla
生境特点	喜温暖、湿润、强光，稍耐阴，耐热性较强	分布范围	原产南美洲巴西
识别特征	常绿，缠绕藤本，长可达3 m。叶对生，革质，全缘，椭圆形或长卵圆形，长达20 cm；先端急尖，叶色浓绿富光泽，叶面有皱褶。花腋生，花冠漏斗形，红色、玫红色、桃红色、粉红等颜色，且富于变化，中间黄色		
资源利用	花期主要为夏、秋两季，养护得当可常年开花。缠绕茎柔软而有韧性，花大色艳，具清香，用于篱垣、棚架、天台、容器、小型庭院美化，盆栽或吊篮栽培摆放居室的窗台、阳台或悬挂走廊、台阶。扦插、组织培养、播种繁殖[88]		

图 4-33A 飘香藤（植株）

图 4-33B 飘香藤（单瓣花）

图 4-33C 飘香藤（重瓣花）　　　　牟凤娟　摄

34、思茅山橙			夹竹桃科 Apocynaceae
拉丁学名	*Melodinus cochinchinensis*（Loureiro）Merrill	英文名称	Henry's Melodinus
生境特点	海拔 800～2800 m 山地林中	分布范围	云南南部，以及泰国、缅甸和越南
识别特征	常绿，粗壮木质藤本。除花序有微柔毛外，其余无毛；茎皮灰棕色，具条纹。叶近革质，椭圆状长圆形至披针形，长 6～19 cm，宽 2.2～6.5 cm；端部急尖或渐尖，基部楔形，有时小叶夹在大叶中间。聚伞花序，生于顶端叶腋内，长 4～5.5 cm，花稠密；花萼裂片圆形，边缘薄膜质，被缘毛；花冠白色，裂片卵圆形；花冠筒喉内鳞片 2 裂，被长柔毛；雄蕊着生于花冠筒中部之下。浆果橙红色，长椭圆形，具钝尖头，基部圆形；种子扁，长圆形或卵圆形		
资源利用	花期 4～5 月，果期 9～11 月。果实、枝、叶可药用，具解热、镇痉、活血散瘀之功效[89]。果成熟时可食。播种、扦插繁殖		

图 4-34A 思茅山橙（果实）　　　　　　　　　　图 4-34B 思茅山橙（枝叶）　　　　　　　朱鑫鑫　摄

35、尖山橙（竹藤、藤皮黄、鸡腿果、石牙枫）			夹竹桃科 Apocynaceae
拉丁学名	*Melodinus fusiformis* Champ. ex Benth.	英文名称	Fusiform-fruited Melodinus
生境特点	海拔 300～1400 m 山地疏林中或山坡路旁、山谷水沟旁	分布范围	广东、广西和贵州，以及中南半岛和菲律宾
识别特征	常绿，粗壮木质藤本。具乳汁；茎皮灰褐色；幼枝、嫩叶、叶柄、花序被短柔毛，老渐无毛。叶近革质，椭圆形或长椭圆形，稀椭圆状披针形，长 4.5～12 cm，宽 1～5.3 cm；端部渐尖，基部楔形至圆形。聚伞花序顶生，花 6～12，长 3～5 cm；花萼裂片卵圆形，边缘薄膜质，端部急尖；花冠白色，花冠裂片长卵圆形或倒披针，形偏斜不正；副花冠鳞片状，顶端二三裂。浆果椭圆形，成熟时橙红色，顶端短尖；种子压扁，近圆形或长圆形，边缘不规则波状		
资源利用	花期 4～9 月，果期 6 至翌年 3 月。花冠白色，小巧秀丽，果实尾部突尖，可供观赏。果实有毒；全株供药用，具有祛风湿、活血之功效[90]。扦插、播种繁殖		

图 4-35A 尖山橙（花序）　　　　　　　　　　图 4-35B 尖山橙（枝叶、果实）　　　　　周联选　摄

36、川山橙　　　　　　　　　　　　　　　　　　　　　　　　　　　夹竹桃科 Apocynaceae

拉丁学名	*Melodinus hemsleyanus* Diels	英文名称	Sichuan Melodinus
生境特点	海拔 500～1500 m 山地疏林、山坡、路旁、岩石上	分布范围	贵州、四川南部和东南部
识别特征	常绿，粗壮木质藤本，长约 6 m。具乳汁；小枝、幼叶、叶柄、花序密被短绒毛；茎皮黄绿色。叶近革质，椭圆形或长圆形，稀椭圆状披针形，长 7～15 cm，宽 4～5 cm；顶端渐尖，基部楔形或钝；叶面具光泽，叶背中脉明显，被短柔毛。聚伞花序生于侧枝顶端；花白色；花萼裂片椭圆状长圆形，具尖头，边缘通常较厚，外被密柔毛；花冠筒外被微毛，花冠裂片长圆状披针形或长披针形，中部以下扩大；副花冠小，鳞片状；雄蕊着生于花冠筒下部的膨大处，花药与花丝等长，顶端渐尖；子房 2 室，花柱短，柱头扩大成圆柱状。浆果椭圆形，成熟时橙黄色或橘红色；具尖头，长达 7.5 cm；种子多数，长椭圆形或两侧压扁		
资源利用	花期 5～8 月，果期 12 月。花朵小巧洁白，可栽培观赏。根、果实可药用，有健脾、补血、清热之功效[91]。扦插、播种繁殖		

图 4-36A 川山橙（植株）　　　　　　　图 4-36B 川山橙（花序）　　　　　朱鑫鑫 摄

37、山橙（马骝藤、猴子果）　　　　　　　　　　　　　　　　　　夹竹桃科 Apocynaceae

拉丁学名	*Melodinus suaveolens* Champ. ex Benth.	英文名称	Mountain Orange, Fragrant Melodinus
生境特点	常生丘陵、山谷，攀援于树木或石壁上	分布范围	广东和广西，以及越南

37、山橙（马骝藤、猴子果） 夹竹桃科 Apocynaceae

识别特征	常绿，攀援木质藤本，长达 10 m。具乳汁；小枝褐色。叶近革质，椭圆形或卵圆形，长 5～9.5 cm，宽 1.8～4.5 cm；顶端短渐尖，基部渐尖或圆形；叶面深绿色、具光泽。聚伞花序顶生和腋生，被稀疏的柔毛；花萼被微毛，裂片卵圆形，顶端圆形或钝，边缘膜质；花冠白色，花冠筒外披微毛，裂片具双齿；副花冠钟状或筒状，顶端成 5 裂片，伸出花冠喉外；雄蕊着生在花冠筒中部。浆果球形，顶端具钝头，成熟时橙黄色或橙红色
资源利用	花期 5～11 月，果期 8 月至翌年 1 月。花色洁白，有甜香味，可供观赏。果实有毒，可药用，具有行气、止痛、除湿、杀虫等功效[92, 93]；叶提取物具有杀虫效果[94]。藤皮纤维可编制麻绳、麻袋。扦插、播种、组织培养繁殖[95]

图 4-37A 山橙（藤茎、花）

图 4-37B 山橙（叶、花序）

图 4-37C 山橙（果实） 周联选 摄

同属近缘种类：

中文名称	拉丁学名	习性	分布范围	生境特点
台湾山橙	M. angustifolius	常绿	产台湾（能高山、恒春和台东）	生海拔约 1000 m 山地林中
腋花山橙	M. axillaris	常绿	产云南南部	生海拔约 1000 m 山地疏林潮湿地
景东山橙	M. khasianus	常绿	产云南和贵州，及印度	生海拔 1600～2900 m 湿润山谷森林中
茶藤、大山橙	M. magnificus	常绿	产广西南部	生山地疏林中及山坡向阳处
龙州山橙	M. morsei	常绿	产广西西南部	生山地林中
薄叶山橙	M. tenuicaudatus	常绿	产广西和云南	生海拔 700～1800 m 山地密林中或灌木丛中
云南山橙、雷打果	M. yunnanensis	常绿	产云南南部	生海拔 1500～2000 m 山地潮湿密林中

38、金香藤（蔓性黄蝉、蛇尾蔓）			夹竹桃科 Apocynaceae
拉丁学名	*Pentalinon luteum*（L.）B. F. Hansen & Wunderlin	英文名称	Wild Allamanda，Summer Bouquet，Hammock Viper's-tail，Yellow Mandevilla
生境特点	喜光照、温暖、湿润，忌低温、长期积水	分布范围	原产美国佛罗里达州、西印度群岛至哥伦比亚；我国南方部分地区引种栽培
识别特征	常绿，小型缠绕性藤本，长可达5 m。藤茎具白色乳汁。叶对生，椭圆形，先端圆或微突，全缘，革质，明亮富光泽。花腋生；花冠金黄色，漏斗形，裂片5，顶端圆		
资源利用	花期春至秋季，长达3～4个月。叶片油绿光洁，花色金黄，极为醒目；小型藤蔓，适于室内柱状盆栽，可用于阳台、卧室、书房或天台装饰，及栅栏、篱墙或小型花架等美化。汁液有毒，可用于制毒箭，还可醉鱼。扦插繁殖		

图4-38A 金香藤（花序）　　牟凤娟　摄

图4-38B 金香藤（花）　　朱鑫鑫　摄

图4-38C 金香藤（植株）　　牟凤娟　摄

39、多花黑鳗藤（新娘花、蜡花黑鳗藤、非洲茉莉、簇蜡花）　　夹竹桃科 Apocynaceae

拉丁学名	*Stephanotis floribunda* Brongn.	英文名称	Madagascar Jasmine，Waxflower，Hawaiian Wedding Flower，Bridal Wreath
生境特点	喜阳光、高温、潮湿	分布范围	原产马达加斯加群岛；我国南方有引种栽培
识别特征	常绿，缠绕木质藤本。叶对生，革质，长椭圆形；先端突尖，全缘。聚伞花序腋生，花冠白色，长管形，五裂，蜡质，有芳香。蓇葖果椭圆形			
资源利用	花期初春至秋季。花朵洁白，芳香，是优良的小型棚架植物，适合小型棚架、花架及绿篱；也是优秀的室内盆栽藤本；攀援于支架，需对植株进行摘心及修剪，以促分枝并防止疯长；还可作为婚礼的手捧花材及装饰花材。根、茎供药用。播种、扦插、压条繁殖			

图 4-39A 多花黑鳗藤（枝叶、花）　　　　　图 4-39B 多花黑鳗藤（花序）　　牟凤娟　摄

同属近缘种类：

中文名称	拉丁学名	分布范围	生境特点
假木通、假土木通	*S. chunii*	产广东、广西和湖南	生海拔 600～1000 m 山地潮湿密林中，攀援于大树上
黑鳗藤、史惠藤、博如藤、华千金子藤	*S. mucronata*	产四川、贵州、广西、广东、湖南、福建、浙江和台湾，菲律宾有栽培	生海拔 100～600 m 以下山地疏密林中，攀援于大树上
茶药藤	*S. pilosa*	产云南和广西，及泰国	生海拔 400～1600 m 山地密林中或山谷、溪边潮湿地方
云南黑鳗藤	*S. saxatilis*	产广西西部、云南东南部	生海拔 800～1200 m 山地石山灌木丛中

40、羊角拗（羊角扭、阳角右藤、断肠草、羊角藤）　　夹竹桃科 Apocynaceae

拉丁学名	*Strophanthus divaricatus*（Lour.）Hook. et Arn.	英文名称	Goat Horns
生境特点	喜温暖、潮湿，喜阳，亦耐半阴，耐干旱，不耐霜冻	分布范围	贵州、云南、广西、广东和福建，以及越南、老挝和泰国

38、金香藤（蔓性黄蝉、蛇尾蔓）			夹竹桃科 Apocynaceae
拉丁学名	*Pentalinon luteum*（L.）B. F. Hansen & Wunderlin	英文名称	Wild Allamanda，Summer Bouquet，Hammock Viper's-tail，Yellow Mandevilla
生境特点	喜光照、温暖、湿润，忌低温、长期积水	分布范围	原产美国佛罗里达州、西印度群岛至哥伦比亚；我国南方部分地区引种栽培
识别特征	常绿，小型缠绕性藤本，长可达5 m。藤茎具白色乳汁。叶对生，椭圆形，先端圆或微突，全缘，革质，明亮富光泽。花腋生；花冠金黄色，漏斗形，裂片5，顶端圆		
资源利用	花期春至秋季，长达3～4个月。叶片油绿光洁，花色金黄，极为醒目；小型藤蔓，适于室内柱状盆栽，可用于阳台、卧室、书房或天台装饰，及栅栏、篱墙或小型花架等美化。汁液有毒，可用于制毒箭，还可醉鱼。扦插繁殖		

图 4-38A 金香藤（花序）　　牟凤娟 摄

图 4-38B 金香藤（花）　　朱鑫鑫 摄

图 4-38C 金香藤（植株）　　牟凤娟 摄

39、多花黑鳗藤（新娘花、蜡花黑鳗藤、非洲茉莉、簇蜡花）　　　　夹竹桃科 Apocynaceae

拉丁学名	*Stephanotis floribunda* Brongn.	英文名称	Madagascar Jasmine，Waxflower，Hawaiian Wedding Flower，Bridal Wreath
生境特点	喜阳光、高温、潮湿	分布范围	原产马达加斯加群岛；我国南方有引种栽培
识别特征	常绿，缠绕木质藤本。叶对生，革质，长椭圆形；先端突尖，全缘。聚伞花序腋生，花冠白色，长管形，五裂，蜡质，有芳香。蓇葖果椭圆形			
资源利用	花期初春至秋季。花朵洁白，芳香，是优良的小型棚架植物，适合小型棚架、花架及绿篱；也是优秀的室内盆栽藤本；攀援于支架，需对植株进行摘心及修剪，以促分枝并防止疯长；还可作为婚礼的手捧花材及装饰花材。根、茎供药用。播种、扦插、压条繁殖			

图 4-39A 多花黑鳗藤（枝叶、花）　　　　　图 4-39B 多花黑鳗藤（花序）　　　牟凤娟　摄

同属近缘种类：

中文名称	拉丁学名	分布范围	生境特点
假木通、假土木通	*S. chunii*	产广东、广西和湖南	生海拔 600～1000 m 山地潮湿密林中，攀援于大树上
黑鳗藤、史惠藤、博如藤、华千金子藤	*S. mucronata*	产四川、贵州、广西、广东、湖南、福建、浙江和台湾，菲律宾有栽培	生海拔 100～600 m 以下山地疏密林中，攀援于大树上
茶药藤	*S. pilosa*	产云南和广西，及泰国	生海拔 400～1600 m 山地密林中或山谷、溪边潮湿地方
云南黑鳗藤	*S. saxatilis*	产广西西部、云南东南部	生海拔 800～1200 m 山地石山灌木丛中

40、羊角拗（羊角扭、阳角右藤、断肠草、羊角藤）　　　　夹竹桃科 Apocynaceae

拉丁学名	*Strophanthus divaricatus*（Lour.）Hook. et Arn.	英文名称	Goat Horns
生境特点	喜温暖、潮湿，喜阳，亦耐半阴，耐干旱，不耐霜冻	分布范围	贵州、云南、广西、广东和福建，以及越南、老挝和泰国

40、羊角拗（羊角扭、阳角右藤、断肠草、羊角藤）	夹竹桃科 Apocynaceae
识别特征	常绿，木质藤本或匍匐状灌木，上部枝条蔓延。全株含白色或黄色乳液；茎棕褐色或暗紫色，密被灰白色圆形的皮孔。叶对生，纸质，椭圆状长圆形或椭圆形；全缘或有时略带微波状。聚伞花序腋生及顶生，花数朵；苞片和小苞片线状披针形；花黄色；花萼5裂，披针形，顶端长渐尖，绿色或黄绿色，内面基部有腺体；花冠淡黄色，漏斗状，裂片延伸成长线状；副花冠生于喉部，10枚，舌状鳞片，冠片分离；雄蕊5枚，生冠管上部。蓇葖果广叉开，木质，椭圆状长圆形，顶端渐尖，基部膨大，外果皮绿色，干时黑色，具纵条纹；种子纺锤形、扁平，中部略宽，上部渐狭而延长成喙，喙长2 cm，轮生着白色绢质种毛
资源利用	花期3～7月，果期6月至翌年2月。花型奇特、美丽，可置于山石或坡地种植观赏。全株有剧毒；根、藤茎、种子可药用，均含有强心苷；还具有镇静、利尿作用[96]。播种、扦插繁殖

图4-40A 羊角拗（植株）

图4-40B 羊角拗（花）　　牟凤娟 摄　　图4-40C 羊角拗（藤茎、花）　　周联选 摄

41、旋花羊角拗			夹竹桃科 Apocynaceae
拉丁学名	*Strophanthus gratus*（Wall. et Hook. ex Benth.）Baill.	英文名称	Climbing Oleander, Rose allamanda
生境特点	喜阳光、温暖、湿润，喜肥	分布范围	原产非洲中西部、西部热带地区

095

41、旋花羊角拗		夹竹桃科 Apocynaceae
识别特征	常绿，粗壮攀援灌木。全株无毛；枝条干后红褐色，具白色皮孔；老枝条具纵条纹。叶对生，厚纸质，长圆形或长圆状椭圆形，长9～15 cm，宽4～7.5 cm；顶端急尖，基部圆形或阔楔形；叶腋内具2枚钻状腺体。聚伞花序顶生，伞形，着花6～8朵，具香味；花萼钟状，裂片倒卵形，内面基部有12枚腺体；花冠白色，喉部染红色，花冠裂片倒卵形，顶端不延长成尾状，花冠筒上部膨大；副花冠10枚，舌状鳞片，红色；雄蕊内藏；子房卵圆状	
资源利用	花期冬季至春季。全株有大毒，可用于毒杀象及害虫，乳汁可作箭毒药；种子含羊角拗精，可药用。扦插繁殖	

图 4-41A 旋花羊角拗（花序） 牟凤娟 摄 　　图 4-41B 旋花羊角拗（花） 朱鑫鑫 摄

图 4-41C 旋花羊角拗（缠绕状） 牟凤娟 摄 　　图 4-41D 旋花羊角拗（匍匐状） 牟凤娟 摄

42、箭毒羊角拗			夹竹桃科 Apocynaceae
拉丁学名	*Strophanthus hispidus* DC.	英文名称	Hispid Strophanthus
生境特点	喜温暖、湿润	分布范围	原产非洲南部；云南、广东、广西等地有栽培

42、箭毒羊角拗		夹竹桃科 Apocynaceae
识别特征	常绿，藤本或灌木，高达5 m。有乳汁；枝条密被粗硬毛。叶椭圆状长圆形或椭圆形，长5～20 cm，宽2.5～8 cm；顶端短渐尖，幼时密被粗硬毛。聚伞花序顶生，密被粗硬毛；萼片长圆形，渐尖；花冠黄色，花冠裂片延长成一长尾带状，长达18 cm，下垂；副花冠裂片着生于花冠筒喉部，具有红色、紫色或褐色斑点；心皮被长柔毛，花柱丝状，柱头棍棒状。蓇葖果木质，披针形，叉生成直线，长达54 cm，直径3 cm，顶端叉开；外果皮密被灰白色斑点；种子线状披针形，种皮被金黄色柔毛，顶端有长喙，沿喙密被白色绢质种毛，种毛长达5 cm	
资源利用	花期春、夏季，果期秋、冬季。植株有大毒，尤以种子和乳汁毒性更烈；种子可作箭毒药和药用。播种、扦插繁殖	

图4-42A 箭毒羊角拗（花序）　　肖春芬 摄　　图4-42B 箭毒羊角拗（果实）　　牟凤娟 摄

43、垂丝金龙藤（摘星花）			夹竹桃科 Apocynaceae
拉丁学名	*Strophanthus preussii* Engl. & Pax	英文名称	Poison Arrow Vine, Corkscrew Flower, Spider Tresses, Preuss' Strophanthus
生境特点	喜半日照环境	分布范围	原产西非（刚果等地）
识别特征	常绿，蔓状灌木。叶对生，薄革质，光滑。聚伞花序顶生；花冠白色至橙黄色，裂片尖端延长为丝状长尾，紫红色，喉部具紫红色条纹或斑点		
资源利用	热带地区全年开花。枝条细致，花冠裂片尖端特化为细丝状，如少女微卷的秀发，为一造型奇特美丽的观赏植物。全株毒性强烈，种子最具毒性，可用于毒箭，修剪管理时需做好防护措施；可药用。播种、扦插繁殖		

图 4-43A 垂丝金龙藤（藤茎、叶、花）　　　　　　图 4-43B 垂丝金龙藤（花序）　　　　　　牟凤娟 摄

44、云南羊角拗			夹竹桃科 Apocynaceae
拉丁学名	*Strophanthus wallichii* A. DC.	英文名称	Wallich's Strophanthus
生境特点	海拔 500～1500 m 混交林、灌丛	分布范围	云南南部，以及印度、孟加拉国、泰国、老挝、越南和马来西亚
识别特征	常绿，蔓状灌木，枝条顶部可蔓延，高达 8 m。茎皮和枝条密被灰白色皮孔。叶椭圆形或椭圆状卵圆形，稀倒卵形，长 4.5～12 cm，宽 2.5～6 cm；顶端急尖而钝头，基部圆形，叶面深绿色，具光泽，叶背浅绿色；叶柄间具腺体。聚伞花序二至三歧顶生，通常着花 5～8 朵；总花梗和花梗被短柔毛；花萼外面被短柔毛，萼片线状披针形，边缘薄膜质具波纹，花萼内面基部有 5 枚腺体；花冠淡紫色，花冠筒下部圆筒形，上部钟状，花冠筒内面仅雄蕊着生处被柔毛，花冠裂片卵圆形，顶部延长成一尾状带，裂片长 4～5 cm，花冠喉部有 10 枚舌状鳞片的副花冠，鳞片顶部渐尖，高出花冠喉部，每 2 枚基部相连，与花冠裂片互生；雄蕊着生在冠檐的基部，花药箭头状，药隔顶部渐尖而延长成一尾，伸出花冠喉外，密被微毛；花丝肉质，被微毛；心皮离生，上部有稀疏的短柔毛至无毛；无花盘。蓇葖 2 枚成 180° 角叉开，木质，长圆形，上部渐狭而钝头，长 11～16 cm，直径 2～3 cm；外果皮绿色，表面密被灰白色圆形的斑点；种子多数，纺锤形而扁，棕褐色，长 2.5 cm，顶端具 4 cm 喙，喙长，喙上轮生黄白色绢质的种毛，长 4～6 cm		
资源利用	花期 4～6 月，果期 7 月至翌年 2 月。花型奇特，可栽培观赏。全株有毒；种子可入药，具强心、利尿、消肿之功效。播种繁殖		

图 4-44A 云南羊角拗（花序）　　　　　　　　　　图 4-44B 云南羊角拗（植株）　　　　　　　牟凤娟　摄

同属近缘种类：

中文名称	拉丁学名	习性	分布范围	生境特点
卵萼羊角拗	S. caudatus	常绿	分布印度、越南、老挝、柬埔寨、马来西亚和印度尼西亚，我国台湾地区有栽培	生温暖、湿润之地
西非羊角拗	S. sarmentosus	常绿	原产西非（尼日利亚、塞内加尔到刚果），云南南部有栽培	生高温、湿润之处

45、酸叶胶藤（黑风藤、酸叶藤、乳藤）		夹竹桃科 Apocynaceae	
拉丁学名	*Ecdysanthera rosea* Hook. et Arn.	英文名称	Sour Creeper
生境特点	山地杂木林山谷中、水沟旁较湿润处	分布范围	长江以南各地，以及泰国、越南和印度尼西亚
识别特征	常绿，高大木质大藤本。具乳汁；茎皮深褐色，枝条上部淡绿色，下部灰褐色。叶纸质，阔椭圆形，长3～7 cm，宽1～4 cm；顶端急尖，基部楔形，背被白粉。聚伞花序圆锥状顶生，宽松展开，多歧；总花梗略具白粉和被短柔毛；花小，粉红色；花萼5深裂，外面被短柔毛，内面具有5枚小腺体；花冠近坛状，花冠筒喉部无副花冠；雄蕊5枚，着生于花冠筒基部，花丝短，花药披针状箭头形，基部具耳，顶端至花冠筒喉部，腹面贴生于柱头上；花盘环状，全缘，较子房短；子房具2枚离生心皮，被短柔毛，花柱丝状，柱头顶端2裂。蓇葖2枚，叉开成近一直线，圆筒状披针形，有明显斑点；种子长圆形，顶端具白色绢质种毛		
资源利用	花期4～12月，果期7～12月。花繁而秀雅，可用于南方无霜冻地区棚架、篱垣、山石、坡坎或沟侧绿化。全株（红杜仲）供药用，可清热解毒、利湿化滞、活血消肿[97]。幼嫩茎叶可菜用，幼嫩果实可食用。植株富含乳汁且质地良好，可用作橡胶植物；韧皮可为制纸及人造棉原料[98]。播种、扦插、压条繁殖		

图 4-45A 酸叶胶藤（植株）　　　　　　　　　图 4-45B 酸叶胶藤（果实）　　　　牟凤娟　摄

图 4-45C 酸叶胶藤（花序）　　　　　　　　　图 4-45D 酸叶胶藤（花）　　　　　朱鑫鑫　摄

46、云南水壶藤（大赛格多、赫马结）			夹竹桃科 Apocynaceae
拉丁学名	*Urceola tournieri*（Pierre）D. J. Middleton	英文名称	Yunnan Urceola
生境特点	海拔 800～1800 m 绿阔叶林湿润处	分布范围	云南南部，以及缅甸和老挝
识别特征	粗壮高大藤本，长达 20 m。小枝及花序具微柔毛，含白色乳汁；茎皮棕褐色，有明显皮孔。叶长圆形或狭长圆形，长 11～17.5 cm，宽 2.5～6 cm；先端具骤尖头。聚伞花序腋生，伞房状，长 8～16 cm；花白色，花冠裂片不对称，在花蕾中内褶。蓇葖粗壮，近木质，长圆状宽披针形，端略内弯，长达 10 cm，直径 2 cm，外果皮具皱纹及浅沟，有皮孔；种子长圆形，长 1.5 cm，直径约 3 mm；种毛淡黄色，长约 3 cm		
资源利用	花期 11 月至翌年 9 月，果期 8～11 月。植物胶乳总固形物含胶量 87.75%，可制橡胶用品。播种繁殖		

同属近缘种类：

中文名称	拉丁学名	习性	分布范围	生境特点
毛杜仲藤	*U. huaitingii*	常绿	产广东、广西、贵州和海南	生海拔 200～1000 m 疏林、潮湿山谷
线果水壶藤、牛角藤	*U. linearicarpa*	常绿	产云南南部，及老挝	生海拔 500～1500 m 热带雨林中、疏林中的润湿处

中文名称	拉丁学名	习性	分布范围	生境特点
杜仲藤	U. micrantha	常绿	产四川、西藏、福建、云南、广西、广东、海南和台湾，及印度、尼泊尔、老挝、泰国、越南、马来西亚、印度尼西亚、日本（琉球群岛）	生海拔 300～1000 m 混交林或灌丛中，常见山谷、水沟旁湿润处
华南水壶藤	U. napeensis	常绿	产广东、广西和海南，及泰国、老挝和越南	生林下
华南杜仲藤	U. quintaretii	常绿	产广西、广东和海南，及老挝和越南	生海拔 300～500 m 山地密林中
乐东藤	U. xylinabariopsoides	常绿	产海南，及越南	生山地疏林中

47、大纽子花（糯米饭花） 夹竹桃科 Apocynaceae

拉丁学名	*Vallaris indecora*（Baill.）Tsiang et P. T. Li	英文名称	Large-flowered Vallaris
生境特点	山地密林沟谷，喜湿润、有攀援支撑物环境	分布范围	四川、贵州、云南和广西
识别特征	常绿，攀援灌木。具乳汁；茎皮具皮孔。叶纸质，宽卵圆形或倒卵圆形，顶端渐尖，基部圆形，长 9～12 cm，宽 4～8 cm，具透明腺体，叶背被短柔毛，全缘。伞房状聚伞花序腋生，通常着花 3 朵，稀达 6 朵；花梗密被柔毛；花土黄色，花萼裂片长圆状卵圆形，被柔毛；花冠筒内外面均被短柔毛，冠檐展开，直径达 4 cm，裂片圆形，顶端具细尖头；花药伸出花喉之外，花丝短，背面被疏短柔毛，药隔基部背面具圆形腺体；子房、花柱被疏柔毛，柱头斜圆锥形；花盘杯状，顶端具缘毛。蓇葖果双生，平行，披针状圆柱形；种子线状长圆形，顶端被种毛长 2.2 cm			
资源利用	花期 3～6 月，果期秋季。花期较长，具有浓郁的糯米香味；有攀援习性，宜植于棚架下，使其攀上棚顶作庇荫物。种子有毒；植株供药用，具有强心作用，可治血吸虫病[99]。花可食用，也可提取精油。扦插、播种繁殖			

图 4-46 云南水壶藤　　牟凤娟 摄

图 4-47A 大纽子花（花）

图 4-47B 大纽子花（植株）　　朱鑫鑫 摄

48、纽子花			夹竹桃科 Apocynaceae
拉丁学名	*Vallaris solanacea*（Roth）O. Ktze.	英文名称	Bread Flower
分布范围	海南，以及印度、斯里兰卡、缅甸和印度尼西亚	生境特点	河旁阴湿处，常攀援于小树上
识别特征	常绿，高攀援灌木。全株具乳汁；茎皮灰白色，具小皮孔，着花枝对生；叶柄间腺体多数，早落，绿紫色，线形。叶薄纸质，除嫩叶柄及叶背中脉外无毛，密生透明腺点；叶片卵圆形至卵圆状椭圆形，短渐尖或锐尖，稀具短尖头，基部锐尖至楔形；叶柄上面具槽。聚伞花序假伞形状或伞房状，花4～8朵；总花梗被柔毛；花萼近钟状，萼片长圆形，外面被柔毛，边缘有缘毛，内面基部有5枚腺体；花冠白色，花冠筒圆筒状五棱形，内面被柔毛，直径2.5 cm，花冠裂片卵圆形，钝头；雄蕊着生花冠筒喉部，花药全部伸出花喉之外，花药基部具耳，药隔的基部背面有一个圆球状黄色的腺体；子房2个合生心皮，上部被疏柔毛，花柱被疏柔毛，柱头倒圆锥状；花盘5深裂，围绕子房基部，较子房短，顶端有疏柔毛。蓇葖长圆形、渐尖；种子卵形，顶端具种毛		
资源利用	花期3～7月。扦插、播种繁殖		

图4-48A 纽子花（花序）　　　图4-48B 纽子花（植株）　　　牟凤娟 摄

49、广防己（防己马兜铃、防己、藤防己）			马兜铃科 Aristolochiaceae
拉丁学名	*Aristolochia fangchi* Y. C. Wu ex L. D. Chow et S. M. Hwang	英文名称	Fangchi's Pipevine
生境特点	海拔500～1000 m山坡密林或灌木丛中	分布范围	广东、广西、贵州和云南

49、广防己（防己马兜铃、防己、藤防己）　　　　　　　　　　　　　马兜铃科 Aristolochiaceae

识别特征	木质缠绕藤本，长达3～4 m。块根粗壮，长圆柱形，外表具不规则纵裂及增厚的木栓层；嫩枝平滑或具纵棱，密被褐色长柔毛；茎初直立，后攀援，基部具纵裂及增厚的木栓层。叶薄革质或纸质，长圆形或卵状长圆形，稀卵状披针形，长6～16 cm，宽3～5.5 cm，顶端短尖或钝，基部圆形，稀心形，全缘；嫩叶上面仅中脉密被长柔毛，其余被毛较稀疏，后毛全脱落，下面密被褐色或灰色短柔毛，基出脉3条；叶柄上面具槽纹，稍扭曲，密被棕褐色长柔毛。花单生或3～4朵排成总状花序，生老茎近基部；花梗长5～7 cm，密被棕色长柔毛，常弯垂；花被管合生，紫红色，外面密被褐色茸毛，具明显隆起纵脉；檐部盘状，近圆形，直径4～6 cm，暗紫色并有黄斑，具明显网状脉纹，外面密被褐色茸毛，边缘浅3裂，裂片顶端短尖，喉部半圆形，白色；子房圆柱形，6棱，密被褐色茸毛；合蕊柱粗厚，顶端3裂，裂片边缘外反并具乳头状突起。蒴果圆柱形，长5～10 cm，直径3～5 cm，6棱
资源利用	花期3～5月，果期7～9月。叶片质厚、浓绿，花型独特，可观赏。块根有毒；可供药用，有利水消肿、祛风止痛之功效。播种繁殖

图 4-49A 广防己（花）　　　　　　　　　图 4-49B 广防己（藤茎、叶）　　　　　徐晔春 摄

50、流苏马兜铃（睫毛马兜铃、弱茎马兜铃、白脉荷兰藤）　　　马兜铃科 Aristolochiaceae

拉丁学名	*Aristolochia fimbriata* Cham.	英文名称	White-veined Hardy Dutchman's Pipe
生境特点	喜阳光充足、排水良好、耐半阴	分布范围	原产南美巴西、阿根廷北部；现世界多地栽培
识别特征	常绿或落叶，缠绕木质藤本。茎纤细。叶基心形，叶脉处淡灰色。单花腋生，状如烟斗，花被管绿色，花被内部具褐紫色斑点，脉纹黄色，边缘具稀疏长睫毛。蒴果具多翅，干后开裂；种子具翅，利于风传		
资源利用	花期夏季。花会散发腐尸恶臭，吸引蝇类传粉。圆形叶上有银白色的漂亮脉纹，花从后面看像伸长的象鼻，花冠喙部边缘有流苏状附属物，具有较高的观赏价值，是优良的地被或攀援绿化观赏植物。植株有毒；可供药用。播种、扦插繁殖		

图 4-50A 流苏马铃铃（花）

图 4-50B 流苏马铃铃（花）

图 4-50C 流苏马铃铃（藤茎、叶、果实）　　牟凤娟　摄

51、巨花马兜铃（大鹈鹕花）			马兜铃科 Aristolochiaceae
拉丁学名	*Aristolochia gigantea* Mart. & Zucc.	英文名称	Pelican Flower, Duck Flower, Alcatraz
生境特点	喜温暖、潮湿，稍耐阴	分布范围	原产南美洲巴拿马、巴西及加勒比海岸
识别特征	常绿，大型木质藤本，蔓长可达 10 m。嫩茎光滑无毛；老茎粗糙，具棱。叶互生，具叶柄，卵状心形；全缘，顶端短锐尖，基部心形。单花腋生于老茎上；花大，长约 40 cm，宽约 25 cm；花被 1 枚，基部膨大如兜状物，其上有一缢缩的颈部，顶部扩大如旗状，布满紫褐色斑点或条纹。蒴果形如马铃铛，具棱		
资源利用	花期集中于 6～11 月。叶片宽广，花型巨大、奇特，紫红色、白色的斑纹交错，花期较长，蒴果悬于空中，叶、花、果均具观赏价值，是一种理想的垂直绿化植物；多作花廊、花架、庭院篱笆垂直装饰材料；亦可作花坛布置用材。植株有毒。播种、分株繁殖		

104

图 4-51A 巨花马兜铃（花）　　　　　　　图 4-51B 巨花马兜铃（花）

图 4-51C 巨花马兜铃（植株）　　　　　　　　　　　　　　　　　　　　　　　　牟凤娟　摄

52、海南马兜铃（假青黄藤）			马兜铃科 Aristolochiaceae
拉丁学名	*Aristolochia hainanensis* Merr.	英文名称	Hainan Pipevine
生境特点	海拔 800～1200 m 山谷林中	分布范围	广西（上思）、海南

52、海南马兜铃（假青黄藤） 马兜铃科 Aristolochiaceae

识别特征	木质藤本。嫩枝密被褐色短绒毛，有纵棱，老茎有不规则纵裂、增厚的木栓层。叶革质，卵形、卵状披针形或长卵形，长 12～20（～30）cm，宽 10～17 cm；顶端短渐尖或短尖，基部圆形，边全缘，嫩叶两面均密被棕色长绒；基出脉 3 条；叶柄密被褐色长柔毛。总状花序腋生或生于老茎基部，有花 3～6 朵，花梗密被棕色长柔毛，常向下弯；花被管中部急遽弯曲且膨大呈囊状，花冠管上部颜色外面黄白色，有明显纵脉，里面黄色，近基部密生腺体状绒毛，最上部渐扩大成极歪斜喇叭状；子房圆柱形，6 棱，密被棕色绒毛。蒴果长椭圆形或圆柱形，顶端具稍弯短喙，基部收狭，密被褐色短茸毛
资源利用	花期 10 月至翌年 2 月，果熟期 6～7 月。根、叶有毒，可药用。播种繁殖

图 4-52A 海南马兜铃（藤茎） 牟凤娟 摄

图 4-52B 海南马兜铃（植株） 牟凤娟 摄

图 4-52C 海南马兜铃（藤茎、叶、花） 周联选 摄

53、南粤马兜铃（侯氏马兜铃） 马兜铃科 Aristolochiaceae

拉丁学名	*Aristolochia howii* Merr. et Chun.	英文名称	Nanyue Pipevine
生境特点	海拔 200～600 m 向阳疏林中	分布范围	海南（万宁、琼中、琼海、保亭和三亚）

53、南粤马兜铃（侯氏马兜铃）		马兜铃科 Aristolochiaceae
识别特征	常绿，木质藤本。块根长圆形或卵形，常数个相连；小枝平滑或稍具纵棱，嫩时密被棕色长柔毛。叶片革质，阔长圆状倒披针形、线形或长圆形，基部狭心形，边全缘或上部每边有1～3个微波状圆裂齿，或有时仅一边有齿，另一边全缘，下面密被微柔毛，沿叶脉被倒生长柔毛。花单生或2朵聚生，有时排成总状花序，生于叶腋或老茎上；花梗纤细，疏被长柔毛；小苞片着生于花梗近基部，钻形；花初呈粉红色，以后暗褐色，花被管中部急剧弯曲，具纵脉纹，外面被棕色长柔毛，内面近基部密被细柔毛；檐部扩展呈盘状，正圆形，边缘浅3裂，裂片平展，阔卵形，近等大；子房圆柱形，6棱；合蕊柱先端3裂，裂片先端尖，边缘向下延伸，具乳头状突起。蒴果长圆状，成熟时6瓣开裂	
资源利用	花期5～9月，果期10～12月。块根药用。播种繁殖	

图 4-53A 南粤马兜铃（叶、花） 　　　图 4-53B 南粤马兜铃（藤茎、花）　　　周联选　摄

54、广西马兜铃（大叶马兜铃、大百解薯、圆叶马兜铃）			马兜铃科 Aristolochiaceae
拉丁学名	*Aristolochia kwangsiensis* Chun et C. F. Liang	英文名称	Guangxi Pipevine
生境特点	海拔600～1600 m山谷林中，耐阴	分布范围	广西、云南、四川、贵州、湖南、浙江、广东和福建
识别特征	常绿，大型缠绕木质藤本。块根大型，椭圆形或纺锤形，常数个相连，表面棕褐色，外皮常有裂纹，内面淡黄色；嫩枝有棱，密被污黄色或淡棕色长硬毛，老枝无毛，有增厚、呈长条状剥落的木栓层。叶厚纸质至革质，卵状心形或圆形，顶端钝或短尖，基部宽心形；嫩叶上面疏被长硬毛，成长叶除叶脉外，两面均密被污黄色或淡棕色长硬毛；基出脉5条；叶柄上面有深槽，密被长硬毛。总状花序腋生，花二三朵；花梗密被污黄色或淡棕色长硬毛，近基部具小苞片；小苞片钻形，密被长硬毛；花被管中部急遽弯曲，弯曲处至檐部与下部近等长而较狭，外面淡绿色，具褐色纵脉纹和纵棱，密被淡棕色长硬毛，内面无毛；檐部盘状，近圆三角形，上面蓝紫色而有暗红色棘状突起，具网脉，外面密被棕色长硬毛，边缘浅3裂，裂片平展，边缘常外反，喉部近圆形，黄色，稍突出成领状；子房圆柱形，6棱；合蕊柱顶端3裂，裂片顶端钝，边缘向下延伸而翻卷，具乳头状突起。蒴果暗黄色，长圆柱，具6棱；种子卵形		
资源利用	花期4～5月，果期8～9月。株型、叶片巨大，花形奇特、色彩鲜艳，可供观赏。块根有小毒；入药有清热、解毒、止血、止痛之效[100, 101]。播种繁殖		

图 4-54A 广西马兜铃（藤茎、叶）　　牟凤娟 摄　　图 4-54B 广西马兜铃（花）　　朱鑫鑫 摄

55、美丽马兜铃（烟斗马兜铃）			马兜铃科 Aristolochiaceae
拉丁学名	*Aristolochia littoralis* D. Parodi	英文名称	Calico Flower，Elegant Dutchman's Pipe
生境特点	喜温暖、潮湿环境，较耐寒，稍耐阴	分布范围	原产南美巴西；现在澳大利亚、美国南部等地逸为野生
识别特征	常绿，缠绕木质藤本。茎纤细；幼茎黄绿色至绿色；老茎周皮绵厚，纵裂，深褐色。叶纸质，心形，长 7～9 cm，宽 8～9 cm；全缘，基部抱茎；上面绿色，背面灰绿色；基出脉 3～5 条；基部有圆形托叶。单花腋生，花心形，状如烟斗，长 7～8 cm，花柄下垂；花被管黄绿色，花被外面具褐紫色脉纹，内满布深紫色斑点，喇叭口处有一半月形紫色斑块；子房下位。蒴果长圆柱形，具多翅，干后开裂；种子具翅，利于风传		
资源利用	花期 5～9 月，果期 6～10 月。花会散发腐尸恶臭，吸引蝇类传粉；花被筒基部膨大，中部细，上部扩大成喇叭形，黄绿色，整朵花自下而上呈"S"形弯曲，造型奇特，花色艳丽；蒴果长圆柱形，成熟时黑褐色，6 个心皮由花柄处裂开，将花柄一分为二，呈吊篮状悬挂在空中，十分别致。有毒；根（青木香）、藤茎（天仙藤）、果实（马兜铃）可药用，各具有清肺镇咳化痰、祛风活血及解毒、利尿、理气止痛的功效。干根含芳香油约 3%。播种、分根、扦插、组织培养繁殖[102]		

图 4-55A 美丽马兜铃（花）　　　　　　　　　　图 4-55B 美丽马兜铃（藤茎、果实）　　牟凤娟 摄

56、香港马兜铃　　　　　　　　　　　　　　　　　　　　　马兜铃科 Aristolochiaceae

拉丁学名	*Aristolochia westlandii* Hemsl.	英文名称	Westland's Birthwort
生境特点	海拔 300～800m 山谷林中	分布范围	广东、香港、云南
识别特征	常绿，木质缠绕藤本。嫩枝绿色，密被短柔毛；老茎具不规则纵裂和增厚的木栓层。叶革质或纸质，狭长圆状披针形或狭长圆形，基部狭耳形，两侧裂片常稍内弯或稍下垂，基出 3 脉。总状花序生于小枝下部叶腋或老茎近基部，常仅一花发育，密被棕色长粗毛；花具腐肉臭味，外面密被褐色丝质长柔毛；花被管中部急遽弯曲，檐部盘状，倒心形，上面黄白色而有紫色斑块，喉部暗紫色；合蕊柱肉质，顶端深 3 裂；裂片边缘向下延伸，具乳头状突起		
资源利用	花期 3～4 月。花型独特、花色艳丽，供观赏。有毒；果实可药用。此物种野生数量稀少，属极危物种。播种繁殖		

图 4-56A 香港马兜铃（藤茎、叶、花）　　　图 4-56B 香港马兜铃（藤茎、花）

图 4-56C 香港马兜铃（花）　　朱鑫鑫　摄

同属近缘种类：

中文名称	拉丁学名	习性	分布范围	生境特点
竹叶马兜铃	*A. bambusifolia*	常绿	产广西（隆林隆或）	生疏林下石灰岩山石缝处，罕见[103]
翅茎马兜铃	*A. caulialata*		产云南（西双版纳、盈江、富宁和河口），及泰国。	生海拔 600～1000 m 低丘山谷密林中

中文名称	拉丁学名	习性	分布范围	生境特点
长叶马兜铃	A. championii	常绿	产广东、香港、广西、贵州、四川、重庆和云南（屏边、西双版纳）	生海拔 500～900 m 山谷密林中，稀疏干燥林下亦可见
广防己、防己马兜铃	A. fangchi	常绿	产广东、广西、贵州和云南（富宁、西双版纳）	生海拔 500～1000 m 山坡密林或灌木丛中
黄毛马兜铃	A. fulvicoma	常绿	产海南	生海拔 200～600 m 密林中
西藏马兜铃、藏木通	A. griffithii	常绿	产西藏和云南，及印度东北部、不丹、尼泊尔和缅甸	生海拔 2100～2800 m 密林中
凹脉马兜铃、穿石藤	A. impressinervia		产广西（扶绥、大新、龙州）	生海拔约 400 m 石灰岩地区林下或灌丛中
昆明马兜铃	A.kunmingensis		产云南（嵩明、武定、景东、宾川、洱源、剑川、漾濞、腾冲、福贡、盈江和文山）、贵州	生林下灌丛中及林缘分
木通马兜铃	A. manshuriensis	常绿	产东北、山西、陕西、甘肃、四川和湖北，及朝鲜北部、俄罗斯	生海拔 100～2200 m 荫湿阔叶和针叶混交林中
寻骨风、绵毛马兜铃	A. mollissima	常绿	产陕西、山西、山东、河南、安徽、湖北、贵州、湖南、江西、浙江和江苏	生海拔 100～900 m 山坡、草丛、沟边和路旁等处
淮通、宝兴马兜铃	A. moupinensis	常绿	产四川、云南西部、贵州、湖南、湖北、浙江（昌化）、江西（庐山）和福建	生海拔 2000～3200 m 林中、沟边、灌丛中
滇南马兜铃	A. petelotii	常绿	产云南（马关和屏边）、广西（那坡）	生海拔约 1900 m 石灰岩山地林中
管兰香、萝卜防己、白背马兜铃	A. saccata	常绿	产云南和西藏，及印度东北部、不丹、尼泊尔和缅甸	生山沟阔叶林中
革叶马兜铃	A. scytophylla	常绿	产贵州（长顺）、广西（乐业）	生海拔约 600 m 石灰岩地区灌丛中
过石珠变色、马兜铃苦凉藤	A. versicolor	常绿	产云南（西双版纳）、广西（大瑶山、扶绥）、广东（阳山和博罗）	生海拔 500～1500 m 较荫湿处

57、白蛾藤（银丝白蛾藤、阿鲁藤） 萝藦科 Asclepiadaceae

拉丁学名	*Araujia sericifera* Brot.	英文名称	Common Moth Vine, White Bladderflower, False Chokor
生境特点	沿海沙地	分布范围	原产南美（巴西、秘鲁、阿根廷、巴拉圭和乌拉圭）
识别特征	常绿，多年生缠绕藤本，长达 10 m，汁液具有刺激性气味。藤茎柔韧、坚硬，基部木质化。叶对生，卵状椭圆形，长 3～12 cm，宽 2～6 cm；叶面深绿色、光滑无毛，叶背绿色、被毛。花 2～4 朵，具香味，钟状，白色或粉色；花冠直径 2～3 cm。蓇葖果具槽，海绵状，未成熟时绿色，长 12 cm，宽 6 cm；种子多达 400 粒，具有细长丝状毛，长 2.5 cm		

57、白蛾藤（银丝白蛾藤、阿鲁藤）		萝藦科 Asclepiadaceae
资源利用	花期晚夏至早秋，果期中秋。活力较强，种子可通过风、水进行远距离传播；花具有香味，果实外形类似佛手瓜，含白色胶状汁液。藤蔓有毒性，对皮肤有伤害；叶片、果实及藤蔓的汁液供药用；可诱杀昆虫。果实可供食用；藤茎纤维可利用。播种繁殖	

图 4-57A 白蛾藤（花序）　　　图 4-57B 白蛾藤（藤茎、花）　　　朱鑫鑫 摄

58、宽叶秦岭藤			萝藦科 Asclepiadaceae
拉丁学名	*Biondia hemsleyana*（Warb.）Tsiang	英文名称	Hemsley's Biondia
生境特点	海拔 1400～2000 m 山地杂林中	分布范围	四川
识别特征	柔弱缠绕藤本；茎直径约 2 mm，节间长 8～9 cm；枝、叶柄、花序梗及花梗均被单列短柔毛。叶纸质，狭披针形，长 5～9 cm，宽 10～15 mm；两端短渐尖，边缘略反卷；中脉于叶面凹陷，被短柔毛，于叶背凸起；叶柄顶端上面有丛生腺体。花序腋生，长 3～4 cm，花 5～7；花萼 5 深裂，裂片镊合状排列，卵形；花冠白色，钟状，顶端短 5 裂，裂片宽三角形，较花冠筒短；副花冠为 5 个三角形小齿组成，着生于合蕊冠基部，极短；合蕊柱近四方形；花药端部有圆形薄膜片；花粉块圆球状，下垂；子房无毛，柱头盘状五角形，端部扁平。蓇葖线状披针形，长 5～6 cm，直径 3～5 mm，苍白色，具条纹；种子卵状长圆形，顶端具白色绢质种毛，长约 2 cm		
资源利用	花期 4～9 月，果期 10～12 月。叶深绿色、花淡黄色，各作小型藤本栽培。根可药用，主要用于治疗胃痛[104]。播种、扦插繁殖		

同属近缘种类：

中文名称	拉丁学名	分布范围	生境特点
秦岭藤	B. chinensis	产陕西（秦岭和眉县）	生山地林下或路旁
青龙藤	B. henryi	产四川、安徽、浙江和江西	生山地疏林中
黑水藤、黑骨藤	B. insignis	产四川、贵州和云南	生海拔 200～2900 m 山地林中
宝兴藤	B. pilosa	产四川（宝兴）	生海拔约 2700 m 山地林中或河边杂木林
短叶秦岭藤	B. yunnanensis	产云南和四川	生海拔 2000 m 以上山地林中

图 4-58A 宽叶秦岭藤（藤茎、花）

图 4-58B 宽叶秦岭藤（花序）

图 4-58C 宽叶秦岭藤（藤茎、花）　　　　朱鑫鑫　摄

59、白瓶吊灯花			萝藦科 Asclepiadaceae
拉丁学名	*Ceropegia ampliata* E. Mey.	英文名称	Bushman's Pipe, Taper Vine, Horny Wonder
生境特点	喜阳、耐旱、耐贫瘠	分布范围	原产南非、马达加斯加等地
识别特征	常绿，叶片早落，主要利用茎进行光合作用。多年生肉质茎，具纵槽，接触土壤于节处产生不定根。叶片生于茎顶端，对生；披针形或心形。聚伞花序腋生，花2～4朵，相继开放直立向上；花冠管状，基部膨大，里面具倒生长毛，花冠裂片两侧反卷，于顶端合生为鸟笼状结构；花冠白色具有绿色纵条纹。蓇葖果双生；种子多数，具白色丝质毛。		
资源利用	花期12月至翌年3月。花具有香甜气味，可吸引蝇类进行传粉；可盆栽，垂挂于露台、阳台等阳光充裕地方，也可攀爬于他物进行垂直绿化。扦插、播种繁殖		

图 4-59A 白瓶吊灯花（藤茎、花）　　　　　　　图 4-59B 白瓶吊灯花（花）　　　　　　　　牟凤娟 摄

60、短序吊灯花（小鹅儿肠）			萝藦科 Asclepiadaceae
拉丁学名	*Ceropegia christenseniana* Hand.-Mazz.	英文名称	Christensen Lantern Flower
生境特点	山地林中	分布范围	云南、贵州
识别特征	藤本，长达 1 m。茎部纤弱；具疏柔毛。叶卵圆形，长 4～5 cm，宽 3 cm；顶端急尖，基部圆形，两面被浓柔毛，叶缘常呈波状；叶柄长 5～18 mm。花序梗极短，着花 1～3；花梗长 8～10 mm，在果枝上则为 1.5 cm，无毛；花萼裂片长 5～7 mm，钻状披针形，有缘毛；花冠在筒部的中部以上紫罗兰色，下部黄色，长 5 cm，基部斜形，椭圆状膨胀，直径 4～5 mm，裂片长 2 cm，长圆形，顶端黏合，边缘具微白缘毛；副花冠外轮长 3 mm，顶端裂片三角状披针形，有长缘毛，内轮长 3 mm，顶端舌状；着粉腺比花粉块为短，花粉块柄甚短。蓇葖果披针形，略为靠合，长 13 cm，直径 5 mm；种子顶端具白色绢质种毛			
资源利用	花期 10 月。花型奇特，可供观赏。播种繁殖			

61、长叶吊灯花（剑叶吊灯花）			萝藦科 Asclepiadaceae
拉丁学名	*Ceropegia dolichophylla* Schltr.	英文名称	Long-leaf Lantern Flower
生境特点	海拔 500～1000 m 山地密林中	分布范围	四川、贵州、云南和广西
识别特征	茎柔细，缠绕，长约 1 m。根茎肉质，细长丛生。叶对生，膜质，线状披针形，长 5～12 cm，宽 0.5～2 cm；顶端渐尖。花单生或 2～7 集生；花萼裂片线状披针形；花冠褐红色，裂片顶端黏合；副花冠 2 轮，外轮具 10 齿，内轮具 5 舌状片，比外轮长 1 倍；花粉块单独，直立。蓇葖狭披针形，长约 10 cm，直径 5 mm			
资源利用	花期 7～8 月，果期 9 月。花型奇特，可供栽培观赏。播种繁殖			

图 4-60A 短序吊灯花（茎、叶）

图 4-60B 短序吊灯花（花）　　　　　图 4-60C 短序吊灯花（藤茎）

图 4-61A 长叶吊灯花（花）　　　　　图 4-61B 长叶吊灯花（藤茎、花）　　　朱鑫鑫 摄

62、金雀马尾参（太子参、普吉藤）			萝藦科 Asclepiadaceae
拉丁学名	*Ceropegia mairei*（Lev.） H. Huber	英文名称	Maire's Ceropegia
生境特点	海拔 1000～2300 m 山地石罅中	分布范围	四川、贵州、云南（丽江、昆明）

62、金雀马尾参（太子参、普吉藤） 萝藦科 Asclepiadaceae

识别特征	茎上部缠绕，下部直立；根部丛生，肉质。茎部单独，曲折，近基部无叶，具微毛。叶直立展开，椭圆形或椭圆状披针形，长 1～5 cm，在中间最宽处 4～16 mm；顶端急尖或短渐尖，叶面及叶柄、叶背中脉具微柔毛，边缘略为反卷。聚伞花序近无梗，少花；花梗长约 1 cm，具微毛；花萼裂片狭披针形；花冠长约 3 cm，近圆形，花冠筒近圆筒状，花冠喉部略为膨大，裂片舌状长圆形，内面具微毛，与花冠筒等长，长 1.2 cm；副花冠杯状，外轮裂片三角形，内轮狭线形，顶端略为膨大，钝形，无毛，比外轮长两倍；花粉块斜卵圆形，花粉块柄平展，着粉腺菱形，比花粉块小 4 倍
资源利用	花期 5 月。根有小毒；入药可解毒、杀虫。播种繁殖

图 4-62A 金雀马尾参 （花序）　　　　　图 4-62B 金雀马尾参（藤茎、花）　　　朱鑫鑫 摄

63、马鞍山吊灯花 萝藦科 Asclepiadaceae

拉丁学名	*Ceropegia teniana* Hand.-Mazz.	英文名称	Maanshan Lantern Flower
生境特点	海拔 1900 m 山坡灌丛	分布范围	云南（马鞍山）、四川（凉山）
识别特征	藤本；茎纤弱，长超过 80 cm。被微硬长毛。叶宽卵圆形，长 3～4.5 cm；顶端短渐尖，基部近截形，叶背除中脉外无毛；叶柄圆筒状，上面有深槽；侧脉约 3 对，小脉很密。聚伞花序伞形状，着 1～8 朵；花序梗短，长约 1.3 cm；花萼裂片钻状披针形，长 3～4 mm，通常无毛；花冠长 1.5～2.3 cm，花冠筒基部直径 3～4 mm，椭圆状膨胀，黄色，裂片长 5 mm，内面略具乳头状微毛，宽卵形，顶部内折而黏合；副花冠裂片成两轮，外轮三角状披针形，长 2.5 mm，有疏长柔毛，内轮线形，长 2 mm；着粉腺比花粉块小		
资源利用	花期 8 月。播种繁殖		

图 4-63A 马鞍山吊灯花（花序）　　　　　　　图 4-63B 马鞍山吊灯花（藤茎、花）　　　　朱鑫鑫　摄

64、吊灯花			萝藦科 Asclepiadaceae
拉丁学名	*Ceropegia trichantha* Hemsl.	英文名称	Common Lantern Flower
生境特点	海拔 400～500 m 溪旁、山谷疏林中	分布范围	广西、广东、湖南、四川，以及泰国
识别特征	茎纤弱缠绕。叶对生，膜质，长圆状披针形，长 10～13 cm，宽 2～3 cm；顶端渐尖，基部圆形。聚伞花序着花 4～5 朵；花紫色；萼片披针形；花冠如吊灯状；副花冠 2 轮，外轮具 10 个齿，内轮具 5 个舌状片，具长硬毛；花粉块每室 1 个，直立，内角有 1 个透明膜边。蓇葖长披针形，长达 20 cm，直径 5 mm；种子具种毛		
资源利用	花期 8～10 月，果期 12 月。全株、根可药用，具有抗氧化活性[105]。播种繁殖			

同属近缘种类：

中文名称	拉丁学名	分布范围	生境特点
巴东吊灯花	*C. driophila*	产湖北	生海拔 600～900 m 灌木丛中
四川吊灯花	*C. exigua*	产四川	生海拔约 1200 m 处
匙冠吊灯花	*C. hookeri*	产四川和西藏，及印度和尼泊尔	生海拔约 3000 m 处
长叶吊灯花	*C. longifolia*	产西藏和云南，及印度、尼泊尔和缅甸	生海拔约 2100 m 处
白马吊灯花	*C. monticola*	产四川和云南，及泰国	生海拔 2000 m 以下河旁山坡杂木林中

中文名称	拉丁学名	分布范围	生境特点
木里吊灯花	C. muliensis	产四川西南部	生海拔约 3000 m 山地灌木丛中
宝兴吊灯花	C. paoshingensis	产四川（宝兴）、陕西（西乡）[106]、重庆（奉节）	生海拔 300～900 m 山谷中
西藏吊灯花、底线参、蕤参	C. pubescens	产四川、西藏、贵州和云南，及缅甸、印度、不丹和尼泊尔	生海拔 2000～3200 m 杂木林中
柳叶吊灯花	C. salicifolia	产云南南部	生海拔约 500 m 山林中
狭叶吊灯花	C. stenophylla	产四川西部	生海拔 1900～2600 m 山地林中

图 5-64A 吊灯花（藤茎、花）　　　　　　　　图 5-64B 吊灯花（花）　　　　　　　　牟凤娟　摄

65、心叶荟蔓藤			萝藦科 Asclepiadaceae
拉丁学名	*Cosmostigma cordatum* (Poir.) M. R. Almeida	英文名称	Green Milkweed Creeper
分布范围	原产巴基斯坦、斯里兰卡、印度、缅甸、老挝、尼泊尔	生境特点	喜温暖、潮湿，耐半阴
识别特征	常绿，木质大型藤本。枝条具黄色柔毛。叶对生，薄膜质，卵圆状心脏形；顶端短渐尖，基部圆形，两面被疏柔毛，脉近掌状；叶柄，被疏柔毛，顶端具丛生小腺体。聚伞花序近伞形状，腋生，花 6～15 朵；小苞片、花序梗、花梗及花萼均被黄色柔毛；花萼内面基部有腺体 10 枚；花冠黄绿色；花冠筒内面喉部被柔毛；副花冠 5 片，扁平，顶端全缘，较雄蕊短。蓇葖大型，形如芒果		
资源利用	花期 5～6 月，果期 8 月至翌年 4 月。适应能力强，在庭园中适宜布置在大型花架上进行垂直景观绿化，是一种优良的观花、观果藤本植物。		
其他种类	荟蔓藤（*C. hainanense* Tsiang） 枝条具黄色柔毛。花期 5 月。产海南；生山地林谷中		

图 4-65A 心叶荟蔓藤（藤茎）　　　　　　　　图 4-65B 心叶荟蔓藤（果实）　　　　牟凤娟　摄

66、古钩藤（大叶白叶藤、老鸦嘴、大暗消）			萝藦科 Asclepiadaceae
拉丁学名	*Cryptolepis buchananii* Roem. et Schult.	英文名称	Ancient Hookime
生境特点	海拔 500～1500 m 山地疏林中或山谷密林中，常攀援于树上	分布范围	云南、贵州、广西和广东，以及印度、斯里兰卡、缅甸和越南
识别特征	常绿，缠绕木质藤本。具乳汁；茎皮红褐色有斑点；小枝灰绿色。叶纸质，长圆形或椭圆形，长 10～18 cm，宽 4.5～7.5 cm；顶端圆形具小尖头，基部阔楔形；叶面绿色，有光泽，叶背苍白色。聚伞花序腋生，比叶为短；花萼裂片阔卵形，内面基部具 10 个腺体；花冠黄白色，花冠筒比裂片短，裂片披针形；副花冠裂片 5 枚，卵圆形，顶端钝，基部较狭，着生于花冠筒喉部之下；雄蕊着生于花冠筒的中部，离生，背面具长硬毛，腹部粘生在柱头基部；花粉器匙形；柱头盘状五棱，顶端突尖 2 裂。蓇葖 2 枚，叉开成直线，长圆形，长 6.5～8 cm，直径 1～2 cm，外果皮具纵条纹		
资源利用	花期 3～8 月，果期 6～12 月。叶色浓绿，有光泽，藤茎较长，可作荫棚、墙垣绿化。根、叶、果实药用具有舒筋活络、消肿止痛、解毒等功效，具有低毒的特点；叶外用治疮毒，提取物还具有抗氧化活性 [107, 108]。种子可提取油脂 [109]；茎皮纤维坚韧，常用作绳索；种毛可作填充物。扦插、播种繁殖		

图 4-66A 古钩藤（植株）　　　　　　　　图 4-66B 古钩藤（藤茎、花序）　　　牟凤娟　摄

67、白叶藤（红藤仔、脱皮藤）			萝藦科 Asclepiadaceae
拉丁学名	*Cryptolepis sinensis*（Lour.）Merr.	英文名称	Chinense Cryptolepis
分布范围	贵州、云南、广西、广东和台湾，以及印度、越南、马来西亚和印度尼西亚	生境特点	丘陵山地灌木丛中
识别特征	常绿，柔弱木质藤本。具乳汁；小枝常红褐色。叶长圆形，长 1.5～6 cm，宽 0.8～2.5 cm；两端圆形，顶端具小尖头；叶面深绿色，叶背苍白色。聚伞花序顶生或腋生，比叶长；花萼内面基部有 10 个腺体；花冠淡黄色，花冠筒圆筒状，花冠裂片长圆状披针形或线形，裂片向右覆盖，顶端旋转；副花冠裂片片卵圆形，生于花冠筒内面。蓇葖果长披针形或圆柱状，长达 12.5 cm，直径 6～8 mm；种子长圆形，棕色，顶端具白色绢质种毛			
资源利用	花期 4～9 月，果期 6 月至翌年 2 月。叶、茎、乳汁有小毒；全株可供药用，具清热解毒、散瘀止痛之功效[110]。茎皮纤维坚韧，可编绳索、犁缆；种毛做填充物。扦插、播种繁殖			

图 4-67A 白叶藤（藤茎、花）　　牟凤娟 摄　　图 4-67B 白叶藤（果实）　　周联选 摄

68、桉叶藤（普丽藤、橡胶藤、隐冠藤）			萝藦科 Asclepiadaceae
拉丁学名	*Cryptostegia grandiflora*（Roxb.）R. Br.	英文名称	Rubber Vine
生境特点	喜温暖、潮湿，喜阳，稍耐旱	分布范围	原产印度、非洲多地及马达加斯加岛
识别特征	常绿，缠绕木质藤本。茎外皮绿褐色，具皮孔。叶对生，肉革质，钝头，基部圆形，全缘；两面平滑，表面深绿色，具光泽。聚伞花序顶生，三出；花大，淡紫色；苞片披针形；花冠漏斗状，紫色，裂片 5；副花冠全缘或 2 裂；花药与柱头合生。蓇葖果粗厚，具 3 棱（翅）|		
资源利用	花期春、夏两季，果熟期冬季至翌年春季。花期较长，花繁叶茂，花色淡雅，果实奇特，具有较强的观赏性；适合小型花廊、花架及绿篱美化，也适合于园林绿地、路边、山石边栽种。茎、叶可药用。体内的弹性橡胶及纤维可供利用。扦插、压条、播种繁殖			

图 4-68A 桉叶藤（藤茎、叶）　　　　　　　图 4-68B 桉叶藤（藤茎、花）　　　　　　牟凤娟 摄

69、牛皮消（耳叶牛皮消、飞来鹤、隔山消、牛皮冻）　　　萝藦科 Asclepiadaceae

拉丁学名	*Cynanchum auriculatum* Royle ex Wight	英文名称	Auriculate Mosquitotrap
分布范围	山东、河北、河南、陕西、甘肃、西藏、安徽、江苏、浙江、福建、台湾、江西、湖南、湖北、广东、广西、贵州、四川和云南，以及印度	生境特点	3500 m 以下山坡林缘及路旁灌木丛中或河流、水沟边潮湿地
识别特征	蔓性半灌木；宿根肥厚，呈块状。茎圆形，被微柔毛。叶对生，膜质，被微毛；宽卵形至卵状长圆形，长 4～12 cm，宽 4～10 cm；顶端短渐尖，基部心形。聚伞花序伞房状，着花 30 朵左右；花萼裂片卵状长圆形；花冠白色，辐状，裂片反折，内面具疏柔毛；副花冠浅杯状，裂片椭圆形，肉质，钝头，在每裂片内面中部有 1 个三角形舌状鳞片；花粉块每室 1 个，下垂；柱头圆锥状，顶端 2 裂。蓇葖双生，披针形，长 8 cm，直径 1 cm；种子卵状椭圆形；种毛白色绢质			
资源利用	花期 6～9 月，果期 7～11 月。根、块根有毒；药用具养阴清热、润肺止咳、利尿通淋、解毒疗疮之效[111, 112]。播种繁殖			

70、白首乌（泰山何首乌、泰山白首乌、地葫芦、山葫芦）　　　萝藦科 Asclepiadaceae

拉丁学名	*Cynanchum bungei* Decne.	英文名称	Bunge's Mosquitotrap
生境特点	海拔 1500 m 以下山坡、山谷或山坝、路边灌木丛中或岩石隙缝中	分布范围	辽宁、内蒙古、河北、河南、山东、山西和甘肃，以及朝鲜
识别特征	攀援性半灌木；块根粗壮。茎纤细而韧，被微毛。叶对生，戟形，顶端渐尖，基部心形；两面被粗硬毛，叶面较密。伞形聚伞花序腋生，较叶短；花萼裂片披针形；花冠白色，裂片长圆形；副花冠 5 深裂，裂片披针形，内面中间有舌状片；花粉块每室 1 个，下垂；柱头基部 5 角状，顶端全缘。蓇葖单生或双生，披针形，向端部渐尖；种子卵形；种毛白色绢质，长 4 cm			
资源利用	花期 6～7 月，果期 7～10 月。块根药用，具有补肝肾、益精血、强筋骨、乌须发、延寿命之功能[111, 112]。播种繁殖			

图 4-69A 牛皮消（花序）

图 4-69B 牛皮消（果实）

图 4-69C 牛皮消（藤茎、果实）

图 4-70A 白首乌（藤茎、花序）

图 4-70B 白首乌（果实、种子）

朱鑫鑫 摄

第四章 木质藤本植物资源

121

71、蔓剪草（四叶对剪草、蔓白薇）			萝藦科 Asclepiadaceae
拉丁学名	*Cynanchum chekiangense* M. Cheng ex Tsiang et P. T. Li	英文名称	Zhejiang Mosquitotrap
生境特点	山谷、溪旁、密林中潮湿之地	分布范围	浙江、河南、湖南和广东
识别特征	多年生藤本。单茎直立，端部蔓生，缠绕。叶薄纸质，对生或在中间二对甚为靠近，似四叶轮生状；卵状椭圆形，两端急尖或先端猝然渐尖；叶面略被微毛，叶背叶脉上被疏柔毛；叶柄长 2～2.5 cm。伞形状聚伞花序腋间生；花序梗具有微毛；花萼裂片具缘毛；花冠深紫红色；副花冠比合蕊冠为短或等长，裂片三角状卵形，顶端钝；花粉块椭圆形，下垂。蓇葖经常单生，线状披针形，长达 10 cm，直径 1 cm，向端部渐狭；种子卵形，基部圆形，顶端截形；种毛白色绢质，长 3.5 cm		
资源利用	花期 5 月，果期 6 月。花紫红色，观赏性较高。根药用，有理气健胃、祛暑、散瘀消肿、杀虫的作用。播种繁殖		

图 4-71A 蔓剪草（枝叶、花）　　图 4-71B 蔓剪草（花序）　　朱鑫鑫 摄

72、鹅绒藤（祖子花、羊奶角角、牛皮消）			萝藦科 Asclepiadaceae
拉丁学名	*Cynanchum chinense* R. Br.	英文名称	Chinese Mosquitotrap
生境特点	海拔 500 m 以下山坡向阳灌木丛中或路旁、河畔、田埂边	分布范围	辽宁、河北、河南、山东、山西、陕西、宁夏、甘肃、江苏和浙江
识别特征	缠绕藤本；主根圆柱状，干后灰黄色。全株被短柔毛。叶对生，薄纸质；宽三角状心形，长 4～9 cm，宽 4～7 cm；顶端锐尖，基部心形；叶面深绿色，叶背苍白色，两面均被短柔毛，脉上较密；在叶背略为隆起。伞形聚伞花序腋生，两歧，着花约 20；花萼外面被柔毛；花冠白色，裂片长圆状披针形；副花冠二型，杯状，上端裂成 10 个丝状体，两轮，外轮约与花冠裂片等长，内轮略短；花粉块每室 1 个，下垂；花柱头略为突起，顶端 2 裂。蓇葖双生或仅有 1 个发育，细圆柱状，向端部渐尖，长 11 cm，直径 5 mm；种子长圆形；种毛白色绢质		
资源利用	花期 6～8 月，果期 8～10 月。全株可药用，根有祛风解毒、健胃止痛之效；乳汁外用治常性疣赘；民间用根治疗癫痫、狂犬病、毒蛇咬伤和补虚镇痛[113, 114]。播种繁殖		

图 4-72A 鹅绒藤（叶、花序）　　　　图 4-72B 鹅绒藤（花序）　　　　　　　　朱鑫鑫 摄

73、朱砂藤（朱砂莲、湖北白前、白敛、赤芍、野红薯藤）			萝藦科 Asclepiadaceae
拉丁学名	*Cynanchum officinale*（Hemsl.）Tsiang et Zhang	英文名称	Medicinal Mosquitotrap
生境特点	海拔 1300～2800 m 山坡、路边或水边或灌木丛中及疏林下	分布范围	陕西、甘肃、安徽、江西、湖南、湖北、广西、贵州、四川和云南
识别特征	藤状灌木；主根圆柱状，单生或自顶部起 2 分叉，干后暗褐色。嫩茎具单列毛。叶对生，薄纸质，无毛或背面具微毛；卵形或卵状长圆形，长 5～12 cm，基部宽 3～7.5 cm；向端部渐尖，基部耳形；叶柄长 2～6 cm。聚伞花序腋生，长 3～8 cm，着花约 10 朵；花萼裂片外面具微毛，花萼内面基部具腺体 5 枚；花冠淡绿色或白色；副花冠肉质，深 5 裂，裂片卵形，内面中部具 1 圆形的舌状片；花粉块每室 1 个，长圆形，下垂；子房无毛，柱头略为隆起，顶端 2 裂。蓇葖通常仅 1 枚发育，向端部渐尖，基部狭楔形，长达 11 cm，直径 1 cm；种子长圆状卵形，顶端略呈截形；种毛白色绢质，长 2 cm		
资源利用	花期 5～8 月，果期 7～10 月。根药用，可祛风除湿、理气止痛[115]。播种繁殖		

图 4-73A 朱砂藤（植株）

图 4-73B 朱砂藤（枝叶、果实）　　　　图 4-73C 朱砂藤（花序）　　　　　　　　朱鑫鑫 摄

74、青羊参（千年生、奶浆藤、白芍、青阳参、白芪、白药） 萝藦科 Asclepiadaceae

拉丁学名	*Cynanchum otophyllum* Schneid.	英文名称	Mosquitotrap
生境特点	海拔 1500～2800 m 山地、溪谷疏林中或山坡路边	分布范围	湖南、广西、贵州、云南、四川和西藏
识别特征	多年生草质藤本；根圆柱状，灰黑色，直径约 8 mm；茎被两列毛。叶对生，膜质，卵状披针形，长 7～10 cm，基部宽 4～8 cm；顶端长渐尖，基部深耳状心形；叶耳圆形，下垂，两面均被柔毛。伞形聚伞花序腋生，着花 20 余朵；花萼外面被微毛，基部内面有腺体 5 个；花冠白色，裂片长圆形，内被微毛；副花冠杯状，比合蕊冠略长，裂片中间有 1 小齿，或有褶皱或缺；花粉块每室 1 个，下垂；柱头顶端略 2 裂。蓇葖双生或仅 1 枚发育，短披针形，长约 8 cm，直径 1 cm，向端部渐尖，基部较狭，外果皮有直条纹；种子卵形，长 6 mm，宽 3 mm；种毛白色绢质，长 3 cm		
资源利用	花期 6～10 月，果期 8～11 月。根毒性猛烈，据标本上记载可以毒杀虎及其他野兽；根有小毒，可药用，能祛风镇痉、解毒止痛、补益肝肾[116, 117]。枝、叶有毒质，制成粉剂可防治农业害虫。播种、组织培养繁殖		

图 4-74A 青羊参（藤茎、花）　　　图 4-74B 青羊参（叶、花）　　　宋　鼎　摄

75、太行白前 萝藦科 Asclepiadaceae

拉丁学名	*Cynanchum taihangense* Tsiang et Zhang	英文名称	Taihang Mosquitotrap
生境特点	山地灌木丛中	分布范围	山西（太行山、小西天和雪花山）
识别特征	多年生草质藤本，高达 1 m；须根丛生。茎单生，中空；下部直立，上部略为缠绕，被微毛，叶纸质，偶革质，椭圆形，长 15 cm，宽 7 cm，基部楔形；顶端短渐尖，叶面在叶脉上被微毛，叶背被绒毛，叶柄长 1.5 cm；中间叶长 10 cm，宽 4.5 cm，顶端渐尖，叶柄长 1 cm；上部的叶长 5.5 cm，宽 1.8 cm，顶端渐尖，叶柄长不到 1 cm。花序腋间生，二至五出，比叶短，着花约 8 朵；花序梗长 2～4.5 cm，略被微毛；花直径 7 mm；花萼裂片狭三角形，长 2 mm，宽 0.5 mm，顶端渐狭，外面被微毛，有缘毛，内面无毛，在弯缺处有小腺体；花冠裂片黄绿色，长圆形，长 5 mm，宽 2 mm，顶端圆形，无毛；副花冠 5 裂，比合蕊柱为短，裂片三角状半圆形；雄蕊长方形，下部略小，顶端膜片三角形；花粉块长圆形，与着粉腺等长；柱头圆形，顶端近扁平		
资源利用	花期 6～8 月。播种繁殖		

图 4-75A 太行白前（花）　　　　　　　　　图 4-75B 太行白前（植株）　　　　　朱鑫鑫　摄

76、地梢瓜（地梢花、女青）　　　　　　　　　　　　　　　　　萝藦科 Asclepiadaceae

拉丁学名	*Cynanchum thesioides*（Freyn）K. Schum.	英文名称	Thesion-like Mosquitotrap
生境特点	海拔 200～2000 m 山坡、沙丘或干旱山谷、荒地、田边等处	分布范围	黑龙江、吉林、辽宁、内蒙古、河北、河南、山东、山西、陕西、甘肃、新疆和江苏，以及朝鲜、蒙古和俄罗斯
识别特征	直立半灌木；地下茎单轴横生。茎自基部多分枝。叶对生或近对生，线形，长 3～5 cm，宽 2～5 mm；叶背中脉隆起。伞形聚伞花序腋生；花萼外面被柔毛；花冠绿白色；副花冠杯状，裂片三角状披针形，渐尖，高过药隔的膜片。蓇葖纺锤形，先端渐尖，中部膨大，长 5～6 cm，直径 2 cm；种子扁平，暗褐色，长 8 mm；种毛白色绢质，长 2 cm			
资源利用	花期 5～8 月，果期 8～10 月。环境适应性强、耐践踏、耐寒、耐旱、耐瘠薄，生长繁殖快，由地下茎单轴横生分蘖能力强、根幅面积大，地上茎分枝较多，能够有效地减少雨水冲刷，有较强的土壤固定能力，能减少水土流失，可作为恢复草原植被、改善生态环境的一种优势先行植物[118]。带果实全草入药，具有补肺气、清热降火、生津止渴、消炎止痛、通乳的功效。幼嫩果实可食用，可腌制、做菜、生吃[119]；地梢瓜茎较纤细且木质化程度很低，质地柔软，以及嫩果可作饲料；全株含橡胶 1.5%，树脂 3.6%，可作工业原料；种毛可作填充料。播种繁殖			
其他变种	雀瓢［*C. thesioides* var. *australe*（Maxim.）Tsiang et P. T. Li］茎柔弱，分枝较少，茎端通常伸长而缠绕。叶线形或线状长圆形；花较小、较多。花期 3～8 月。产辽宁、内蒙古、河北、河南、山东、陕西、江苏；生水沟旁及河岸边或山坡、路旁灌木丛草地上			

图 4-76A 地梢瓜（藤茎、花序）　　　　　　图 4-76B 地梢瓜（花）　　　　　　朱鑫鑫　摄

77、隔山消（过山瓢、无梁藤、隔山撬）			萝藦科 Asclepiadaceae
拉丁学名	*Cynanchum wilfordii*（Maxim.）Hemsl.	英文名称	Wilford's Mosquitotrap
生境特点	海拔 800～1300 m 山坡、山谷或灌木丛中或路边草地	分布范围	辽宁、河南、山东、山西、陕西、甘肃、新疆、江苏、安徽、湖南、湖北和四川，以及朝鲜和日本
识别特征	多年生草质藤本；肉质根近纺锤形，灰褐色，长约 10 cm，直径 2 cm。茎被单列毛。叶对生，薄纸质，卵形，长 5～6 cm，宽 2～4 cm；顶端短渐尖，基部耳状心形；两面被微柔毛，干时叶面经常呈黑褐色，叶背淡绿色；基脉三四条，放射状。近伞房状聚伞花序半球形，着花 15～20 朵；花序梗被单列毛，花长 2 mm，直径 5 mm；花萼外面被柔毛，裂片长圆形；花冠淡黄色，辐状，裂片长圆形，先端近钝形，外面无毛，内面被长柔毛；副花冠比合蕊柱为短，裂片近四方形，先端截形，基部紧狭；花粉块每室 1 个，长圆形，下垂；花柱细长，柱头略突起。蓇葖单生，披针形，向端部长渐尖，基部紧狭，长 12 cm，直径 1 cm；种子暗褐色，卵形，长 7 mm；种毛白色绢质，长 2 cm		
资源利用	花期 5～9 月，果期 7～10 月。地下块根供药用[120]。播种繁殖		

图 4-77 隔山消（藤茎、叶） 　　　　　　　　　　　　　　　　朱鑫鑫 摄

同属近缘种类：

中文名称	拉丁学名	分布范围	生境特点
戟叶鹅绒藤	*C. acutum* ssp. *sibiricum*	产甘肃、河北、内蒙古、宁夏、新疆和西藏，及阿富汗、喀什米尔、蒙古、巴基斯坦、俄罗斯和亚洲西南部	生海拔 900～1400 m 处干燥处、荒地
翅果杯冠藤	*C. alatum*	产云南东北部，及印度	生海拔约 1000 m 疏林中

中文名称	拉丁学名	分布范围	生境特点
巴塘白前	C. batangense	产四川	生灌丛
钟冠白前	C. bicampanulatum	产甘肃和四川	生海拔 2400～2700 m 开阔处
秦岭藤白前	C. biondioides	产云南（禄劝和澜沧）	生海拔约 2100 m 斜坡灌木丛中
折冠牛皮消	C. boudieri	产河北、河南、山东、安徽、江苏、江西、陕西、甘肃、广东、广西、贵州、四川、台湾、云南和浙江，及琉球群岛	生海拔 300～3500 m 林缘、灌丛、河边
短冠豹药藤	C. brevicoronatum	产湖北	
美翼杯冠藤、萝藦藤	C. callialata	产云南南部，及印度和缅甸	生海拔 1100～1400 m 路边、灌木丛中
粉绿白前	C. canescens	产四川、西藏和云南，及阿富汗、克什米尔、巴基斯坦、印度、俄罗斯、不丹、尼泊尔、亚洲西南部	生海拔约 2500 m 开阔林、灌丛
鹅绒藤、祖子花	C. chinense	辽宁、河北、河南、山东、山西、陕西、宁夏、产甘肃、江苏和浙江	生海拔 500 m 以下山坡向阳灌木丛中或路旁、河畔、田埂边
豹药藤、西川白前	C. decipiens	产四川和云南	生海拔 2000～3500 m 山坡、沟谷及路边灌木丛中或林中向阳处
小花杯冠藤	C. duclouxii	产云南	生山谷灌丛
山白前	C. fordii	产福建、湖南、广东和云南	生海拔 300 m 左右山地林缘或山谷疏林下或路边灌木丛中向阳处
折叶白前	C. forrestii var. conduplicatum	产云南（德钦）、四川（得荣）	生海拔 2100～2700 m，金沙江上游干流及其支流干旱河谷两岸[121]
石棉白前	C. forrestii var. stenolobum	产四川	生海拔 2500～2700 m 山地林下
台湾杯冠藤	C. formosanum var. formosanum	产台湾北部	生灌木丛中
卵叶杯冠藤	C. formosanum var. ovalifolium	产台湾	生低海拔至中海拔山地林中
峨眉牛皮消、峨眉白前	C. giraldii	产陕西、甘肃、四川和河南，自秦岭以南	生山地林下，山谷灌木林边草地上或石山，石壁上
西藏鹅绒藤	C. heydei	产西藏西部	生山地林
海南杯冠藤	C. insulanum var. insulanum	产广东和广西	生海边砂地或海拔约 50 m 平原疏林中
线叶杯冠藤	C. insulanum var. lineare	产广东南部、海南	生海边湿地

中文名称	拉丁学名	分布范围	生境特点
宁蒗杯冠藤	C. kingdonwardii	产云南（云岭）	
景东杯冠藤	C. kintungense	产广西、贵州、四川、西藏和云南	生河谷、灌丛、路旁
广西杯冠藤	C. kwangsiense	产广西（田林和罗城）	生海拔约 600 m 石山疏林中
线萼白前	C. linearisepalum	产四川（木里）	生海拔约 2300 m 河边灌丛
短柱豹药藤	C. longipedunculatum	产四川、湖北	生海拔约 3600 m 处
白牛皮消	C. lysimachioides	产云南（丽江、永宁和永胜）、四川西南部（木里）	
大花刺瓜	C. megalanthum	产云南，及缅甸	生海拔约 3300 m 灌丛边
毛白前、龙胆白前、老君须	C. mooreanum	产河南、湖北、湖南、安徽、江苏、浙江、江西、福建和广东	生海拔 200～700 m 山坡、灌木丛中或丘陵地疏林中
平山白前	C. pingshanicum	产四川（平山）	
高冠白前	C. rockii	产四川	生海拔 3300 m 处高山草地
尖叶杯冠藤	C. sinoracemosum	产四川、云南	
镇江白前	C. sublanceolatum	产江苏（镇江），及日本	生山地林下
白花四川鹅绒藤	C. szechuanense var. albescens	产四川	生海拔约 2800 m 山地疏林中
四川鹅绒藤	C. szechuanense var. szechuanense	产四川西部	生海拔约 2900 m 山地疏林中
变色白前、白花牛皮消、蔓生白薇	C. versicolore	产吉林、辽宁、河北、河南、四川、山东、江苏和浙江	生海拔 100～500 m 花岗岩石山上的灌木丛中及溪流旁
蔓白前	C. volubile	产黑龙江（密山、伊春），及朝鲜	生湿草甸子等处
启无白前	C. wangii	产云南	生海拔 700～900 m 河岸边石缝
昆明杯冠藤、团花奶浆根	C. wallichii	产广西、云南、贵州和四川，及印度	生山坡草地、村边和路旁灌木丛中或山谷等处

78、楔叶南山藤　　　　　　　　　　　　　　　　　　　　　　　　　　　　萝藦科 Asclepiadaceae

拉丁学名	*Dregea cuneifolia* Tsiang et P. T. Li	英文名称	Cuneate-leaf Dregea
生境特点	海拔 500～800 m 山地密林中、山坡路旁	分布范围	广西北部
识别特征	常绿，攀援木质藤本。具乳汁；茎具单列短柔毛，灰绿色；叶腋内具长圆状腺体。叶膜质，长椭圆形，长 5.5～9.5 cm，宽 2～3.5 cm；顶端渐尖，基部楔形，两面被疏微毛；叶柄顶端具 8～11 个丛生棕色小腺体。伞形状聚伞花序腋生或腋外生，单生，着花多达 30 朵；花序梗细长，被微毛；花梗被疏微毛或几无毛，基部具有甚多小苞片，小苞片被微毛；花萼 5 深裂，裂片卵圆形，外面被微毛，萼筒内面基部有 5 个腺体；花冠绿白色，辐状，裂片 5 枚，被缘毛；合蕊柱露出花冠喉部；副花冠裂片着生于雄蕊的背面，肉质，圆球状凸起，顶端内侧有尖角；子房由 2 枚离生心皮组成，无毛，花柱短，柱头顶端圆锥状，基部环状。		
资源利用	花期 7 月。播种、扦插繁殖		

图 4-78A 楔叶南山藤（藤茎、花）

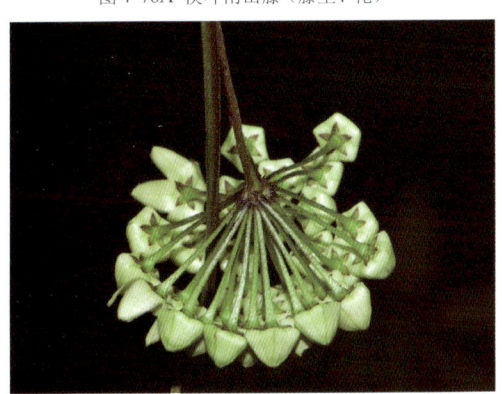

图 4-78B 楔叶南山藤（花序）　　　　　图 4-78C 楔叶南山藤（花序）　　　　朱鑫鑫 摄

79、苦绳（奶浆藤、白浆藤、中华南山藤）			萝藦科 Asclepiadaceae
拉丁学名	*Dregea sinensis* Hemsl.	英文名称	Chinese Dregea
生境特点	海拔 500～3000 m 山地疏林中或灌木丛中	分布范围	甘肃、陕西、四川、浙江、江苏、湖北、湖南、广西、云南和贵州
识别特征	常绿，攀援木质藤本。茎具皮孔；幼枝具褐色绒毛。叶纸质，卵状心形或近圆形，基部心形，长 5～11 cm，宽 4～6 cm；叶面被短柔毛，老渐无毛，叶背被绒毛；叶柄被绒毛，顶端具丛生小腺体。伞状聚伞花序腋生，花多达 20 朵；萼片内面基部有腺体；花冠辐状，外面白色，内面紫红色，冠片卵圆形，顶端钝而有微凹，有缘毛；内部形态副花冠裂片肉质肿胀，端部内角锐尖；花药顶端有膜片；花粉块长圆形，直立；子房心皮离生，柱头圆锥状，基部五角形，顶端 2 裂。蓇葖果狭披针形，外果皮具波纹，被短柔毛		

79、苦绳（奶浆藤、白浆藤、中华南山藤） 萝藦科 Asclepiadaceae

资源利用	花期4～9月，果期7～10月。花夜间散发清香。藤茎有毒；全株可药用，有祛风除湿、止咳平喘、通乳、消肿止痛等功效[122]。花序可食用，味甘苦、可口。茎皮纤维可作绳索和人造棉；种毛做填充物。扦插、播种繁殖
其他变种	**贯筋藤（奶浆果）** [*D. sinensis* var. *corrugata* (Schneid.) Tsiang et P. T. Li] 蓇葖外果皮具横凸起的皱褶片状；子房被柔毛。花期3～5月，果期7～12月。产甘肃、陕西、四川、贵州、云南；生山地灌木丛中

图 4-79A 苦绳（枝叶、花序）

图 4-79B 苦绳（花序）

图 4-79C 苦绳（藤茎、叶、花）　　牟凤娟 摄

80、南山藤（假夜来香、苦菜藤、大苦菜、苦凉菜） 萝藦科 Asclepiadaceae

拉丁学名	*Dregea volubilis* (L. f.) Benth. ex Hook. f.	英文名称	Green Wax Flower
生境特点	海拔500 m以下山地林中，常攀援于大树上；耐瘠薄、耐干旱	分布范围	贵州、云南、广西、广东和台湾，以及印度、孟加拉国、泰国、越南、印度尼西亚和菲律宾

80、南山藤（假夜来香、苦菜藤、大苦菜、苦凉菜）　　　　　　　　萝藦科 Asclepiadaceae

识别特征	常绿，粗壮缠绕藤本。茎具皮孔；枝条灰褐色，具小瘤状凸起。叶对生，宽卵形或近圆形，长7～15 cm，宽5～12 cm，顶端急尖或短渐尖，基部截形或浅心形，无毛或略被柔毛。聚伞花序伞形状，花多朵，腋生，倒垂；花萼裂片外面被柔毛，内面有腺体多个；花冠黄绿色，裂片广卵形；副花冠裂片生于雄蕊的背面，肉质膨胀，内角呈延伸的尖角；花粉块长圆形，直立；子房被疏柔毛，花柱短，柱头厚而顶端具圆锥状凸起。蓇葖披针状圆柱形，长12 cm，直径约3 cm，外果皮被白粉，具多皱棱条或纵肋；种子广卵形，顶端具白色绢质种毛；长4.5 cm
资源利用	花期4～9月，果期7～12月。善于攀爬，生长旺盛，生命力和萌发力强，生长寿命长；花于夜间可散发清香，可于屋顶、围篱、庭院、花架等地的绿化美化。根、藤茎入药，具有祛风、除湿、止痛、清热和胃之功效。嫩茎叶、花蕾（苦菜）可食，味甘苦、可口。果皮白霜可作兽医药；茎皮纤维可作人造棉、绳索[123]；种毛做填充物。扦插、播种繁殖[124]

图 4-80A 南山藤（藤茎）　　　　　图 4-80B 南山藤（花序）

图 4-80C 南山藤（果实）　　　　　牟凤娟　摄

81、丽子藤（滇假夜来香）		萝藦科 Asclepiadaceae	
拉丁学名	*Dregea yunnanensis*（Tsiang）Tsiang et P. T. Li	英文名称	Yunnan Dregea
生境特点	海拔 3500 m 以下山地林中	分布范围	云南、四川、西藏和甘肃
识别特征	落叶，缠绕藤本，全株具乳汁。除花冠和合蕊柱外，全株均被小茸毛，老茎被毛渐脱落。攀援灌木，全株具乳汁。叶纸质，卵圆形，长 1.3～3 cm，宽 0.9～2.5 cm；基部心形；叶面被短柔毛，叶背被淡黄色的微茸毛，老渐脱落；叶柄顶端具三四个丛生小腺体。伞形状聚伞花腋生，长达 5 cm；花萼内面基部具 5 个小腺体；花冠白色，辐状，副花冠裂片肉质，背面圆球状凸起，顶端内角延伸成尖角；花粉块长圆状，直立；子房被疏柔毛，花柱短圆柱状，柱头圆锥状，基部五角形，顶端短 2 裂。蓇葖果披针形，平滑		
资源利用	花期 4～8 月，果期 10 月。全株药用，有安神、健脾、接骨之功效。播种繁殖		

图 4-81A 丽子藤（花序）

图 4-81B 丽子藤（藤茎、叶、花）

图 4-81C 丽子藤（果实）

图 4-81D 丽子藤（种子）　　　　朱鑫鑫 摄

82、火星人（萝藦块根）		萝藦科 Asclepiadaceae	
拉丁学名	*Fockea edulis*（Thunb.）K. Schum.	英文名称	Hottentot Bread，Bergbaroe
生境特点	喜温暖、光照，耐干旱	分布范围	原产非洲（南非和纳米比亚）

82、火星人（萝藦块根） 萝藦科 Asclepiadaceae

识别特征	半常绿，缠绕肉质藤本。块茎大，有不规则凸起；茎两型：一为木质，二为细枝藤状，可缠绕生长，棕灰色，有不规则凸起。叶对生，长圆形。雌雄异株；花白绿色、小、具幽香。蓇葖果绿色，羊角状，成熟时橙色
资源利用	花季夏末。肉质块茎较大，将其露土栽培，具有较高的观赏性。块茎可食用。播种繁殖

图 4-82A 火星人（枝叶、花）

图 4-82B 火星人（花序）

图 4-82C 火星人（藤茎、叶、花）　　　牟凤娟　摄

83、匙羹藤（狗屎藤、羊角藤） 萝藦科 Asclepiadaceae

拉丁学名	*Gymnema sylvestre*（Retz.）Schult.	英文名称	Miracle Fruit, Gymnema, Cowplant, Gurmar
生境特点	海拔 100～1000 m 山坡林中或灌木丛中	分布范围	云南、广西、广东、福建、浙江和台湾，以及印度、斯里兰卡、越南、印度尼西亚、澳大利亚和热带非洲
识别特征	常绿，木质藤本，长达 4 m。具乳汁；茎皮灰褐色，具皮孔，幼枝被微毛，老渐无毛。叶倒卵形或卵状长圆形，长 3～8 cm，宽 1.5～4 cm，仅叶脉上被微毛；叶柄被短柔毛，顶端具丛生腺体。伞形状聚伞花序腋生，较叶短；花序梗被短柔毛；花梗纤细，被短柔毛；花小，绿白色；花萼裂片卵圆形，钝头，被缘毛，内面基部有 5 个腺体；花冠绿白色，钟状，裂片卵圆形，钝头，略向右覆盖；副花冠厚而成硬条带；雄蕊着生于花冠筒基部。蓇葖卵状披针形，长 5～9 cm，基部宽 2 cm，基部膨大，顶部渐尖，外果皮硬；种子顶端轮生白色绢质种毛		

83、匙羹藤（狗屎藤、羊角藤） 萝藦科 Asclepiadaceae

资源利用	花期5～9月，果期10月至翌年1月。叶片光亮、果实奇特，可供观赏。植株有小毒；根、枝、叶可药用，具有祛风止痛、解毒消肿之功效；还可杀虫[125]。扦插、播种、组织培养繁殖[126]

图4-83A 匙羹藤（花） 徐晔春 摄 图4-83B 匙羹藤（藤茎、叶、花） 周联选 摄

同属近缘种类：

中文名称	拉丁学名	习性	分布范围	生境特点
华宁藤、藤子化石胆	G. foetidum var. foetidum	常绿	产云南中部	生山地疏林中
毛脉华宁藤	G. foetidum var. mairei	常绿	产云南东北部	生山地密林中
海南匙羹藤	G. hainanense	常绿	产海南	生山坑密林中
广东匙羹藤、猪满芋	G. inodorum	常绿	产广东、广西、贵州和云南，及越南和印度尼西亚	生山地溪边林中或灌木丛中
宽叶匙羹藤	G. latifolium	常绿	产云南南部，及印度、缅甸和越南	生海拔500～1000 m山地杂木林中
会东藤	G. longiretinaculatum	常绿	产云南、贵州和四川	生海拔1000～2400 m山地灌丛中
大叶匙羹藤、猪罗摆	G. tingens	常绿	产广东、广西、贵州和云南，及印度、越南、菲律宾、马来西亚和印度尼西亚	生山地溪边林中或灌木丛中
云南匙羹藤	G. yunnanense	常绿	产云南南部	生海拔1000～2000 m山地杂林中

84、大花醉魂藤			萝藦科 Asclepiadaceae
拉丁学名	*Heterostemma grandiflorum* Cost	英文名称	Large-flowered Sotvine
生境特点	山地疏林或山谷潮湿处，攀援树上或石上	分布范围	四川、云南、广西和海南，以及越南
识别特征	木质藤本。茎和枝条无毛，有纵条纹。叶卵圆形，长7～19 cm，宽3.5～10.5 cm；顶端钝，基部圆形，有时截形；基脉3条，侧脉三四条；叶柄扁平，顶端具丛生小腺体。聚伞花序腋生或腋外生；花序梗长2～3 cm，二歧；花梗纤细，被微毛；花较大，直径12～15 mm；花萼裂片卵圆形，钝头，被缘毛；花冠辐状，外面被微毛，内面无毛，裂片卵状三角形；副花冠为5个舌状片组成，长3mm，着生于合蕊冠上，上部平展在花冠上面。蓇葖双生，披针形，长10～12 cm，宽7～10 mm，具纵条纹；种子宽卵形，两侧内卷，有宽、薄边缘，顶端狭，基部圆形，具白色绢质种毛；种毛长2.5 cm			
资源利用	花期5～9月，果期10～12月。播种繁殖			

图 4-84A 大花醉魂藤（藤茎、果实、花）　　　图 4-84B 大花醉魂藤（藤茎、果实）　朱鑫鑫 摄

同属近缘种类：

中文名称	拉丁学名	分布范围	生境特点
醉魂藤、野豇豆、老鸦花	*H. alatum*	产四川、贵州、云南、广西和广东，及印度和尼泊尔	生海拔1200 m以下山谷水旁林中荫湿处
台湾醉魂藤	*H. brownii*	产台湾地区东部	生山地疏林中
贵州醉魂藤、黔桂百灵藤	*H. esquirolii*	产贵州、云南和广西，及泰国	生山地疏林中
勐海醉魂藤	*H. menghaiense*	产云南	生海拔1000～2000 m河边灌丛

催乳藤、奶汁藤、长圆叶醉魂藤	*H. oblongifolium*	产广东、广西和云南，及老挝和越南	生海拔 500 m 以下山地疏散的杂树林中及灌木丛中
心叶醉魂藤	*H. siamicum*	产云南和广西，及泰国	生海拔 1000～2000 m 山地疏林中
海南醉魂藤	*H. sinicum*	产海南	生山地林中
灵山醉魂藤	*H. tsoongii*	产广西南部和东部	生长于山地疏林中或山谷密林石上
长毛醉魂藤	*H. villosum*	产云南和贵州，及柬埔寨、老挝和越南	生海拔约 2000 m 山地疏林中或灌木丛中
云南醉魂藤	*H. wallichii*	产云南南部，及尼泊尔和印度	生海拔 800～2100 m 山地疏林中，攀援树上

85、台湾牛奶菜　　　　　　　　　　　　　　　　　　　　　　　　　　萝藦科 Asclepiadaceae

拉丁学名	*Marsdenia formosana* Masamune	英文名称	Taiwan Milkgreens
生境特点	常攀附其他乔木或灌木生长	分布范围	台湾（太平山）
识别特征	攀援灌木，具白色乳汁。嫩枝的茎皮被 2 列毛，花梗、花萼外部、花冠内部被微毛。叶对生，卵圆形或卵圆状长圆形，长 8～11.5 cm，宽 4.5～6.5 cm；顶端渐尖，基部浅心形或圆形，表面光滑；叶柄长顶端具丛生小腺体。伞形状聚伞花序腋生，着花多朵；花序梗长约 4 cm；花萼 5 深裂，裂片卵圆形，内面基部无腺体；花冠近钟状，裂片长圆形；合蕊柱伸出于花冠喉部之外；副花冠裂片紧贴于合蕊冠上，肉质，长圆状披针形，顶端到达花药的中部；花药近方形，其药隔膜片超出副花冠裂片；花粉块长圆形，每室 1 个，直立，花粉块先水平，后下垂，着粉腺长圆形，比花粉块为短；柱头长喙状，伸出于花冠喉部之外		
资源利用	花期 3～7 月。全株植物呈深绿色藤，除用茎进行缠绕外，茎上还可长出气生根增强其攀爬能力。植株含阻碍动物生理活动的植物碱。播种、扦插繁殖		

图 4-85A 台湾牛奶菜（藤茎、叶）　　　　图 4-85B 台湾牛奶菜（果实）　　　朱鑫鑫　摄

86、通光散（通光藤、通关散、大苦藤、下奶藤、嘿蒿烘）			萝藦科 Asclepiadaceae
拉丁学名	*Marsdenia tenacissima*（Roxb.）Wight et Arn.	英文名称	Tenacious Milkgreens
生境特点	海拔 1500 m 以下疏林中或石灰岩山林下，常攀援岩石或岩壁上	分布范围	云南南部、贵州南部，以及斯里兰卡、印度、缅甸、越南、老挝、柬埔寨和印度尼西亚
识别特征	常绿、坚韧木质藤本。茎密被柔毛。叶宽卵形，长 8～10 cm，宽 6～6.5 cm；基部深心形，两面均被茸毛，或叶面近无毛。伞形状复聚伞花序腋生，长 5～15 cm；花萼裂片长圆形，内有腺体；花冠黄紫色；副花冠裂片短于花药，基部有距；花粉块长圆形，每室 1 个直立，着粉腺三角形；柱头圆锥状。蓇葖长披针形，长约 8 cm，直径 1 cm，密被柔毛；种子顶端具白色绢质种毛		
资源利用	花期 6 月，果期 11 月。花序圆球形，小花数量繁多，金黄色，可栽培观赏。根、藤茎、叶可药用，具清热解毒、止咳平喘、利尿通乳、抗癌之功效[127, 128]，根为傣药"傣百解"原植物[129]。茎含纤维素 91.5%，纤维长度达 30 mm，常作弓弦绳索。播种繁殖		

图 4-86A 通光散（藤茎、叶、花）

图 4-86B 通光散（藤茎、叶、花）

图 4-86C 通光散（花序）　　牟凤娟　摄

同属近缘种类：

中文名称	拉丁学名	分布范围	生境特点
短裂牛奶菜	M. brachyloba	产云南	生海拔 2100～2300 m 林下
灵药牛奶菜	M. cavaleriei	产广西、贵州和云南，及印度	生海拔 600～2200 m 开阔林
光叶蓝叶藤	M. glabra	产广东、广西、云南和海南，及老挝和越南	生海拔 500～800 m 山地林下

中文名称	拉丁学名	分布范围	生境特点
团花牛奶菜	M. glomerata	产浙江	生山地林中
大白药、小白前、大瓣角牛	M. griffithii	产云南南部，及印度	生山地密林中
海南牛奶菜	M. hainanensis var. hainanensis	产海南	生海拔 500～800 m 疏林溪边
翅叶牛奶菜	M. hainanensis var. alata	产海南	生山顶
裂冠牛奶菜	M. incisa	产云南南部（勐腊）	生海拔约 600 m 密林下
大叶牛奶菜	M. koi	产广东、广西、贵州和西藏	生山地杂木林中或溪边
毛喉牛奶菜	M. lachnostoma	产广东南部（沿海岛屿）	生海边沙地
百灵草、小白药、云南百部	M. longipes	产云南西南部	生海拔 2000 m 以下，土质肥厚、湿润灌木丛中
墨脱牛奶菜	M. medogensis	产西藏（墨脱）	生海拔 2200～2600 m 混交林下
海枫屯	M. officinalis	产浙江、湖北、四川和云南	生山地林中岩石上及攀援树上
喙柱牛奶菜	M. oreophila	产云南、四川和西藏，尤为云南南部分布较广	生海拔 3000 m 以下山谷疏密林中
假蓝叶藤	M. pseudotinctoria	产广西	生海拔 700～1000 m 山地上
美蓝叶藤	M. pulchella	产四川	生海拔 2400～2500 m 旱地
四川牛奶菜	M. schneideri	产四川和云南，及老挝和越南	生灌木丛中
牛奶菜、三百银、婆婆针线包	M. sinensis	产浙江、江西、湖北、湖南、福建、广东、广西、四川和云南	生海拔 300 m 以下山谷疏林中
狭花牛奶菜	M. stenantha	产云南和四川	生海拔约 2600 m 山地疏林处
绒毛牛奶菜	M. tenii	产云南	
假防己	M. tomentosa	产台湾（乌来社），及日本和朝鲜	生灌丛
短序蓝叶藤	M. tinctoria var. brevis	产广东、贵州和四川，及越南、老挝和柬埔寨	
蓝叶藤、肖牛耳菜、肖牛耳藤	M. tinctoria var. tinctoria	产西藏、四川、贵州、云南、广西、广东、湖南和台湾，及斯里兰卡、印度、缅甸、越南、菲律宾和印度尼西亚	生潮湿杂木林中
绒毛蓝叶藤	M. tinctoria var. tomentosa	产台湾、广西、云南和四川	
假防己	M. tomentosa	产台湾（乌来社），及日本和朝鲜	生灌丛
宜恩牛奶菜	M. xuanenensis	产湖北（宜恩）	生海拔约 1700 m 山坡阔叶林
临沧牛奶菜	M. yuei	产云南	生海拔约 2300 m 左右灌丛
云南牛奶菜	M. yunnanensis	产湖北、四川和云南	生海拔 1000～2000 m 山地林、灌丛中

87、翅果藤（多翅果、奶浆果、野苦瓜）			萝藦科 Asclepiadaceae
拉丁学名	*Myriopteron extensum* (Wight) K. Schum.	英文名称	Gwedauk-nwe，Singrumanum
生境特点	海拔600～1600 m山地疏林中或山坡路旁、溪边灌木丛中	分布范围	广西、云南和贵州，以及印度和东南亚等地
识别特征	常绿，缠绕木质藤木，长达10 m。全株有白色乳汁；茎、枝无毛，具皮孔。叶膜质，卵圆形至卵状椭圆形或阔卵形，长8～18 cm，宽4～11 cm；顶端急尖或浑圆，具短尖，基部圆形，两面均被短柔毛，叶背毛被较密。聚伞花序疏散圆锥状，腋生，长12～26 cm；花小，白绿色；花萼小，裂片卵圆形，内面基部有腺体；花冠辐状，花冠筒短，裂片长圆状披针形；副花冠为5枚鳞片组成，着生于花冠筒基部，鳞片基部阔，上部丝状，比药隔膜片长；花粉器匙形，四合花粉藏于载粉器内，基部的粘盘粘在柱头基部；子房无毛，卵圆形，心皮离生，柱头膨大，顶端隆起，微2裂。蓇葖椭圆状长圆形，基部膨大，外果皮具有很多膜质的纵翅；种子长卵形，扁平，棕色，顶端具白色绢质种毛，长2.5～3 cm		
资源利用	花期5～8月，果期8～12月。叶大型、色青绿，果型奇特，适合棚架、绿篱、绿廊等绿化，还可用于树干及山石坡面美化。全株（根）可入药，根具有祛痰止咳、补中益气的功效。果实（野苦瓜）可作野生蔬菜或水果食用[130]。播种、扦插繁殖		

图 4-87A 翅果藤（藤茎、叶、果实） 　　图 4-87B 翅果藤（果实）　　李双智　摄

88、青蛇藤（美叶杠柳、宽叶凤仙藤、黑骨头）			萝藦科 Asclepiadaceae
拉丁学名	*Periploca calophylla* (Wight) Falc.	英文名称	Beautiful-leaf Periploca
生境特点	海拔1000 m以下山谷杂树林中	分布范围	西藏、云南、四川、湖北、湖南、贵州和广西，以及克什米尔、印度、不丹、尼泊尔和越南
识别特征	藤状灌木，具乳汁；幼枝灰白色，干时具纵条纹，老枝黄褐色，密被皮孔。叶近革质，椭圆状披针形，长4.5～6 cm，宽1.5 cm；中脉在叶面微凹，在叶背凸起，叶缘具一边脉。聚伞花序腋生，着花达10朵；苞片卵圆形，具缘毛；花萼裂片卵圆形，具缘毛，花萼内面基部有5个小腺体；花冠深紫色，辐状，外面无毛，内面被白色柔毛，花冠筒短，裂片长圆形；副花冠环状，着生在花冠的基部，5～10裂，其中5裂延伸为丝状，被长柔毛；雄蕊着生在花冠的基部，花丝离生，背部与副花冠合生，花药背部被长柔毛，花药彼此相连并贴生在柱头上；子房无毛，心皮离生，柱头短圆锥状，顶端2裂。蓇葖双生，长箸状		

88、青蛇藤（美叶杠柳、宽叶凤仙藤、黑骨头）　　　　　　　　　　　　　　萝藦科 Asclepiadaceae

资源利用	花期 4～5 月，果期 8～9 月。叶片翠绿光亮、花朵小巧红艳，可供观赏。藤茎可药用，有祛风散寒、活血散瘀之功效[131]。茎皮纤维可编制绳索及造纸原料。播种繁殖
其他变种	凸尖叶青蛇藤（*P. calophylla* var. *mucronata* P. T. Li）叶片倒披针形，长 4 cm，宽 1.8 cm；叶尖明显，具 2.5 mm 突尖。产西藏（墨脱）；生海拔 1700～2100 m 灌丛

图 4-88A 青蛇藤（植株）　　　　　　　　　　　图 4-88B 青蛇藤（藤茎、花序）　　　　　　　牟凤娟　摄

89、黑龙骨（西南杠柳、黑骨藤、青蛇胆、飞仙藤、狗闹花）　　　　　　　萝藦科 Asclepiadaceae

拉丁学名	*Periploca forrestii* Schltr.	英文名称	Forrest's Silkvine
生境特点	海拔 2000 m 以下山地疏林向阳处或荫湿杂木林下或灌木丛中	分布范围	西藏、青海、四川、贵州、云南和广西
识别特征	藤状灌木，长达 10 m。具乳汁，多分枝。叶革质，披针形，长 3.5～7.5 mm，宽 5～10 mm；中脉两面略凸起，侧脉纤细，密生，几平行，两面扁平，在叶缘前联结成 1 条边脉。聚伞花序腋生，花 1～3 朵；花序梗和花梗柔细；花小，黄绿色；花萼裂片卵圆形或近圆形；花冠近辐状，花冠筒短，裂片长圆形；副花冠丝状，被微毛；花粉匙形，四合花粉藏在载粉器内；雄蕊着生于花冠基部，花丝背部与副花冠裂片合生，花药彼此粘生，包围并粘在柱头上；子房心皮离生，胚珠多个，柱头圆锥状，基部具五棱。蓇葖双生，长圆柱形，长达 11 cm；种子长圆形，扁平，顶端具白色绢质种毛；种毛长 3 cm			
资源利用	花期 3～4 月，果期 6～7 月。花型独特，分枝能力强，可覆盖于山石表面。强植株有小毒，民间用藤茎作为毒狗药，故称"狗闹花"；全株可供药用，可舒筋活络、祛风除湿，是"黑骨藤追风活络胶囊"的主要成分[131]。茎皮纤维可编制绳索及造纸原料。播种、组织培养繁殖			

图 4-89A 黑龙骨（花）　　　　　李双智 摄 　　　图 4-89B 黑龙骨（果实）　　　　　牟凤娟 摄

图 4-89C 黑龙骨（茎叶、花）　　朱鑫鑫 摄 　　　图 4-89D 黑龙骨（植株）　　　　　牟凤娟 摄

90、杠柳（狭叶萝藦、北五加皮）			萝藦科 Asclepiadaceae
拉丁学名	*Periploca sepium* Bunge	英文名称	Chinese Silkvine
生境特点	常生山野、沟坡等处，喜阳，耐旱、耐寒，耐贫瘠、盐碱，耐半阴	分布范围	西北、东北、华北地区，及河南、四川和江苏
识别特征	落叶，蔓性灌木。具乳汁；茎皮灰褐色，小枝常对生，有细条纹，具皮孔。叶卵状长圆形，长 5～9 cm，宽 1.5～2.5 cm；顶端渐尖，基部楔形，叶面深绿色，叶背淡绿色。聚伞花序腋生，花数朵；花序梗、花梗柔弱；花萼裂片卵圆形，花萼内面基部有 10 个小腺体；花冠紫红色，裂片长圆状披针形，中间加厚呈纺锤形，反折，内面被长柔毛；副花冠环状，10 裂，其中 5 裂延伸丝状被短柔毛，顶端向内弯；雄蕊着生于副花冠内面，并与其合生，花药彼此粘连并围着柱头，背面被长柔毛；花粉器匙形，四合花粉藏在载粉器内，粘盘粘连在柱头上。蓇葖果 2，圆柱状，具纵条纹；种子长圆形，黑褐色，顶端具白色绢质种毛，长 3 cm			
资源利用	花期 5～6 月，果期 7～9 月。根具有较强的分蘖特性，常丛生，根系分布较广，对土壤的适应性强深，常生长在缺水的干旱地带，是固沙和水土保持的优良树种，可用于高速公路护坡绿化。茎在初期常直立，后渐匍匐或缠绕状；花形奇特、色彩美丽，可用于攀援、垂直绿化或地被植物。皮有毒；根皮、茎皮入药，茎皮可替代五加皮用于制作五加皮酒；皮浸出液具杀虫作用。种子含油率 10%，可榨油；富含乳汁，可提取弹性橡胶[132]。播种、分株、扦插繁殖			

图 4-90A 杠柳（花序）　　　　　　　　　　　图 4-90B 杠柳（植株）　　　　　　　牟凤娟　摄

同属近缘种类：

中文名称	拉丁学名	分布范围	生境特点
多花青蛇藤	P. floribunda	产云南（腾冲、福贡、巍山和屏边）	生海拔约 1800 m 山地林中
大花杠柳	P. tsangii	产广西	

91、裂冠藤			萝藦科 Asclepiadaceae
拉丁学名	*Sinomarsdenia incise*（P. T. Li et Y. H. Li） P. T. Li et J. J. Chen	英文名称	Sinomarsdenia
生境特点	海拔约 600 m 山地密林中	分布范围	云南（勐腊勐仑）
识别特征	常绿，大形缠绕木质藤本。花序伞形；苞片和小苞片大形，呈花瓣状或叶状，黄绿色，较花大；花萼深紫红色，裂片较花冠长 2 倍；花冠淡黄色，外被粗硬毛，内面无毛，花冠裂片基部两侧呈耳状，顶端锐裂或缺刻；副花冠裂片扁平；柱头顶端头状，内藏		
资源利用	花期 4 月。花序成圆球状，花始开放时为乳白色，然后渐渐变黄；有奇异、令人不愉快的味道。播种、扦插繁殖 [133～135]		

图 4-91A 裂冠藤（花序）　　　　　　　　　　图 4-91B 裂冠藤（藤茎、花）　　　　　牟凤娟　摄

92、须药藤（生藤、香根藤）			萝藦科 Asclepiadaceae
拉丁学名	*Stelmatocrypton khasianum*（Benth.）H. Baill.	英文名称	Common Stelmatocrypton
生境特点	山坡、山谷杂木林中或路旁灌木丛中	分布范围	贵州、云南和广西，以及印度
识别特征	常绿，缠绕木质藤本，具乳汁。茎与根有香气；茎浅棕色，具突起皮孔，嫩枝具短柔毛。叶近革质，椭圆形或长椭圆形，长 7～17 cm，宽 2.5～8 cm；顶端渐尖，基部楔形，叶鲜时绿色，干后淡棕红色。聚伞花序腋生，四五朵；花小，黄绿色；花萼裂片宽卵形，钝头，花萼内面具有 5 个腺体；花冠近钟状，花冠筒短，裂片卵圆形，向右覆盖；副花冠裂片卵形，与花丝同时着生于花冠基部，花药长卵形，顶端具长毛，伸出花喉外；花粉器匙形，载粉器柄长；子房具 2 个离生心皮，柱头盘状五角形，顶部微凸起，2 裂。蓇葖叉生成直线，长 5～9 cm，直径 2 cm，熟时开裂；种子顶端具长白色绢质种毛		
资源利用	花期 5～9 月，果期 10 月至翌年 3 月。攀爬能力强，果实奇异，可作为小型攀援藤本进行绿化。全株可药用，治感冒、头痛、咳嗽、支气管炎、胃痛、食积气胀等[136]。藤茎与根有香气，根含挥发油 0.08%～0.50%，可提取芳香油，用于配制香精和定香剂。播种繁殖		

93、弓果藤			萝藦科 Asclepiadaceae
拉丁学名	*Toxocarpus wightianus* Hook. et Arn.	英文名称	Bow-fruit Vine
生境特点	低丘陵山地、平原灌木丛中	分布范围	贵州、广西、广东和沿海各岛屿，以及印度和越南
识别特征	柔弱攀援灌木；小枝被毛。叶对生，除叶柄有黄锈色绒毛外，其余无毛，近革质，椭圆形或椭圆状长圆形，长 2.5～5 cm，宽 1.5～3 cm；顶端具锐尖头，基部微耳形；侧脉 5～8 对在叶背略为隆起；叶柄长约 1 cm。两歧聚伞花序腋生，具短花序梗，较叶为短；花萼外面有锈色绒毛，裂片内面的腺体或有或无；花冠淡黄色，无毛，裂片狭披针形，长约 3 mm，宽 1 mm；副花冠顶高出花药；花粉块每室 2 个，直立；柱头粗纺锤形，高出花药。蓇葖叉开成 180° 或更大，狭披针形，长约 9 cm，直径 1 cm，向顶部渐狭，基部膨大，外果皮被锈色绒毛；种子有边缘；种毛白色绢质，长约 3 cm		
资源利用	花期 6～8 月，果期 10 月至翌年 1 月。全株药用，具有行气消积、活血散瘀的功效；华南地区民间作兽医药。播种繁殖		

同属近缘种类：

中文名称	拉丁学名	分布范围	生境特点
锈毛弓果藤	T. fuscus	产广东、广西和云南	生山地疏林中
海南弓果藤	T. hainanensis	产海南	生海拔 600 m 以下疏林潮湿山谷中
西藏弓果藤	T. himalensis	产西藏、贵州、云南和广西，及印度	生海拔 1000 m 以下林缘灌木丛中及山谷荫处密林中
平滑弓果藤	T. laevigatus	产海南	生密林中
广花弓果藤	T. patens	产海南（乐东）	生杂林中
凌云弓果藤	T. paucinervius	产广西	生海拔约 800 m 林中
短柱弓果藤	T. villosus var. brevistylis	产福建，及越南、老挝和柬埔寨	生山地林下
小叶弓果藤	T. villosus var. thorelii	产云南和广西，及越南、老挝和柬埔寨	生山地密林

中文名称	拉丁学名	分布范围	生境特点
毛弓果藤	*T. villosus* var. *villosus*	产湖北、四川、贵州、云南、广西和福建，及越南和印度尼西亚	生丘陵疏林
澜沧弓果藤	*T. wangianus*	产云南南部和西部	生海拔约 1500 m 山谷中

图 4-92A 须药藤（植株）

图 4-92B 须药藤（花）

图 4-92C 须药藤（果实）

图 4-92D 须药藤（植株）

图 4-93 弓果藤（植株）　　牟凤娟　摄

94、娃儿藤（卵叶娃儿藤、白龙须、藤霸王）		萝藦科 Asclepiadaceae	
拉丁学名	*Tylophora ovata* (Lindl.) Hook. ex Steud.	英文名称	Ovate Tylophora
生境特点	海拔900 m以下山地灌木丛中及山谷或向阳疏密杂树林中	分布范围	云南、广西、广东、湖南和台湾，以及越南、老挝、缅甸和印度
识别特征	常绿，攀援灌木；茎上部缠绕；气生根丛生。茎、叶柄、叶的两面、花序梗、花梗及花萼外面均被锈黄色柔毛。叶卵形，长2.5～6 cm，宽2～5.5 cm，顶端急尖，具细尖头，基部浅心形。聚伞花序伞房状，丛生于叶腋，通常不规则两歧，着花多朵；花小，淡黄色或黄绿色；花萼裂片卵形，有缘毛，内面基部无腺体；花冠辐状，裂片长圆状披针形，两面被微毛；副花冠裂片卵形，贴生于合蕊冠上，背部肉质隆肿，顶端高达花药一半；花药顶端有圆形薄膜片，内弯向柱头；花粉块每室1个，圆球状，平展；子房由2枚离生心皮组成，无毛；柱头五角状，顶端扁平。蓇葖双生，圆柱状披针形，长4～7 cm，径0.7～1.2 cm，无毛；种子卵形，顶端截形，具白色绢质种毛，长3 cm		
资源利用	花期4～8月，果期8～12月。根、全株可药用，具祛风化痰、解毒散瘀之功效[137,138]。播种、扦插繁殖		
其他变种	光叶娃儿藤［*T. ovata* var. *brownii* (Hay.) Tsiang et P. T. Li］叶面无毛。花期3～9月，果期10月。产广东、台湾；生山地林中		

图4-94A 娃儿藤（藤茎、花）

图4-94B 娃儿藤（花序）

图4-94C 娃儿藤（果实、种子）

朱鑫鑫 摄

95、贵州娃儿藤			萝藦科 Asclepiadaceae
拉丁学名	*Tylophora silvestris* Tsiang	英文名称	Guizhou Tylophora
生境特点	海拔 500 m 以下山地密林中及路旁旷野地	分布范围	四川、贵州、云南、广东、湖南、江西、浙江、江苏和安徽
识别特征	常绿，攀援灌木。茎灰褐色，节上具有气生根。叶近革质，长圆状披针形，顶端急尖，基部圆形，叶片除叶面的中脉及基部的边缘外无毛；基脉 3 条，边缘外卷；叶柄被微毛。聚伞花序假伞形，腋生，不规则两歧，着花 10 余朵，花紫色；花萼 5 深裂，内面基部具 5 个腺体；花冠辐状，花冠裂片卵形，钝头，向右覆盖；副花冠裂片卵形，肉质肿胀；花药侧向紧压，药隔加厚，顶端有 1 圆形白色的膜片；花粉块每室 1 个，圆球状，平展，花粉块柄上升，着粉腺近菱形；柱头盘状五角形。蓇葖披针形，长 7 cm，直径 0.5 cm；种子顶端具白色绢质种毛		
资源利用	花期 3～5 月，果期 5 月以后。叶片翠绿、花色艳丽，可引种栽培观赏。播种、扦插繁殖		

图 4-95A 贵州娃儿藤（藤茎、叶、花）　　图 4-95B 贵州娃儿藤（花序）　　朱鑫鑫　摄

同属近缘种类：

中文名称	拉丁学名	分布范围	生境特点
花溪娃儿藤、飞来	*T. anthopotamica*	产贵州西南部	生海拔约 900 m 山地林中
阔叶娃儿藤	*T. astephanoides*	产云南南部	生海拔约 1100 m 山地林中
宜昌娃儿藤	*T. augustiniana*	产湖北和广西，及泰国	生山地林中
光叶娃儿藤	*T. brownii*	产广东和台湾	生海拔 200～500 m 灌丛
轮环娃儿藤	*T. cycleoides*	产海南	生山地林中
小叶娃儿藤	*T. flexuosa*	产广东、广西、贵州、海南、陕西、台湾和云南，及柬埔寨、印度、印度尼西亚、马来西亚、缅甸、斯里兰卡、泰国和越南	生海拔 100～1000 m 疏林、灌丛
七层楼、双飞蝴蝶、老君须	*T. floribunda*	产江苏、浙江、福建、江西、湖南、广东、广西和贵州，及朝鲜和日本	生海拔 500 m 以下阳光充足的灌木丛中或疏林中
大花娃儿藤	*T. forrestii*	产云南	生海拔约 2100 m 林缘

中文名称	拉丁学名	分布范围	生境特点
长梗娃儿藤	T. glabra	广东、广西和海南，及越南	生海拔 500 m 以下溪旁或路旁疏林下
天峨娃儿藤	T. gracilenta	产广西（天峨县）	生山坡疏密林中或石山蔽荫处
紫花娃儿藤	T. henryi	产湖北、河南、四川和贵州	生山地林下
建水娃儿藤	T. hui	产云南南部、贵州	生海拔 1000～2000 m 山地疏林中
折冠藤	T. inflexum	产广东和、广西和海南，及越南	生低海拔山坡、路旁疏林或灌丛向阳处
台湾娃儿藤	T. insulana	产台湾	生山地林中
人参娃儿藤、土人参、土牛七	T. kerrii	产贵州、云南、广西、广东和福建，及越南和泰国	生海拔 800 m 以下草地、山谷、溪旁、密荫灌木丛下
通天连	T. koi	产湖南、广东、广西、台湾和云南，及泰国、越南	生海拔 100～1000 m 山谷潮湿密林中或灌木丛中，常攀援于树上
广花娃儿藤	T. leptantha	产广东和广西	生山地疏林中或山谷潮湿林中
长叶娃儿藤	T. longifolia	产云南，及孟加拉国	
滑藤	T. oligophylla	产云南南部（景洪）	生海拔约 700 m 混交林
少花娃儿藤	T. oshimae	产台湾	生山地林中
紫叶娃儿藤	T. picta	产海南	生林谷中
圆叶娃儿藤	T. rotundifolia	产广东、广西和海南，及印度和尼泊尔	生海拔 200～1000 m 灌丛
湖北娃儿藤	T. silvestrii	产湖北	生山地林中或灌木丛中
普定娃儿藤	T. tengii	产贵州南部	生山地林中
个旧娃儿藤	T. tuberculata	产云南	生海拔约 800 m 处
钩毛娃儿藤	T. uncinata	产海南	生海拔约 400 m 处

96、对叶藤　　　　　　　　　　　　　　　　　　　　木兰藤科 Austrobaileyaceae

拉丁学名	*Austrobaileya scandens* C. White	英文名称	Austrobaileya
生境特点	喜温暖、潮湿、荫蔽，忌直射	分布范围	原产澳大利亚（昆士兰北部和东部）
识别特征	常绿，缠绕木质藤本，可攀爬至 15 m 处。叶蓝绿色，革质，具油细胞；气孔较大，放大镜下可见。单花腋生，大型，直径 4～5 cm，散发臭鱼味；花被灰白色，花被片 19～24，外轮花被片圆形，长 3～6 mm，内轮花被片长 8～27 mm，散布紫色斑点；雄蕊 7～11，长 7～8 mm，基部具斑点；雄蕊，退化雄蕊内弯，花瓣状，散布紫色斑点；心皮 10～13，具柄。果实浆果状，梨形或卵形，成熟时杏黄色，多汁，具柄，长度可达 7 cm；种子大，2～6 枚，具革质种皮，外层形成肉质种皮		
资源利用	花可散发臭鱼味，以吸引蝇类昆虫传粉；可攀援于栅栏、棚架等处作垂直绿化。播种、扦插繁殖		

图 4-96A 对叶藤（藤茎、叶）　　　　　　　　图 4-96B 对叶藤（藤茎、叶）　　　　牟凤娟　摄

97、粉花凌霄（肖粉凌霄、馨葳） 紫葳科 Bignoniaceae

拉丁学名	*Pandorea jasminoides*（G. Don）K. Schum.	英文名称	Bower of Beauty，Bower Viner
生境特点	喜温暖、湿润、光照，耐半阴，不耐寒、干旱	分布范围	原产澳大利亚
识别特征	常绿，缠绕木质藤本。奇数羽状复叶，对生；小叶 5～9，长椭圆形；全缘，深绿，光亮。圆锥花序顶生；花冠漏斗状，白色，喉部红色，有时带紫红色脉纹；直径约 5 cm，5 裂片。蒴果长椭圆形，木质		
资源利用	花期夏、秋两季。花具有香味，有白花和红花等栽培品种；可用于棚架、墙垣等垂直绿化，寒地也可盆栽。全株可入药。扦插、播种繁殖		
栽培品种	白花凌霄［*P. j.* 'Alba'（White Bower Vine）］花冠白色。 斑叶粉花凌霄（花叶粉花凌霄、斑叶馨葳、花叶红心花、肖粉凌霄）（*P. j.* 'Ensel-Variegata'）枝条伸长具半蔓性；叶片具乳白或乳黄色斑纹；花冠淡粉色，喉部红色，花萼不膨大。花期春末至秋季。花叶俱美，适用于庭园成簇美化或盆栽[139]		

图 4-97A 粉花凌霄（花序）　　　　　　　　图 4-97B 粉花凌霄（藤茎、花）　　　　牟凤娟　摄

图 4-97C 粉花凌霄（果实）　　　　　　牟凤娟　摄

98、非洲凌霄（粉凌霄、紫云藤、紫芸杜鹃）			紫葳科 Bignoniaceae
拉丁学名	*Podranea ricasoliana* Sprague	英文名称	Pink Trumpet Vine，Port St. Johns Creeper
生境特点	喜温暖至高温气候、阳光，耐高温、半阴、耐寒，不耐干旱	分布范围	原产非洲南部；福建、广东等地栽培
识别特征	常绿，半蔓性或攀援状木质藤本。茎钝四棱形。奇数羽状复叶，对生；常 11 枚，或 9 枚、13 枚小叶；小叶长卵形，先端尖，叶缘具锯齿；叶柄具沟，基部紫黑色。圆锥形花序顶生；花冠漏斗状钟形，先端 5 裂，粉红至紫红色，喉部具紫红色脉纹。蒴果长线形，扁平，革质；种子多数，卵形、扁平，熟时褐色，具大型纸质的翅翼		
资源利用	花期 11 至翌年 6 月。生长快速，枝叶茂密，叶色靓丽，花姿优美，花期长，耐修剪且具有很强的攀援能力，适合栅栏、篱笆、花架、荫棚及绿廊美化；也可植于高处向下垂悬[140]。扦插、压条、播种繁殖		

图 4-98A 非洲凌霄（花序）　　　　　图 4-98B 非洲凌霄（藤茎、叶、花）　　牟凤娟　摄

99、大果忍冬			忍冬科 Caprifoliaceae
拉丁学名	*Lonicera hildebrandiana* Coll. et Hemsl.	英文名称	Large-fruited Honeysuckle
生境特点	海拔 1000～2300 m 林内或林缘湿润地灌丛中	分布范围	广西（那坡）、云南东南部至西南部，以及缅甸和泰国
识别特征	常绿，藤本。全体几无毛；小枝暗红色或淡褐色，有时具短刚毛。叶革质，椭圆形、卵状矩圆形、矩圆形或倒卵状椭圆形，长 7～15 cm；顶端急渐尖或渐尖，基部圆形而稍下延于长 1～2.5 cm 的叶柄。双花单生于叶腋或在小枝顶集合成短总状花序；萼筒长 6～8 mm，苞片三角形；小苞片卵状三角形；萼檐杯状，萼齿三角形，顶端钝；花冠粗大，白色，后变黄色，筒长（5～）6～7 cm，直径达 4 mm，唇形，上唇两侧裂片深达唇瓣的 3/8，中裂片长 5～6 mm；雄蕊比花冠短，花丝有微伏毛；花柱长等于花冠，有微伏毛。浆果大，梨状，卵圆形，长约 2.5 cm		
资源利用	花期 3～7 月，果熟期 5 月下旬至 8 月。植株叶绿、花香，具有较高的观赏价值。根、茎、叶可入药，有活血散瘀的功效。播种、扦插繁殖		

图 4-99A 大果忍冬（藤茎、花）

图 4-99B 大果忍冬（果实）　　图 4-99C 大果忍冬（藤茎、果实）　牟凤娟　摄

100、菰腺忍冬（红腺忍冬、大金银花、山银花）			忍冬科 Caprifoliaceae
拉丁学名	*Lonicera hypoglauca* Miq.	英文名称	Glandular Honeysuckle
生境特点	海拔 200～700（～1800）m 灌丛或疏林中	分布范围	南方多省区，以及日本
识别特征	落叶，缠绕藤本。幼枝、叶柄、叶下面和上面中脉及总花梗均密被上端弯曲的淡黄褐色短柔毛，有时还有糙毛。叶纸质，卵形至卵状矩圆形，长 6～9（～11.5）cm；顶端渐尖或尖，基部近圆形或带心形，下面有时粉绿色，有无柄或具极短柄的黄色至橘红色蘑菇形腺。双花单生至多朵集生于侧生短枝上，或于小枝顶集合成总状；苞片条状披针形，与萼筒几等长，外面有短糙毛和缘毛；小苞片圆卵形或卵形，顶端钝，很少卵状披针形而顶析尖，长约为萼筒的 1/3，有缘毛；萼筒无毛或有时略有毛，萼齿三角状披针形，长为筒的 1/2～2/3，有缘毛；花冠白色，有时有淡红晕，后变黄色，长 3.5～4 cm，唇形，筒比唇瓣稍长，外面疏生倒微伏毛，并常具无柄或有短柄的腺；雄蕊与花柱均稍伸出。浆果成熟时黑色，近圆形，有时具白粉		

100、菰腺忍冬（红腺忍冬、大金银花、山银花）		忍冬科 Caprifoliaceae
资源利用	花期 4～5（～6）月，果熟期 10～11 月。始花白色，后转变为金黄色，可供观赏。花蕾供药用，为"山银花"的药源植物[141]。播种繁殖	
其他亚种	**净花菰腺忍冬**（*L. hypoglauca* ssp. *nudiflora* Hsu et H. J. Wang）花冠无毛或仅筒部外面有少数倒生微伏毛而无腺体。产广东北部和西部、广西、贵州西南部、云南东南部至西部和西南部；在西南地区海拔可达 1800 m	

图 4-100A 菰腺忍冬（叶、花）　　　　图 4-100B 菰腺忍冬（藤茎、花）　　朱鑫鑫 摄

101、忍冬（金银花、金银藤）			忍冬科 Caprifoliaceae
拉丁学名	*Lonicera japonica* Thunb.	英文名称	Japanese Honeysuckle, Golden-and-Silver Honeysuckle
生境特点	喜光照，温暖、湿润气候，耐寒、耐旱、耐阴蔽	分布范围	除黑龙江、内蒙古、宁夏、青海、新疆、海南和西藏无自然生长，我国其他省区均有分布，以及日本和朝鲜；在北美洲逸为野生
识别特征	半常绿，木质缠绕藤本（左旋）。幼枝洁红褐色，密被黄褐色、开展的硬直糙毛、腺毛和短柔毛，下部常无毛。叶纸质，卵形至矩圆状卵形，有时卵状披针形，稀圆卵形或倒卵形，长 3～5（～9.5）cm；顶端尖或渐尖；基部圆或近心形，有糙缘毛；小枝上部叶通常两面均密被短糙毛，下部叶常平滑无毛而下面多少带青灰色；叶柄密被短柔毛。花通常单生于小枝上部叶腋；苞片大，叶状，卵形至椭圆形，长达 2～3 cm；萼齿卵状三角形或长三角形，顶端尖而有长毛，外面和边缘都有密毛；花冠白色，后变黄色；上唇裂片顶端钝形，下唇带状而反曲；雄蕊和花柱均高出花冠。浆果圆形，熟时蓝黑色，有光泽		

101、忍冬（金银花、金银藤）		忍冬科 Caprifoliaceae
资源利用	花期 4～6 月（秋季亦常开花），果熟期 10～11 月。秋末老叶凋落，叶腋又生紫色新芽，寒冬不凋；花初开为白色，继而转变为黄色，枝条上长满黄、白两色花朵，故又名"金银花"，为色香俱全的藤本植物；可缠绕篱垣、花架、花廊等作垂直绿化；或用作地被，是庭院布置、美化屋顶花园的好材料；用老桩作盆景，姿态古雅。花蕾、茎（忍冬藤）、叶药用，可清热解毒、宣散风热。花可提取食用香料；为镉元素富集植物。扦插、分根、播种繁殖[142]	
其他亚种	**红白忍冬**（红花金银花）[*L. japonica* var. *chinensis*（Wats.）Bak.］半常绿；幼枝紫黑色，幼叶带紫红色，老叶发红；小苞片比萼筒狭；花蕾红色，花冠外面紫红色，内面白色，后转为黄色，上唇裂片较长，裂隙深超过唇瓣的 1/2。花期 4～6 月。产安徽（岳西）、江苏、浙江、江西、云南等地有栽培；生海拔 800 m 山坡	

图 4-101A 忍冬（藤茎、叶、花）

图 4-101B 忍冬（花）

图 4-101C 忍冬（花）

图 4-101D 红白忍冬（藤茎、叶、花）

图 4-101E 红白忍冬（花）　　牟凤娟　摄

102、长花忍冬　　　　　　　　　　　　　　　　　　　　　　　　　　忍冬科 Caprifoliacea

拉丁学名	*Lonicera longiflora*（Lindl.）DC.	英文名称	Long-flowered Honeysuckle
生境特点	海拔 1700 m 以下疏林内或山地路旁向阳处	分布范围	广东南部、海南、云南（马关）
识别特征	藤本；除幼枝、叶柄和花序有时略被黄褐色糙毛外，全体几无毛；枝与小枝红褐色或紫褐色，平滑。叶纸质或薄革质，卵状矩圆形至矩圆状披针形，长 5～8.5 cm，宽 1.5～5 cm；顶端渐尖，基部圆至宽楔形；上面光亮，下面脉均显著凸起而呈网格状。双花常集生于小枝顶呈疏散的总状花序；总花梗与叶柄等长或略超过；苞片条状披针形，常有缘毛；小苞片圆卵形，萼筒矩圆形，萼齿三角状披针形，有缘毛；花冠白色，后变黄色，外面无毛或散生少数开展长腺毛，更或有倒生糙毛，唇形，筒细，唇瓣长约为筒的 1/2。浆果成熟时白色		
资源利用	花期 3～6 月，果熟期 10 月。花色由白色转为金黄色，具有香味，可供观赏。茎、叶药用，具清热解毒、凉血止痢之功效[143,144]。播种、扦插繁殖		

图 4-102A 长花忍冬（植株）　　　　图 4-102B 长花忍冬（花序）　　　　牟凤娟　摄

103、大花忍冬（大花金银花、大金银花）　　　　　　　　　　　　　　忍冬科 Caprifoliaceae

拉丁学名	*Lonicera macrantha*（D. Don）Spreng.	英文名称	Large-flowered Honeysuckle
生境特点	海拔 300～1800 m 山谷和山坡林中或灌丛中	分布范围	华南、华东、西南地区，西藏（墨脱），以及尼泊尔、不丹、印度北部
识别特征	半常绿，藤本。幼枝、叶柄和总花梗均被开展的黄白色或金黄色长糙毛和稠密的短糙毛，并散生短腺毛；小枝红褐色或紫红褐色，老枝赭红色。叶近革质或厚纸质，卵形至卵状矩圆形或长圆状披针形至披针形，长 5～10（～14）cm；边缘有长糙睫毛，上面中脉和下面脉上有长、短两种糙毛，并夹杂极少数橘红色或淡黄色短腺毛，下面网脉隆起。花微香，双花腋生，常于小枝稍密集成多节的伞房状花序；苞片、小苞片和萼齿都有糙毛和腺毛；萼齿长三角状披针形至三角形；花冠白色，后变黄色，外被多少开展的糙毛、微毛和小腺毛，唇形，筒长为唇瓣的 2～2.5 倍，内面有密柔毛，唇瓣内面有疏柔毛，上唇裂片长卵形，下唇反卷；雄蕊和花柱均略超出花冠，无毛。浆果圆形或椭圆形，成熟时黑色		
资源利用	花期 4～5 月，果熟期 7～8 月。根、茎、花、叶可药用，有镇惊、祛风、败毒、清热功效[144]。播种繁殖		
其他变种	异毛忍冬（鸢子银花）（*L. macrantha* var. *heterotricha* Hsu et H. J. Wang）产浙江南部、江西西部、福建（南平）、湖南西南部、广西、四川东北部和东南部、贵州及云南东南部和西部；生海拔 300～1300（～1800 m）丘陵或山谷林中、灌丛中		

图4-103A 大花忍冬（藤茎、果实）　　　　　　　图4-103B 大花忍冬（果实）　　　　　　　周联选 摄

104、短柄忍冬（贵州忍冬）			忍冬科 Caprifoliaceae
拉丁学名	*Lonicera pampaninii* Levl.	英文名称	Short-petioled Honeysuckle
生境特点	海拔100～800（～1400 m）林下或灌丛中	分布范围	安徽、浙江、江西、福建、湖北、湖南、广东、广西、四川、贵州和云南
识别特征	藤本。幼枝和叶柄密被土黄色卷曲短糙毛，后变紫褐色而无毛。叶有时3片轮生，薄革质，矩圆状披针形、狭椭圆形至卵状披针形，长3～10 cm；两面中脉有短糙毛，下面幼时常疏生短糙毛，边缘略背卷，有疏缘毛；叶柄短，长2～5 mm。双花数朵集生于幼枝顶端或单生于幼枝上部叶腋，芳香；总花梗极短或几不存；苞片、小苞片和萼齿均有短糙毛；苞片狭披针形至卵状披针形，有时呈叶状；小苞片圆卵形或卵形，长为萼筒的1/2～2/3；萼筒长不到2 mm，萼齿卵状三角形至长三角形，比萼筒短，外面有短糙伏毛，有缘毛；花冠白色而常带微紫红色，后变黄色，唇形，长1.5～2 cm，外面密被倒生短糙伏毛和腺毛，唇瓣略短于筒，上下唇均反曲；雄蕊和花柱略伸出，花丝基部有柔毛；花柱无毛。浆果圆形，蓝黑色或黑色，直径5～6 mm			
资源利用	花期5～6月，果熟期10～11月。浆果成熟时蓝黑色，具光泽，可供观赏。花可入药，具有祛风、清热、解毒之功效。播种、扦插繁殖			

105、贯月忍冬（穿叶忍冬）			忍冬科 Caprifoliaceae
拉丁学名	*Lonicera sempervirens* L.	英文名称	Coral Honeysuckle，Trumpet Honeysuckle
分布范围	原产北美洲；现多地栽培	生境特点	喜温暖、阳光，耐寒、耐阴、干旱和水湿
识别特征	常绿或半常绿，藤本。全体近无毛；幼枝、花序梗和萼筒常有白粉。叶宽椭圆形、卵形至矩圆形；顶端钝或圆而常具短尖头，基部通常楔形，下面粉白色，有时被短柔伏毛，小枝顶端的1～2对基部相连成盘状；叶柄短或几不存在。花轮生，每轮通常6朵，2至数轮组成顶生穗状花序；花冠近整齐，细长漏斗形，外面橘红色，内面黄色，筒细，中部向上逐渐扩张，中部以下一侧略肿大，长为裂片的5～6倍。浆果红色，直径约6 mm			

105、贯月忍冬（穿叶忍冬）	忍冬科 Caprifoliaceae
资源利用	花期4～8月。具有生长蔓延快、抗性强、花期长、繁殖容易等特点；嫩茎红色，枝繁叶茂，单株覆盖面广，平面和立体效果好；花色鲜红艳丽，富含香气，花期很长，为色、香兼备的观赏花木；可采用棚架式、篱垣式、立柱式等进行垂直绿化，也适宜庭院附近、草坪边缘、园路两侧和假山石景前后点缀，盆栽适用于阳台、窗台和花架摆放，还可作吊盆短期室内装饰。扦插、压条、播种繁殖
其他品种	黄花贯月忍冬（*L. s.* 'Sulphurea'）花冠黄色 花贯月忍冬（*L. s.* 'Superba'）花冠鲜红色

图 4-104 短柄忍冬（枝叶、果实）胡 秀 摄

图 4-105A 贯月忍冬（花）

图 4-105B 贯月忍冬（果实）

图 4-105C 贯月忍冬（藤茎、花）　　　　　　朱鑫鑫 摄

106、台尔曼忍冬			忍冬科 Caprifoliaceae
拉丁学名	*Lonicera* × *tellmanniana* Hort.	英文名称	Red-gold Honeysuckle
生境特点	喜阳光、温暖、湿润；耐半阴、盐碱，抗旱，极耐寒	分布范围	东北南部至华北
识别特征	落叶，大型缠绕藤本。叶长椭圆形，花序下一二对叶合生成盘状；叶背面被粉，灰绿色；叶脉微凹，主脉基部桔红色。穗状花序，由3～4轮花组成，直立，生于侧枝顶端，每轮6朵花；花冠橙色，花冠2唇，具细长筒，花冠筒长5～6 cm；雄蕊5枚，长出花冠		
资源利用	盘叶忍冬（*L. tragophylla*）和红花贯叶忍冬（*L. sempervirens*）杂交后代。花期3～11月，盛花期在春末夏初。具有抗寒、抗旱、生长蔓延快的特点[145]；花繁色艳，花冠黄色带橘红色，花期较长，秋叶金黄达月余，是优良垂直绿化新材料，可缠绕攀援和悬垂于园墙、拱门、花架、篱栅、山石；株形可塑性强，耐修剪，枝条呈伞骨状辐射延伸，是极好的"植物雕塑材料"。抗逆性强，很强的生命力，可起到防风固沙、改良土壤和改善生态环境的作用。可作为蜜源植物[146, 147]。播种、扦插、压条、组织培养繁殖[148]		

图4-106A 台尔曼忍冬（叶、花）

图4-106B 台尔曼忍冬（花）

图4-106C 台尔曼忍冬（藤茎、叶、花）

图4-106D 台尔曼忍冬（植株） 朱鑫鑫 摄

同属近缘种类：

中文名称	拉丁学名	习性	分布范围	生境特点
淡红忍冬、巴东忍冬、肚子银花	L. acuminata var. acuminata	落叶或半常绿	产南方多省区和西藏东南部至南部，及喜马拉雅东部经缅甸至苏门答腊、爪哇、巴厘和菲律宾	生海拔（500～）1000～3200 m 山坡和山谷林中、林间空旷地或灌丛中
无毛淡红忍冬	L. acuminata var. depilata	落叶或半常绿	产浙江（龙泉）、江西（赣县、上犹）、福建（泰宁）、台湾、广东（乳源）、湖北（兴山）、四川中部和东南部	
西南忍冬	L. bournei	常绿	产广西（隆林）、云南东部至西南部，及缅甸和老挝	生海拔 780～2000 m 林中
滇西忍冬	L. buchananii	常绿	产云南西部（盈江），及缅甸（北部）	生海拔 200 m 左右山地
醉鱼草状忍冬	L. buddleioides	常绿	特产广西（龙州）	
长距忍冬、距花忍冬	L. calcarata	常绿	产四川西南部、贵州西南部（安龙、郎岱）、西藏（墨脱）、广西（那坡）	生海拔 1200～2500 m 林下、林缘或溪沟旁灌丛中
海南忍冬	L. calvescens	常绿	产海南	生海拔 300～1400 m 山谷密林或水边沙地的灌丛中
肉叶忍冬	L. carnosifolia	半常绿	产重庆（南川金佛山、合川）	生海拔约 1800 m 荫湿岩石上
长睫毛忍冬	L. ciliosissima		特产四川西部（西昌）	生海拔约 1900 m 山地
华南忍冬、大金银花	L. confusa	半常绿	产广东、海南和广西，及越南北部和尼泊尔	生海拔最高达 800 m 以下丘陵地的山坡、杂木林和灌丛中及平原旷野路旁或河边
水忍冬、柱金银花、水银花	L dasystyla		产广东（鼎湖山）和广西，及越南北部	生海拔 300 m 以下水边灌丛中
锈毛忍冬、老虎合藤	L. ferruginea		产江西（黎川）、福建、广东（从化）、广西（隆林、那坡）、四川（雷波、峨边）、贵州、云南西南部至西部和东南部	生海拔 600～2000 m 山坡疏、密林中或灌丛中
黄褐毛忍冬	L. fulvotomentosa		产广西西北部、贵州西南部和云南	生海拔 850～1300 m 山坡岩旁灌木林或林中
卵叶忍冬	L. inodora		产云南西部（腾冲）、西藏东南部（墨脱）	生海拔 1700～2900 m 石山灌丛或山坡阔叶林中
卷瓣忍冬	L. longituba		产广东（信宜、惠阳）、广西（上思和武鸣）	生海拔达 1200 m 以下山地或溪边
灰毡毛忍冬、拟大花忍冬	L. macranthoides		产安徽南部、浙江、江西、福建西北部、湖北西南部、湖南南部至西部、广东（翁源）、广西东北部、四川东南部、贵州东部和西北部	生海拔 500～1800 m 山谷溪流旁、山坡或山顶混交林内或灌丛中

中文名称	拉丁学名	习性	分布范围	生境特点
云雾忍冬、湖广忍冬	*L. nubium*		产江西西部和南部、湖南西南部和南部、广西东北部、四川、贵州中部和南部	生海拔 700～1200 m 山坡灌丛或山谷疏林中
皱叶忍冬	*L. reticulata*	常绿	产江西西南部、福建中北部和中南部至西部、湖南南部、广东、广西东北部	生海拔 400～1100 m 山地灌丛或林中
峨眉忍冬	*L. similis* var. *omeiensis*		特产四川西南部、北部、东北部和东部	生海拔 400～1700 m 山沟或山坡灌丛中
细毡毛忍冬、细苞忍冬	*L. similis* var. *similis*	落叶	产陕西南部、甘肃南部、浙江西北部和西南部、福建、湖北南部、湖南南部、广西、四川、贵州西部至北部、云南东部至北部，及缅甸	生海拔 500～1600 m（川、滇可达 2200 m）山谷溪旁或向阳山坡灌丛或林中
川黔忍冬	*L. subaequalis*		产四川西部至南部、贵州东部（盘县、毕节）	生海拔 1500～2500 m 山坡林下阴湿处
盘叶忍冬、大叶银花	*L. tragophylla*	落叶	产河北西南部、山西南部、陕西中部至南部、宁夏和甘肃的南部、安徽西部和南部、浙江西北部和南部、河南西北部、湖北西部和东部、四川、贵州北部	生海拔（700～）1000～2000（～3000 m 林下、灌丛中或河滩旁岩缝中
毛萼忍冬	*L. trichosepala*		产安徽南部、浙江（天目山和天台山）、江西西北部、湖南（南岳）	生海拔 400～1500 m 山坡林中或灌木林中
云南忍冬	*L. yunnanensis*		产四川西南部（盐源）、云南西北部至北部	生海拔 1700～3000 m 山坡林下或灌丛中

107、过山枫（苦树皮、马断肠）			卫矛科 Celastraceae	
拉丁学名	*Celastrus aculeatus* Merr.	英文名称	Aculeate Bittersweet	
生境特点	海拔 100～1000 m 山地灌丛或路边疏林中	分布范围	浙江、福建、江西、广东、广西和云南	
识别特征	缠绕灌木。小枝幼时被棕褐色短毛；冬芽圆锥状，长 2～3 mm，基部芽鳞宿存，有时坚硬成刺状。叶多椭圆形或长方形，长 5～10 cm，宽 3～6 cm；先端渐尖或窄急尖，基部阔楔稀近圆形，边缘上部具疏浅细锯齿，下部多为全缘；叶干时叶背常呈淡棕色，两面光滑无毛，或脉上被有棕色短毛。聚伞花序短，腋生或侧生，通常 3 花，花序梗长 2～5 mm，小花梗长 2～3 mm，均被棕色短毛，关节在上部；萼片三角卵形；花瓣长方披针形，花盘稍肉质，全缘，雄蕊具细长花丝，长 3～4 mm，具乳突，在雌花中退化长仅 1.5 mm；子房球状，在雄花中退化。蒴果近球状，宿萼明显增大；种子新月状或弯成半环状，表面密布小疣点			
资源利用	花期 3～4 月，果期 8～9 月。叶片深绿色，叶柄红色，蒴果开裂后种子假种皮色彩鲜艳，供观赏。根、藤茎药用，可祛湿止痛、祛湿利胆、平肝潜阳[149, 150]。播种繁殖			

图 4-107A 过山枫（藤茎、叶、果实）　　　　　　　图 4-107B 过山枫（藤茎、果实）　　　　　　　　　　　　　朱鑫鑫　摄

108、苦皮藤（苦树皮、马断肠） 卫矛科 Celastraceae

拉丁学名	*Celastrus angulatus* Maxim.	英文名称	Angled Bittersweet
生境特点	海拔 1000～2500 m 山地丛林及山坡灌丛中	分布范围	河北、山东、河南、陕西、甘肃、江苏、安徽、江西、湖北、湖南、四川、贵州、云南、广东和广西
识别特征	落叶，藤状灌木。小枝常具 4～6 纵棱，密生白色皮孔，圆形到椭圆形。叶大，近革质，长方阔椭圆形、阔卵形、圆形，长 7～17 cm，宽 5～13 cm，先端圆阔，中央具尖头，侧脉在叶面明显突起；叶柄长 1.5～3 cm；托叶丝状，早落。聚伞圆锥花序顶生，长 10～20 cm，花序轴及小花轴光滑或被锈色短毛；花萼三角形至卵形，近全缘；花瓣长方形，边缘不整齐；花盘肉质，浅盘状或盘状，5 浅裂；雄蕊着生花盘之下。蒴果近球状，种子具橘红色假种皮		
资源利用	花期 5～6 月，果期 10～12 月。全株有小毒；树皮纤维可供造纸及人造棉原料；果皮和种子含油脂，可供工业用；根皮、茎皮为优良的杀虫剂、灭菌剂[151]。播种、扦插、组织培养繁殖[152]		

109、刺苞南蛇藤（刺叶南蛇藤、刺南蛇藤） 卫矛科 Celastraceae

拉丁学名	*Celastrus flagellaris* Rupr.	英文名称	Flagellate Bittersweet
生境特点	山谷、河岸低湿地的林缘或灌丛中；喜湿，耐阴	分布范围	黑龙江、吉林、辽宁和河北，以及俄罗斯远东地区、朝鲜和日本
识别特征	落叶，藤本灌木。小枝光滑；冬芽小，钝三角状，最外一对芽鳞长 1.5～2.5 mm，宿存并特化为坚硬钩刺。叶阔椭圆形或卵状阔椭圆形，稀倒卵椭圆圈，长 3～6 cm，宽 2～4.5 cm；先端较阔，具短尖或极短渐尖，基部渐窄，边缘具纤毛状细锯齿或锯齿，齿端常成细硬刺状；叶柄细长，常为叶片的 1/3 或达 1/2；托叶丝状深裂，早落。聚伞花序腋生，近无梗或短，1～5 花或更多，小花梗长 2～5 mm，关节位于中部之下；雄花萼片长方形；花瓣长方窄倒卵形；花盘浅杯状，顶端近平截；雄蕊稍长于花冠，于雌花中退化为 1 mm 左右；子房球状。蒴果球状，直径 2～8 mm；种子近椭圆状，棕色		
资源利用	花期 4～5 月，果期 8～9 月。除缠绕茎本身进行攀爬外，芽鳞特化的钩刺更加增强其攀援能力；枝繁叶茂，秋季叶片变为金黄色，蒴果裂开露出红色假种皮包裹的种子，形似红花，是极好的棚架和垂直绿化材料；适合林下、岸边栽植，用于假山、堤岸、墙垣垂直绿化，也可整形修剪成灌木。播种、分株、扦插繁殖[153]		

图 4-108 苦皮藤（藤茎、叶、花序）　　　周联选 摄

图 4-109A 刺苞南蛇藤（果实） 　　　图 4-109B 刺苞南蛇藤（藤茎、叶）　　　周 鉌 摄

110、大芽南蛇藤（霜江藤、哥兰叶、小红藤、白花藤）				卫矛科 Celastraceae
拉丁学名	*Celastrus gemmatus* Loes.		英文名称	Large-budded Bittersweet
生境特点	海拔 100～2500 m 密林中、灌丛；喜阳、耐阴、干旱、瘠薄		分布范围	南方多省区
识别特征	落叶，木质攀援藤本。小枝具多数皮孔，皮孔阔椭圆形到近圆形，棕灰色，突起；冬芽大。叶长方形，卵状椭圆形或椭圆形，长 6～12 cm，宽 3.5～7 cm；先端渐尖，基部圆阔，近叶柄处变窄，边缘具浅锯齿。聚伞花序顶生、腋生；萼片卵圆形，边缘啮蚀状；花瓣长方倒卵形；雄蕊花药顶端有时具小突尖，花丝有时具乳突状毛，在雌花中退化；花盘浅杯状，裂片近三角形，在雌花中裂片常较钝；雌蕊瓶状，子房球状。蒴果球状，小果梗具明显突起皮孔；种子红棕色，具光泽			
资源利用	花期 4～9 月，果期 8～10 月。对环境条件要求不苛刻，管理粗放，使其匍匐生长可有效覆盖裸岩、防止风化，充分利用空间，自动填补定植间隙，是值得开发的石漠化地区荒山绿化、水土保持等多种功能的藤本植物。根、茎、叶可入药，可祛风除湿、活血止痛、解毒消肿；根、茎的水解物具有杀虫或拒食的生物活性[154]。种子出油率 20%，可供制肥皂及其他工业用；枝条内皮含有丰富纤维，可搓绳索，亦可作人造棉及造纸的原料。扦插、播种繁殖[155]			

160

图 4-110A 大芽南蛇藤（花序）

图 4-110B 大芽南蛇藤（果实）

图 4-110C 大芽南蛇藤（藤茎、叶）　　朱鑫鑫 摄

111、青江藤（夜茶藤、黄果藤）			卫矛科 Celastraceae
拉丁学名	*Celastrus hindsii* Benth.	英文名称	Hinds' Bittersweet
生境特点	海拔 300～2500 m 灌丛或山地林中	分布范围	江西、湖北、湖南、贵州、四川、台湾、福建、广东、海南、广西、云南、西藏东部，以及越南、缅甸、印度东北部、马来西亚
识别特征	常绿，攀援藤本。小枝紫色，皮孔稀少。叶纸质或革质，干后常灰绿色；长方窄椭圆形、或卵窄椭圆形至椭圆倒披针形，长 7～14 cm，宽 3～6 cm；先端渐尖或急尖，基部楔形或圆形，边缘具疏锯齿，侧脉在两面均突起。聚伞圆锥花序顶生，腋生花序近具 1～3 花，稀成短小聚伞圆锥状；花淡绿色；花萼裂片近半圆形；花瓣长方形，边缘具细短缘毛；花盘杯状，厚膜质，浅裂，裂片三角形；雄蕊着生花盘边缘；子房近球状，柱头不明显 3 裂。蒴果球状或稍窄，幼果顶端具明显宿存花柱，裂瓣略皱缩；假种皮橙红色，种子 1 粒		
资源利用	花期 5～7 月，果期 7～10 月。蒴果开裂后假种皮橙红色，色彩艳丽，观赏性较高。茎、枝可药用，具有通经、利尿之功效[156]；精油中含有具有杀虫或驱虫活性物质，对昆虫有特异生物活性（如拒食活性）的化合物。播种繁殖		

图 4-111A 青江藤（花序）　　　朱鑫鑫 摄　　图 4-111B 青江藤（果实）

图 4-111C 青江藤（植株）　　　　　　　　　图 4-111D 青江藤（植株）　　　宋 鼎 摄

112、独子藤（单子南蛇藤、红藤、大样红藤）			卫矛科 Celastraceae
拉丁学名	*Celastrus monospermus* Roxb.	英文名称	Single-seeded Bittersweet
生境特点	海拔 300～1500 m 山坡、密林或灌丛	分布范围	福建、贵州、广东、海南、广西和云南，以及印度、巴基斯坦、不丹、缅甸和越南
识别特征	常绿藤本。小枝有细纵棱，干时紫褐色；皮孔通常稀疏，椭圆形或近圆形。叶片近革质，长方阔椭圆形至窄椭圆形，稀倒卵椭圆形。二歧聚花序排成聚伞圆锥花序，腋生或顶生及腋生并存；雄花序的小聚伞常成密伞状，关节在最底部，通常光滑无毛；花黄绿色或近白色；雄花花萼三角半圆形；花瓣长方形或长方椭圆形，盛开时向外反卷；花盘肥厚肉质，垫状，5 浅裂，裂片顶端近平截；雄蕊 5，着生于花盘之下，花丝锥状，退化雌蕊长约 1 mm；雌蕊近瓶状，柱头 3 裂，反曲。蒴果，阔椭圆状，稀近球状，裂瓣椭圆形，干时反卷，边缘皱缩成波状；种子仅 1 枚，椭圆状，光滑，稍具光泽；假种皮紫褐色		
资源利用	花期 3～6 月，果期 6～10 月。根、藤茎、叶可药用[157, 158]，提取物对癌细胞具有显著的抑制作用[159, 160]。播种繁殖		

图4-112A 独子藤（藤茎、叶、果实）　　　　　　　　图4-112B 独子藤（果实、种子）　　　　　　周联选 摄

113、南蛇藤（南蛇风）			卫矛科 Celastraceae
拉丁学名	*Celastrus orbiculatus* Thunb.	英文名称	Oriental Bittersweet
生境特点	喜光照，耐阴，耐旱，较耐寒，有一定耐热性	分布范围	东北、内蒙古、河北、山东、山西、河南、陕西、甘肃、江苏、安徽、浙江、江西、湖北和四川，以及朝鲜和日本
识别特征	落叶，大型缠绕藤本。小枝灰棕色或棕褐色，具稀而不明显的皮孔。叶通常阔倒卵形，近圆形或长方椭圆形，长5～13 cm，宽3～9 cm；先端圆阔，具有小尖头或短渐尖，基部阔楔形到近钝圆形，边缘具锯齿；两面光滑无毛或叶背脉上具稀疏短柔毛。聚伞花序腋生，间有顶生长1～3 cm，小花1～3朵，偶仅1～2朵，小花梗关节在中部以下或近基部；雄花萼片钝三角形，花瓣倒椭圆形或长方形，花盘浅杯状，裂片浅，顶端圆钝，退化雌蕊不发达；雌花花盘稍深厚，肉质，退化雄蕊极短小；子房近球状，柱头3深裂，裂端再2浅裂。蒴果近球状，顶端宿存花柱，开裂，假种皮红色		
资源利用	花期5～6月，果期9～10月。适应力强，植株姿态优美，茎蔓、叶、果均具有较高的观赏价值，宜植于棚架、栅栏、墙垣、岩壁、假山、石隙等处进行攀援用于立体绿化；作造型灌木，可培育成圆球形、伞形、披散形和悬垂形；种植于坡地、林绕等处颇具野趣；在堤岸、林缘、坡地等裸露地块种植南蛇藤，覆盖效果好[161]；剪取成熟果枝瓶插，可装点环境。以根、藤、叶、果入药，根、藤茎可祛风活血、消肿止痛，果可安神、镇静，叶能解毒、散瘀；是具有拒食作用的杀虫植物[162]。树皮可制优质纤维；种子含油达50%[161]。播种、分株、压条、扦插繁殖		

图 4-113A 南蛇藤（花序）

图 4-113B 南蛇藤（果实）　　　　　图 4-113C 南蛇藤（果实、种子）　　　　牟凤娟 摄

114、短梗南蛇藤（黄绳儿、丛花南蛇藤）　　　　　　　　　　　　卫矛科 Celastraceae

拉丁学名	*Celastrus rosthornianus* Loes.	英文名称	Short-pediceled Bittersweet
生境特点	海拔 500～1800 m 山坡林缘、丛林下	分布范围	南方多省区
识别特征	落叶。小枝具较稀皮孔；腋芽圆锥状或卵状。叶纸质，果期常稍革质，叶片长方椭圆形、长方窄椭圆形，长 3.5～9 cm，宽 1.5～4.5 cm；先端急尖或短渐尖，基部楔形或阔楔形，叶缘疏浅锯齿，或基部近全缘。花序顶生、腋生，顶生者为总状聚伞花序，腋生者短小，具 1 至数花，花序梗短；小花梗关节在中部或稍下，萼片长圆形，边缘啮蚀状；花瓣近长方形；花盘浅裂，裂片顶端近平截；柱头 3 裂，每裂再 2 深裂，近丝状。蒴果近球状，小果梗近果处较粗
资源利用	花期 4～5 月，果期 8～10 月。根皮入药；树皮及叶可做农药。茎皮纤维质量较好。播种、扦插、压条、分株繁殖[163]
其他变种	**宽叶短梗南蛇藤**［*C. rosthornianus* var. *loeseneri* (Rehd. et Wils.) C. Y. Wu.］叶片椭圆形、阔椭圆形或长方椭圆形，较宽大，稍厚，近半革质；蒴果稍大，果梗较粗壮，多具呈瘤状突起皮孔。产河南、陕西、甘肃、湖北西端、贵州南部、四川东端、广西西北部；生海拔 500～1500m 山地灌丛或密林中

图 4-114A 短梗南蛇藤（花序） 　　　　　　　　　　图 4-114B 短梗南蛇藤（藤茎、叶）　　　朱鑫鑫　摄

115、皱果南蛇藤			卫矛科 Celastraceae
拉丁学名	*Celastrus tonkinensis* Pitard	英文名称	Rugose-fruited Bittersweet
生境特点	海拔 1000～1800 m 山地灌丛或林中	分布范围	广西西部、云南东部，以及越南
识别特征	落叶，藤状灌木，高 4～5 m。小枝灰棕色，全无皮孔；腋芽三角卵状。叶革质到厚革质，灰绿色，叶片较宽，倒卵形或阔椭圆形，长 7～13 cm，宽 4～6.5 cm；叶缘稍反卷，上半部具疏浅小锯齿，下半部近全缘；侧脉两面凸起；叶柄粗壮。花序顶生及上部腋生；花 5 数。蒴果近球状或极阔椭圆状，果梗粗壮，果皮坚硬，外面具细密横皱纹，内面棕褐色；宿存萼不明显增大、增厚			
资源利用	果期 10 月。可攀爬于石壁上。播种繁殖			

图 4-115A 皱果南蛇藤（植株） 　　　　　　　　　　图 4-115B 皱果南蛇藤（植株）　　　朱鑫鑫　摄

同属近缘种类：

中文名称	拉丁学名	习性	分布范围	生境特点
小南蛇藤	*C. cuneatus*		产湖北和四川东部	生海拔 50～600 m 山坡或路旁的灌木丛中

中文名称	拉丁学名	习性	分布范围	生境特点
洱源南蛇藤	C. franchetianus		产云南	生海拔约 2300 m 山区林下
灰叶南蛇藤、过山枫藤、麻麻藤	C. glaucophyllus		产陕西南部、湖北、湖南、贵州、四川和云南	生海拔 700～3700 m 处混交林中
硬毛南蛇藤	C. hirsutus		产云南和四川	生海拔 1400～2500 m 山谷湿地
小果南蛇藤、多花南蛇藤	C. homaliifolius	常绿	产四川中部、云南东北部	生海拔 1400～2300 m 灌丛沟旁
滇边南蛇藤、尖药南蛇藤	C. hookeri		产云南西北部，及缅甸和印度	生海拔 2500～3500 m 林中
薄叶南蛇藤	C. hypoleucoides		产安徽、浙江、江西、湖北、湖南、广东、广西和云南	生海拔 800～2800 m 山坡灌丛或疏林中
粉背南蛇藤	C. hypoleucus		产河南、陕西、甘肃东部、湖北、四川和贵州	多生海拔 400～2500 m 丛林中
圆叶南蛇藤	C. kusanoi	落叶	产台湾和海南	通常生海拔 300～2500 m 山地林缘
拟独子藤	C. monospermoides		产云南（勐腊），及马来西亚、印度尼西亚、巴布亚新几内亚、菲律宾	生密林中[164]
窄叶南蛇藤	C. oblanceifolius		产安徽、浙江、福建、江西、湖南、广东、广西、云南	生海拔 100～1000 m 山地灌丛或路边疏林中
倒卵叶南蛇藤	C. obovatifolius		产贵州、湖北、四川和云南	生海拔 1200～2500 m 沟谷、林缘或灌丛中[165]
灯油藤、滇南蛇藤、圆锥南蛇藤	C. paniculatus	常绿	产台湾、广东、海南、广西、贵州和云南，及印度	生海拔 200～2000 m 丛林地带
东南南蛇藤、光果南蛇藤	C. punctatus		产安徽、浙江、台湾和福建，及日本	生海拔 100～2300 m 山谷或山坡林缘
皱叶南蛇藤	C. rugosus		产湖北、贵州、四川、云南、西藏东部，陕西南部、广西北部少见	生海拔 1400～3600 m 山坡路旁或灌木丛中
毛脉显著南蛇藤	C. stylosus var. puberulus		产安徽、广东、湖南、江苏和浙江	生海拔 300～1000 m 山谷林下
显柱南蛇藤	C. stylosus var. stylosus		产安徽、江西、湖南、湖北、贵州、四川、云南、广东和广西，及印度	生海拔 1000～2500 m 山坡林地
攸乐南蛇藤	C. yuloensis		产云南（西双版纳攸乐山）	生热带季雨林林缘、路边[165]
长序南蛇藤	C. vaniotii		产湖北、湖南、贵州、四川、广西和云南	生海拔 500～2000 m 混交林中
绿独子藤	C. virens	常绿	产云南（西双版纳）	生海拔 1000 m 左右山谷丛林中

116、风车子（华风车子、使君子藤） 使君子科 Combretaceae

拉丁学名	*Combretum alfredii* Hance	英文名称	Alfred's Combretum
生境特点	海拔 800 m 以下河边、谷地、林下	分布范围	广东、广西、湖南南部（宜章）、江西南部（龙南）
识别特征	直立或攀援状灌木，高约 5 m。多枝；树皮浅灰色，幼嫩部分具鳞片；小枝近方形、灰褐色，有纵槽，密被棕黄色的绒毛和有橙黄色的鳞片，老枝无毛。叶对生或近对生，叶片长椭圆形至阔披针形，长 10～20（～25）cm，宽 4～11 cm；先端渐尖，基部楔尖，稀钝圆，全缘，两面无毛而稍粗糙，于放大镜下密被白色、圆形、凸起的小斑点，背面具有黄褐色或橙黄色的鳞片，背面具有黄褐色或橙黄色的鳞片。穗状花序腋生和顶生或组成圆锥花序，总轴被棕黄色绒毛和金黄色、橙色鳞片；小苞片线状，萼钟状，外面有黄色而有光泽的鳞片和被粗毛，萼齿 4 或 5，内面具一柠檬黄色而有光泽的大粗毛环，毛生于广展的环带上，稀突出萼喉之上；花瓣黄白色，长倒卵形，基部渐狭成柄；雄蕊 8，花丝长，伸出萼外甚长，生于萼管之基部，花丝基部扁宽向上渐狭，大部分与萼管合生；子房圆柱状，基部略狭而平截，稍 4 棱形，有鳞片。果椭圆形，4 翅，轮廓圆形、近圆形或梨形，长 1.7～2.5 cm，被黄色或橙黄色鳞片；翅纸质，等大，成熟时红色或紫红色，两端钝圆或基部渐狭而呈楔尖	
资源利用	花期 5～9 月，果期 8～12 月。果实外形奇特，具翅，成熟时红色，可供观赏。根、茎皮、叶、花、果实（种子）均可入药用，根可清热利胆，叶可健胃、驱虫[166～168]。播种繁殖	

图 4-116A 风车子（花序） 徐晔春 摄　　图 4-116B 风车子（果实） 周联选 摄

117、长毛风车子（康柏树） 使君子科 Combretaceae

拉丁学名	*Combretum pilosum* Roxburgh	英文名称	Long-pilose Combretum
生境特点	海拔 100～800 m 山谷林下、疏林或灌丛	分布范围	海南、云南南部和西南部，以及中南半岛、印度和孟加拉国
识别特征	藤本或乔木状，高 15～20 m。树皮灰褐色，小枝、叶柄、花序轴均密被锈色绒毛和白色长柔毛。叶对生或近对生，叶片卵状长圆形或长椭圆形，先端短尖或渐尖，基部钝圆、截形或浅心形，幼时叶面被柔毛，成长时无毛或沿中脉上被微柔毛，背面无毛或沿中脉被微柔毛；叶面略陷，在背面隆起。圆锥花序顶生及腋生，稠密，苞叶叶状，卵形，长 1～3 cm，宽 1～2 cm，宿存；苞片长卵形，早落；花较大，长 1.2～2 cm；萼管漏斗状，被锈色微绒毛和白色长柔毛，内面在萼肢部分具一疏毛环，裂片 5，三角形；花瓣 5，淡红色至粉黄色，稀白色，长圆形，具爪，具羽状脉，被微柔毛；雄蕊 10，较花冠长出约 1 cm，花丝白色，花药黄色，椭圆形至近圆形；子房近纺锤形，具 5 棱，毛被同萼管；花柱圆柱形，中部以下密被平展或倒向长柔毛。果椭圆形或倒卵形，长 2.5～3.5 cm，宽（连翅）2～2.5 cm，被密生微柔毛及稀疏红色鳞片，翅 5，等大，膜质，光亮；种子纺锤形	
资源利用	花期 12 月至翌年 3 月。根、茎、叶、花、种子均是药用部位[169]。播种繁殖	

图 4-117 长毛风车子（花序） 周联选 摄

118、石风车子（紫风车子、凌云风车子、瓦氏风车子） 使君子科 Combretaceae

拉丁学名	*Combretum wallichii* DC.	英文名称	Wallich's Combretum
生境特点	山坡、路旁、沟边的杂木林或灌丛中，多见石灰岩地区灌丛中	分布范围	广西、贵州、四川和云南，以及印度、孟加拉国、尼泊尔、缅甸北部
识别特征	藤本，稀灌木或小乔木状。幼枝压扁，有槽，密被鳞片和微柔毛，后渐脱落，纵裂成纤维状剥落，并疏生黑色皮孔。叶对生或互生，椭圆形至长圆状椭圆形，长 4～15 cm，宽 2～7 cm；密被微小圆形乳突。穗状花序腋生或顶生，单生，不分枝，于枝顶排成圆锥花序状，花序轴被褐色鳞片及微柔毛；苞片线形或披针形；花小，4 数；萼管较短，漏斗状或近钟形；花盘环状，边缘及内外密被黄白色长硬毛，突出萼齿外；花瓣小，与萼齿等高，倒披针形，渐狭成爪；雄蕊 8 枚，超出萼齿，长于花柱；子房四棱形，密被鳞片。果具 4 翅，先端钝圆、平截或微凹，基部楔尖至平截或钝圆，翅红色，有绢丝光泽，被白色或金黄色鳞片		
资源利用	花期 5～8 月，果期 9～11 月。枝繁叶茂，穗状花序串串，翅果奇特，果实成熟时呈绢丝亮红色，是兼具观叶和观果功能的藤本植物。入药具有祛风除湿、解毒、驱虫之功效。播种、扦插繁殖[170]		
其他变种	**毛脉石风车子**（*C. wallichii* var. *pubinerve* C. Y. Wu ex T. Z. Hsu） 叶片圆形，背面疏被、特别是沿脉密被锈色柔毛。产云南（泸水）；生海拔约 1000 m 低山沟谷，攀援于树上		

图 4-118A 石风车子（藤茎、叶、花）  图 4-118B 石风车子（花序） 朱鑫鑫 摄

同属近缘种类：

中文名称	拉丁学名	分布范围	生境特点
西南风车子	C. griffithii var. griffithii	产云南西南部，及印度东北部、孟加拉国、缅甸至马来西亚	生海拔（600～）1100～1600 m山箐疏林中或坡地上
云南风车子	C. griffithii var. yunnanense	产云南南部和西南部，及马来西亚、印度尼西亚和缅甸	生海拔500～1600 m（稀达2000 m）沟谷、河边或疏林中
阔叶风车子	C. latifolium	产云南南部，及印度、斯里兰卡、马来西亚、缅甸、泰国、老挝、柬埔寨、越南、印度尼西亚和菲律宾	生海拔500～1000 m林中
榄形风车子	C. olivaeforme	产海南和云南（西双版纳）	
盾鳞风车子	C. punctatum ssp. punctatum	产云南西南部（双江、沧源和陇川），及印度尼西亚至越南南部	生海拔1100～1500 m灌丛中
水密花	C. punctatum ssp. squamosum	产广东、云南西南部至南部，及尼泊尔和印度东北部、孟加拉国、缅甸、泰国、越南南部、马来西亚、印度尼西亚至菲律宾	
十蕊风车子	C. roxburghii	产云南西南部，及印度、斯里兰卡、尼泊尔、孟加拉、缅甸、泰国、老挝和越南	
榄形风车子	C. sundaicum	产广西西南部（龙州）、云南、海南，及泰国、越南、印度尼西亚、马来西亚和新加坡	生海拔300～600 m沙地密林、茂密灌丛

119、使君子（舀求子、四君子）　　　　　　使君子科 Combretaceae

拉丁学名	*Quisqualis indica* Linn.	英文名称	Chinese Honeysuckle, Rangoon Creeper
生境特点	喜高温、多湿、阳光，耐热、半阴，不耐寒	分布范围	四川、贵州至南岭以南，以及印度、缅甸至菲律宾
识别特征	常绿，缠绕藤本，高2～8 m。小枝被棕黄色短柔毛。叶对生或近对生，膜质；卵形或椭圆形，长5～11 cm，宽2.5～5.5 cm；先端短渐尖，基部钝圆；表面无毛，背面有时疏被棕色柔毛；叶柄无关节，幼时密生锈色柔毛。总状花序伞房状，顶生，花较疏，下垂；苞片卵形至线状披针形，被毛；萼管长5～9 cm，被黄色柔毛，先端具广展、外弯、小型的萼齿5枚；花瓣5，长1.8～2.4 cm，宽4～10 mm，先端钝圆，初为白色，后转淡红色、鲜红色；雄蕊10，不突出冠外，外轮着生于花冠基部，内轮着生于萼管中部。果卵形，短尖，长2.7～4 cm，径1.2～2.3 cm，具5棱；成熟时外果皮脆薄，呈青黑色或栗色		
资源利用	花期初夏，果期秋末。花繁叶茂，花色有白色变为红色，花具香气，适合棚架、廊架、绿墙布置。根、叶、果实（留求子）可药用，果实具驱虫、消食、健脾之功效。叶片、花可提取香精[171]。种子含油20%～30%。播种、分株、扦插、压条繁殖		
其他变种	**毛使君子**（*Q. indica* var. *villosa* C. B. Clarke）　叶片卵形，两面被绒毛。产福建、台湾和四川，及亚洲其他热带地区		

119、使君子（舀求子、四君子）		使君子科 Combretaceae
其他品种	重瓣使君子（*Q. indica* 'Double Flowered'）花冠裂片 5 个以上。原产马来半岛、缅甸、菲律宾群岛	
其他种类	小花使君子（*Q. caudata* Craib）花序极密，花红色或淡红色；萼管长不超过 2.5 cm；花瓣长约 5 mm；叶柄短，有关节。产云南（西双版纳），及泰国北部；生海拔 400～1100 m 密林湿地	

图 4-119A 使君子（花序、单瓣花）

图 4-119B 使君子（花序、重瓣花）

图 4-119C 使君子（果实）

图 4-119D 使君子（植株）

120、头花银背藤（硬毛白鹤藤、毛藤花）			旋花科 Convolvulaceae
拉丁学名	*Argyreia capitiformis* (Poiret) van Ooststroom	英文名称	Capitate Argyreia
分布范围	广东及其沿海岛屿、广西、贵州、云南南部，以及印度、中南半岛、南至马来半岛、印度尼西亚	生境特点	海拔 100～2200 m 沟谷密林、疏林、灌丛中

120、头花银背藤（硬毛白鹤藤、毛藤花）		旋花科 Convolvulaceae
识别特征	攀援灌木。茎、分枝、叶两面、叶柄、花序，及苞片、萼片、花冠外面被褐色或黄色开展的长硬毛。叶卵形至圆形，稀长圆状披针形，长 8～12（～15）cm，宽 6～10.7 cm；先端锐尖或渐尖，基部心形；叶脉于正面下凹。聚伞花序密集成头状；苞片总苞状，椭圆形至狭披针形，锐尖；萼片披针形，卵状长圆形至长圆形；花冠漏斗形，长小 5～5.5 cm，淡红色至紫红色，内面基部着生花丝之间具长毛，冠檐近全缘或浅裂；雄蕊及花柱内藏；雄蕊着生于距花冠基部 8 mm 处，花丝基部扩大，具腺柔毛；子房无毛，卵形，基部具关节，柱头头状，2 裂。果球形，直径 8 mm，橙红色，无毛	
资源利用	花期 9 至翌年 1 月。叶可药用，用于生肌止痛及伤口愈合（广西）。播种繁殖	

图 4-120A 头花银背藤（藤茎）

图 4-120B 头花银背藤（藤茎、叶、花）

图 4-120C 头花银背藤（花序） 牟凤娟 摄

121、美丽银背藤			旋花科 Convolvulaceae
拉丁学名	*Argyreia nervosa*（Burm. f.）Boj.	英文名称	Hawaiian Baby Woodrose, Elephant Creeper, Woolly Morning Glory
生境特点	半山林地或庭园栽培；喜温暖、湿润气候	分布范围	广东及沿海岛屿，印度、孟加拉国、印度尼西亚（爪哇、苏门答腊）、马来西亚等地栽培或野生

171

121、美丽银背藤	旋花科 Convolvulaceae
识别特征	藤本,茎缠绕,高达 10 m。密被白色或黄色绒毛。叶大,卵形至圆形,长 10～30 cm,宽 8～25 cm,或更大;先端钝、锐尖至骤尖,基部深心形,叶面无毛或近无毛,背面密被白色、灰色或黄色丝状绒毛,发亮,三次脉平行;叶柄短于叶片或与叶片等长,被绒毛。聚伞花序密集近头状,总梗长达 20 cm 或更长,被绒毛;花柄短,具棱;苞片大,卵形至长圆形,或椭圆形,具长而狭的尖头,外面被疏柔毛,长 3.5～5 cm,早落;萼片等长或内萼片稍短,2 个外萼片宽椭圆形,钝或锐尖,3 个内萼片宽椭圆形至圆形,钝,外面密被白色绒毛;花冠大,管状漏斗形,长约 6 cm,粉红至紫红色,冠檐浅裂,瓣中带及管部外面除基部外密被丝状棉毛;雄蕊及花柱内藏,花丝基部具疏柔毛;子房无毛,4 室。果球形,具细尖头,径约 2 cm,黄褐色
资源利用	花期 6～9 月。花粉红至紫色,大而美丽,为庭园观赏植物。种子有毒;藤茎可供药用,具有止血、抗炎镇痛、抗菌、抗氧化等生物活性[172, 173]。播种繁殖

图 4-121A 美丽银背藤（植株）

图 4-121B 美丽银背藤（藤茎、叶、花）

图 4-121C 美丽银背藤（花）　　　　宋鼎 摄

122、聚花白鹤藤　　　　　　　　　　　　　　　　　　　　　　旋花科 Convolvulaceae

拉丁学名	*Argyreia osyrensis*（Roth）Choisy	英文名称	Thyrsiferous Argyreia
生境特点	海拔约 30 m 林下或灌丛中	分布范围	海南，以及印度、斯里兰卡、中南半岛、南至印度尼西亚（北苏门答腊）
识别特征	缠绕灌木。茎密被白色或带灰色或淡褐色绒毛。叶卵形或宽卵形至近圆形，长 4～12 cm，宽 4～10 cm；先端近锐尖，或钝，基部心形，叶面疏被具瘤状基部的俯伏长柔毛（或无毛），背面密被灰白色绒毛至短棉毛；叶柄被绒毛，具沟。头状花序密被绒毛，花无柄或近无柄；苞片宽倒卵形至匙形或圆形，顶端钝或截形，外面被绒毛，内面无毛，近宿存；萼片外面被绒毛，内面无毛；花冠管状钟形，粉红色，冠檐深 5 裂，裂片狭卵形，微缺，瓣中带被毛；雄蕊及花柱伸出；花丝基部扩大，被毛；子房无毛。果球形，直径约 6～8 mm，红色，包以增大凹形内面红色的萼片		
资源利用	花期 8 月，果期 12 月。适应能力较强，可用于山地垦荒用。根、叶可供药用。播种繁殖		
其他变种	灰毛白鹤藤（红心果、猪叶菜、合苞叶）（*A. osyrensis* var. *cinerea* Hand.-Mazz）　叶面密被瘤状基部的俯伏长柔毛，背面密被极密而蜷曲的灰柔毛，叶较大。花期 11 月。产云南南部、广西西南部；生海拔 200～1600 m 疏林或灌丛中		

图 4-122A 聚花白鹤藤（植株）

图 4-122B 聚花白鹤藤（花序） 　　　　图 4-122C 聚花白鹤藤（藤茎、叶、花）　　牟凤娟　摄

123、大叶银背藤（小团叶、羊角藤、猴子烟袋花）			旋花科 Convolvulaceae
拉丁学名	*Argyreia wallichii* Choisy	英文名称	Grandifoliate Creeper，Wallich's Argyreia
生境特点	海拔 70～1500 m 混交林、灌丛中	分布范围	云南、广西西南部、四川西南部，以及印度（东北部）、缅甸、泰国北部（清迈）
识别特征	木质藤本。幼枝密被绒毛，老枝被短绒毛。叶大，卵形或多为宽心形，先端锐尖，基部心形；叶面无毛或散生伏毛，多皱纹，背面密被淡黄褐色绒毛；叶柄被短绒毛。花序腋生，多花密集成头状，直径达 2.5～7 cm；总花梗极短；苞片大，外面的长达 2.5 cm 或更大，卵状长圆形，宿存，外面被淡黄褐色至灰白色绒毛，内面的很小，通常具脉；萼片椭圆状长圆形，外面被淡黄色长柔毛；花冠管状漏斗形，长 4～5 cm，白色或粉红色，稀紫色，瓣中带外面被白色长柔毛，冠檐近全缘或浅裂；雄蕊及花柱内藏；花丝着生于距花冠基部 9 mm 处，长 22 mm，基部扩大，密被长柔毛；子房无毛，花柱长 30 mm，柱头 2 头状。果圆球形，直径 8～9 mm，红色		
资源利用	花期 9～10 月，果期 11 月至翌年 3 月。特别适应于石灰岩山地，可覆盖于山石表面进行美化。根可药用，治疗乳腺炎。播种繁殖		

图 4-123A 大叶银背藤（藤茎、花序）

图 4-123B 大叶银背藤（藤茎、果实） 牟凤娟 摄

图 4-123C 大叶银背藤（藤茎、果实） 朱鑫鑫 摄

同属近缘种类：

中文名称	拉丁学名	分布范围	生境特点
白鹤藤、白背藤、银背叶、绸缎藤	*A. acuta*	产广东、广西，及印度东部、老挝、越南	生疏林下，或路边灌丛，河边

中文名称	拉丁学名	分布范围	生境特点
保山银背藤	A. baoshanensis	产云南西部（保山）	生海拔约 1000 m 干热河谷、草坡、荒地
车里银背藤	A. cheliensis	产云南南部（景洪）	生海拔约 900 m 灌丛中
毛头银背藤	A. eriocephala	产云南南部	生海拔约 1300 m 林中或灌丛草地
台湾	A. formosana	产台湾南部	
黄伞白鹤藤	A. fulvo-cymosa var. fulvo-cymosa	产云南南部、广西西南部	生海拔 70～1000 m 草坡或竹林下
少花黄伞白鹤藤	A. fulvo-cymosa var. pauciflora	产云南西双版纳（勐腊易武）	生海拔约 1000 m 林中
黄背藤	A. fulvo-villosa	产云南南部（西双版纳）	生海拔 900～1000 m 杂木林中及沟边
长叶银背藤	A. henryi var. henryi	产云南南部（西双版纳、勐连），及泰国（清迈）	生海拔 1000 m 沟谷疏林中
金背长叶藤	A. henryi var. hypochrysa	产云南南部（勐腊）	生海拔 600～900 m 灌丛或林缘
线叶银背藤	A. lineariloba	产云南中部（楚雄）	生海拔约 1300 m 草坡
麻栗坡银背藤	A. marlipoensis	产云南东南部（麻栗坡）	生海拔 1100 m 石灰山杂木林内
叶苞银背藤	A. mastersii	产云南南部及西南部，及尼泊尔、印度	生海拔 700～1300（～1800）m 疏林或灌丛中
思茅银背藤	A. maymyo	产云南（普洱），及缅甸北部	生海拔 1500～1800 m 山地林下
银背藤	A. mollis	产海南，及印度（安达曼群岛）、中南半岛、马来西亚、印度尼西亚	生海拔 300～1800 m 山谷密林
勐腊银背藤	A. monglaensis	产云南南部（西双版纳）	生沟边、路旁
单籽银背藤、山牵牛	A. monosperma	产云南南部及东南部（屏边、勐海）	生海拔 1000～1500 m 沟谷林或疏林中
银背藤、一匹绸、白背绸缎	A. obtusifolia	产海南、广东（沿海岛屿），及越南、老挝、柬埔寨、泰国北部至缅甸中南部及马来半岛	生海拔 200～1800 m 沟谷密林中
东京银背藤、滇一匹绸、牛白藤	A. pierreana	产云南东南部（西畴、广南、麻栗坡）和广西，及越南北部、老挝	生海拔 600～1400 m 路边灌丛中
叶苞银背藤	A. roxburghii var. ampla	产云南南部、西南部，及尼泊尔和印度	生海拔 700～1300（～1800）m 疏林或灌丛中
亮叶银背藤	A. splendens	产云南西部（沪水）	生海拔 1000～1400 m 杂木林或灌丛中
细毛银背藤	A. strigillosa	产云南西南部至南部	生海拔 1100～1600 m 路边或河边灌丛
黄毛银背藤	A. velutina	产云南南部（勐海、屏边）	生海拔 900～1600 m 灌丛中

124、三列飞蛾藤		旋花科 Convolvulaceae	
拉丁学名	*Dinetus duclouxii* Gagn. et Courch.	英文名称	Ducloux Dinetus
生境特点	海拔 100～1600 m 石灰岩灌丛中	分布范围	四川、湖北西部、云南东南部和中部
识别特征	攀援灌木，茎缠绕。叶宽卵状心形，长 6.4～11.5 cm，宽 4.3～9.6 cm；先端渐尖或骤渐尖，基部深心形；两面无毛，背面苍白色；基出脉 7，侧脉及网脉密生小瘤点；叶柄纤细，具槽；苞叶，极小或逐渐缩小。总状花序或圆锥花序腋生，总梗细，具白色小瘤点；花梗纤细，顶端或近顶端具 2～3 小苞片，基部具苞片；萼片线形，锐尖，近等长，果熟时 3 个极增大，长圆形，先端钝且具小尖头，带紫色，干膜质，具 8～9 条纵贯脉，及具细网脉，两面均明显。花冠狭漏斗形，白色或淡蓝色，先端骤然开展，冠檐浅裂，裂片圆形，顶端微缺，具小短尖头；雄蕊着生于花冠管中下部，3 列，花丝近无；花药长圆状心形，长约 2 mm；子房球状；花柱短，柱头棒状。蒴果球形，紫红色		
资源利用	花期 5～12 月，果期 9～12 月。适应能力强，特别适应石灰岩地区环境；花色多变，攀爬能力较强，可供观赏。播种繁殖		
其他变种	**腺毛飞蛾藤**（乌里矮）[*P. duclouxii* var. *lasia* (Schneid.) Hand.-Mazz] 叶疏被短柔毛，总花梗、花梗及花萼密被近腺状短柔毛或疏柔毛，果萼两面疏被小短柔毛。产云南中部及东南部、四川及湖北西部；生海拔（670～）1300～1800（～2000）m 草坡或灌丛中		

图 4-124A 三列飞蛾藤（花序，淡蓝色）　　牟凤娟 摄 　　图 4-124B 三列飞蛾藤（花序，白色）

图 4-124C 三列飞蛾藤（植株） 　　　　　　　　　　　图 4-124D 三列飞蛾藤（植株）　　　　胡　秀 摄

125、藏飞蛾藤			旋花科 Convolvulaceae
拉丁学名	*Dinetus grandiflorus*（Wallich）Staples	英文名称	Tibet Dinetus
生境特点	海拔 1700～2600 m 山谷林缘	分布范围	西藏南部，以及尼泊尔、不丹、印度（锡金）
识别特征	常绿，缠绕攀援灌木。茎具多条钝圆棱、槽，浅褐色；幼枝密被老枝疏被丝状长柔毛，扭曲。叶卵状深心形，长（8.7～）10.3～12.5（～17.1）cm，宽（5.3～）7.2～9（～13）cm；先端骤尾状尖，基部深心形，叶面疏被背面密被丝状长柔毛，掌状脉基出 5 条；叶柄长具棱和槽，密被丝状长柔毛。总状花序腋生，总花梗密被淡黄褐色丝状长柔毛；萼片卵状披针形，外面密被淡黄褐色丝状长柔毛，内面 2 个稍狭；花冠漏斗状，大型，淡紫红色；雄蕊 5，着生于花冠筒内稍膨大处，筒内基部微被长柔毛。蒴果近球形，果萼中 3 个极增大，2 个较小		
资源利用	花期 6～9 月，果期 7～11 月。花大、色艳，观赏性极高。播种繁殖		

图 4-125A 藏飞蛾藤（藤茎、花）

图 4-125B 藏飞蛾藤（花）

图 4-125C 藏飞蛾藤（藤茎、花序）　　朱鑫鑫　摄

126、飞蛾藤（白花藤、马郎花）		旋花科 Convolvulaceae	
拉丁学名	*Dinetus racemosus* Roxb.	英文名称	Snow Creeper，Dinetus
分布范围	长江以南至陕西、甘肃，以及巴基斯坦、印度、尼泊尔、不丹、中南半岛、菲律宾、印度尼西亚	生境特点	多生于石灰岩山地灌丛
识别特征	攀援灌木，茎缠绕，幼时多少被黄色硬毛，后具小瘤，或无毛。叶卵形，先端渐尖或尾状，具钝或锐尖的尖头，基部深心形；两面极疏被紧贴疏柔毛，背面稍密；掌状脉基出，7～9 条。圆锥花序腋生；萼片相等，线状披针形，通常被柔毛，结果时全部增大，长圆状匙形，钝或先端具短尖头，基部渐狭，具 3 条坚硬纵向脉；花冠漏斗形，长约 1 cm，白色，管部带黄色，无毛，5 裂至中部，裂片开展；雄蕊内藏。蒴果卵形，具小短尖头		
资源利用	花期夏、秋季，果期秋、冬季。全草或根供药用，可解表、解毒、行气活血[174]。播种繁殖		

图 4-126A 飞蛾藤（藤茎、花）

图 4-126B 飞蛾藤（花序）　　图 4-126C 飞蛾藤（藤茎、花）　　牟凤娟 摄

同属近缘种类：

中文名称	拉丁学名	分布范围	生境特点
白藤、白飞蛾藤	*D. decorus*	产云南中部（寻甸、禄劝、嵩明）、四川西南部，及缅甸北部	生海拔 1300～3500 m 河谷、山坡灌丛或林缘
蒙自飞蛾藤	*D. dinetoides*	产云南、四川，及缅甸北部	生海拔 1200～2200 m 草坡或灌丛中

127、锈毛丁公藤（锈毛麻辣仔藤）			旋花科 Convolvulaceae
拉丁学名	*Erycibe expansa* Wallich ex G. Don	英文名称	Rusty-haired Erycibe
生境特点	海拔 1000～1200 m 灌丛中	分布范围	云南（麻栗坡），以及印度、缅甸、泰国、马来西亚
识别特征	攀援灌木，高约 5 m。枝条极密被锈色分枝短柔毛。叶革质，椭圆形，长 6.5～9 cm，宽 3.5～5 cm，顶端骤尖，具长约 8 mm 尖头，疏被锈色分枝短柔毛，或近于无毛，背面密被锈色分枝短柔毛，具乳突，中脉在叶面微下陷，背面突起，叶面稍明显，背面突起，网脉几不明显；叶柄极密被锈色分枝柔毛，长 5～7 mm。花序总状圆锥状，长达 16 cm，密被锈色分枝短柔毛，序轴多少具棱；花梗近于无或很短。幼果圆球形，无毛，鲜时绿色，干时黑色；宿存萼片圆肾形，被黄色短绒毛，宽约 3 mm		
资源利用	花期 3 月，果期 11 月。野外较少见。播种繁殖		

图 4-127A 锈毛丁公藤（花序轴）周联选 摄

图 4-127B 锈毛丁公藤（花序）

图 4-127C 锈毛丁公藤（植株） 朱鑫鑫 摄

同属近缘种类：

中文名称	拉丁学名	分布范围	生境特点
九来龙、凹脉丁公藤	E. elliptilimba	产广东和海南，及中南半岛	生海拔 600 m 以下低山路旁、溪畔或海边疏林，常攀援于大树上
毛叶丁公藤、海南麻辣子藤	E. hainanensis	产广西（东兴、钦州）、广东和海南，及越南北部	生海拔 200～1100 m 林中，攀援于大树上
台湾丁公藤	E. henryi	产台湾，及琉球群岛	生海拔 300 m 以下灌丛、次生林
多花丁公藤	E. myriantha	产广东（阳江）、海南	生海拔 400～600 m 林内、灌丛
丁公藤、麻辣仔藤	E. obtusifolia	产广东中部和东南部、广西和海南，及越南	生海拔 100～1200 m 山谷湿润密林中或路旁灌丛
疏花丁公藤	E. oligantha	产海南	生海拔 400～500 m 山谷密林下，攀援在乔木上
光叶丁公藤、丁公藤	E. schmidtii	产云南南部，及印度东北部、泰国和越南	生海拔 300～1200 m 山谷密林或疏林中，攀生于乔木上
瑶山丁公藤	E. sinii	产广西	
锥序丁公藤	E. subspicata	产云南南部和东南部、广西南部（龙州），及印度东北部、中南半岛	生海拔 300～1300 m 沟谷密林、灌丛

128、五爪金龙（五爪龙、牵牛藤、黑牵牛、假土瓜藤）			旋花科 Convolvulaceae
拉丁学名	*Ipomoea cairica*（Linn.）Sweet	英文名称	Messina Creeper, Mile-a-minute Vine, Cairo Morning Glory, Coast Morning Glory
生境特点	喜温暖、湿润气候，喜阳光	分布范围	原产热带亚洲和非洲；现已广泛栽培或归化于热带地区
识别特征	常绿，多年生缠绕藤本，老时根上具块根。茎细长，有细棱，有时有小疣状突起。叶掌状5深裂或全裂，基部1对裂片通常再2裂；叶柄基部具小的掌状5裂假托叶（腋生短枝的叶片）。聚伞花序腋生，1~3花，或偶有3朵以上；苞片及小苞片均小，鳞片状，早落；花冠紫红色、紫色或淡红色，偶有白色，漏斗；雄蕊不等长，花丝基部稍扩大下延贴生于花冠管基部以上，被毛；子房无毛，花柱纤细，长于雄蕊，柱头2球形。蒴果近球形，4瓣裂；种子黑色，边缘被褐色柔毛		
资源利用	种子量大，发芽率高，繁殖容易，生长迅猛；匍匐茎节处可长出不定根，生长迅速，攀爬和缠绕能力较强，需要有效控制其生长，否则易通过攀爬树冠形成盖幕作用对其他植物造成危害；可能通过释放化感物质影响了新生境植物种的细胞膜透性及叶绿素含量，从而抑制了伴生种的生长及光合作用。喇叭状花朵紫色，具观赏性。块根、叶、果实可供药用，块根外用清热解毒；具有杀虫作用[175]。扦插、播种繁殖		
其他变种	纤细五爪金龙[*I. cairica* var. *gracillima*（Coll. et Hemsl.）C. Y. Wu] 茎较纤细，叶较小而裂片较狭，中裂片长2.5~3.3 cm，宽0.5~1 cm，花较小，长2.5~3.5 cm。产云南西北部（德钦、丽江、大姚），及缅甸；生海拔1700~2000 m砾石草坡或山坡向阳处		

图4-128A 五爪金龙（藤茎、叶、花）　　图4-128B 五爪金龙（植株）　　牟凤娟 摄

129、王妃藤			旋花科 Convolvulaceae
拉丁学名	*Ipomoea horsfalliae* Hook. f.	英文名称	Lady Doorly's Morning-glory
生境特点	喜温暖、潮湿、光照	分布范围	原产巴西及加勒比地区、西印度群岛
识别特征	常绿，大型木质藤本。茎深褐色。叶互生，革质；掌状深裂，裂片3~5枚，其中下叶片最大，长椭圆形到披针形。花腋生；花冠喇叭状，先端5裂，紫红色或桃红色		
资源利用	花期春至秋季，果期秋、冬季。花姿优雅，颜色艳丽，花期长；用于小型花架、棚架、篱垣种植观赏。播种、扦插繁殖		

图 4-129A 王妃藤（植株）

图 4-129B 王妃藤（花）

图 4-129C 王妃藤（植株）

朱鑫鑫 摄

130、厚藤（马鞍藤）			旋花科 Convolvulaceae
拉丁学名	*Ipomoea pes-caprae*（Linn.）Sweet	英文名称	Bayhops, Beach Morning Glory, Goat's Foot
生境特点	喜高温、干燥、阳光充足环境，耐盐、耐旱，抗风	分布范围	浙江、广西、福建、台湾、广东、海南各地及邻近岛屿，广布热带沿海地区
识别特征	常绿，多年。茎平卧，有时可缠绕，具气生根。叶肉质，干后厚纸质，长 3.5～9 cm，宽 3～10 cm；顶端微缺或 2 裂（似马鞍形），裂片圆，裂缺浅或深，有时具小凸尖，基部阔楔形、截平至浅心形；在背面近基部中脉两侧各有 1 枚腺体，多歧聚伞花序，腋生，有时仅 1 朵发育；花序梗粗壮；萼片厚纸质，卵形，顶端圆形，具小凸尖；花冠紫色或深红色，漏斗状；雄蕊和花柱内藏。蒴果球形，果皮革质，4 瓣裂；种子三棱状圆形，密被褐色茸毛		
资源利用	花期几乎全年，尤以夏、秋季最甚。植株生长速度快，遇支物可向上缠绕攀援，无时茎上生长的不定根可有助于其向四周蔓延；匍匐茎极长，根系发达，入土深，耐海水冲刷能力，耐盐碱性强，具有良好的定沙功用，是沙砾不毛之地防风定沙第一线植物，可改变沙地微环境以利其他植物生长，可作海滩固沙或覆盖植物和护坡植物。叶片光亮，叶形奇特形如马鞍；花色艳丽，紫色或紫红色，有较高的景观价值，是优良的海滩地被观赏植物。全株可入药，具有祛风除湿、拔毒消肿、消痈、散结等功效。嫩茎叶可炒食，也可做猪饲料 [176, 177]。扦插、播种、组织培养繁殖 [178]		

181

图 4-130A 厚藤（花）　　　　　朱鑫鑫 摄　　图 4-130B 厚藤（果实）　　　　　徐晔春 摄

图 4-130C 厚藤（植株）　　　　朱鑫鑫 摄　　图 4-130D 厚藤（植株、花）　　牟凤娟 摄

同属近缘种类：

中文名称	拉丁学名	分布范围	生境特点
夜花薯藤	*I. aculeata* var. *mollissima*	产海南，及马来西亚和印度尼西亚	生海拔 150～1200 m 林内，少见
毛茎薯、崖县牵牛	*I. marginata*	产台湾、海南，及亚洲热带地区和澳大利亚北部	生海滨灌木丛或荒地，少见
白大花千斤藤	*I. soluta* var. *alba*	产云南（耿马）	生缓坡干燥灌丛中
海南薯、野番薯、锥花薯	*I. sumatrana*	产海南、广西东南、云南南部，及马达加斯加、印度和老挝	生海拔 100～900 m 灌丛
管花薯、长管牵牛	*I. violacea*	产台湾、广东（徐闻、西沙群岛）海南，及美洲热带地区、非洲东部和亚洲东南部	生海滩或沿海的台地灌丛中，少见

131、金钟藤(多花山猪菜、假白薯)　　　　　　　　　　　　　　　　旋花科 Convolvulaceae

拉丁学名	*Merremia boisiana* (Gagn.) Oostetr.	英文名称	Bois' Merremia
生境特点	喜阳、潮湿、高温	分布范围	海南、广西西南、云南东南部,以及越南、老挝、印度尼西亚
识别特征	常绿,大型缠绕草本或亚灌木。茎和小枝近于光滑,无毛,具不明显细棱；幼枝中空。小枝及花序梗常带灰白色。叶近于圆形,偶为卵形,长9.5～15.5 cm,宽7～14 cm；顶端渐尖或骤尖,基部心形,全缘,近于无毛。伞房状或复伞房状聚伞花序,腋生；总花序梗、花序梗及花梗均被锈黄色短柔毛；外萼片宽卵形,外面被锈黄色短柔毛,内萼片近圆形,无毛,顶端钝；花冠黄色,宽漏斗状或钟状,中部以上于瓣中带密被锈黄色绢毛,冠檐浅圆裂；雄蕊内藏,花药稍扭曲,花冠内面基部自花丝着生点向下延成两纵列的乳突状毛。蒴果圆锥状球形,4瓣裂,外面褐色,无毛,内面银白色；种子三棱状宽卵形,沿棱密被褐色糠秕状毛		
资源利用	花期5～7月,果期11月至翌年春。含酚类化合物的化感物质,能够抑制其周围其他植物的生长,严重时可其导致死亡[179]；根具有极强的生命力和萌芽力,可萌生许多不定根,藤茎也可落地生根,因而能迅速蔓延扩散,连片生长,失控时易成为入侵物种；生长速度非常快,生命力极强,适合公路、坡地做地被植物,也可用于立体绿化。扦插、播种繁殖		
其他变种	黄毛金钟藤 [*M. boisiana* var. *fulvopilosa* (Gagn.) Oostetr.] 叶背、小枝、叶柄、花梗、总花梗均被灰黄色绒毛,叶背面毛被成熟时也不脱落；总花梗较短,花较大,萼片宽卵形,顶端锐尖成一小短尖头,花冠长达3.2 cm。产广西南部、云南东南部,及越南；生海拔450～1300 m热带雨林林缘、山谷荫处、河谷低丘或向阳疏林		

图4-131A 金钟藤(花序)　　　　　　　　　图4-131B 金钟藤(藤茎、花)　　　　牟凤娟 摄

132、木玫瑰(姬旋花、块茎鱼黄草)　　　　　　　　　　　　　　旋花科 Convolvulaceae

拉丁学名	*Merremia tuberosa* (L.) Rendle	英文名称	Hawaiian Wood Rose, Wood Rose
生境特点	喜高温、喜阳,耐热、耐脊,不耐寒	分布范围	原产热带美洲墨西哥；于太平洋和印度洋诸岛泛滥成为入侵物种
识别特征	常绿,蔓性藤本,多年生茎下部常木质化。茎无毛。叶纸质,互生,掌状深裂,裂片7,阔披针形,中央裂片较大,顶端渐尖,全缘,两面无毛；叶柄无毛。聚伞花序腋生,具花数朵,有时仅一朵；萼片不等大；花冠黄色,钟形；雄蕊内藏。蒴果近球形,不规则开裂；种子黑色,被短绒毛		

132、木玫瑰（姬旋花、块茎鱼黄草） 旋花科 Convolvulaceae

资源利用	花期秋季，果期冬季。适应能力强，花色艳丽，花期长，蒴果褐色果实，宿存萼裂片裂开而形似木质玫瑰，可作干切花材料；适宜热带地区篱墙、屋顶、棚架等地方的立体绿化；也是荒山、公路边坡等处生态恢复覆盖的优良地被植物[180]。播种繁殖

图 4-132A 木玫瑰（叶、花） 徐晔春 摄
图 4-132B 木玫瑰（藤茎、果实）
图 4-132C 木玫瑰（果实） 牟凤娟 摄

133、掌叶鱼黄草（毛五爪龙、毛牵牛、假番薯、红藤） 旋花科 Convolvulaceae

拉丁学名	*Merremia vitifolia*（N. L. Burman）H. Hallier	英文名称	Vitis-leaf Merremia
分布范围	广东、广西、海南、云南，以及印度、斯里兰卡、尼泊尔、缅甸、泰国、老挝、越南、马来西亚、印度尼西亚	生境特点	海拔（100～）400～1600 m 路旁、灌丛或林中
识别特征	缠绕或平卧藤本。茎带紫色，圆柱形，老时具条纹，被疏或密的平展的黄白色微硬毛，有时无毛。叶片轮廓近圆形，基部心形，通常掌状5裂，有时3裂或7裂，裂片宽三角形或卵状披针形，两面被平伏的长黄白色微硬毛。聚伞花序腋生，有1～3朵至数朵花，花序比叶长或与叶近等长，花序梗、花梗、外萼片被黄白色开展的微硬毛；苞片小，钻形；花梗顶端增粗；萼片长圆形至卵状长圆形，顶端钝圆，具小短尖头，内萼片稍长，萼片至结果时显著增大，近革质，内面灰白色，有很多窝点；花冠黄色，漏斗状，长2.5～5.5 cm，冠檐具5钝裂片，瓣中有5条显著的脉；雄蕊短于萼片，花药螺旋扭曲；子房无毛。蒴果近球形，干后4瓣裂		
资源利用	花期较长。与金钟藤相比较，此种植物为非灾变植物[179]；可作地被观赏植物。可药用。播种繁殖		

图 4-133A 掌叶鱼黄草（花序）

图 4-133B 掌叶鱼黄草（花）

图 4-133C 掌叶鱼黄草（藤茎、花）　　　牟凤娟　摄

同属近缘种类：

中文名称	拉丁学名	分布范围	生境特点
山土瓜、野土瓜藤、滇土瓜	M. hungaiensis var. hungaiensis	产四川、贵州和云南	生海拔 1200～3200 m 草坡、山坡灌丛或松林下
线叶山土瓜	M. hungaiensis var. linifolia	产四川西部和西南部、云南中部至东南部	生海拔 1200～2600 m 路边或灌丛
红花姬旋花	M. similis	产台湾（恒春半岛），及菲律宾	
近无毛蓝花土瓜	M. yunnanensis var. glabrescens	产云南（宾川、丽江）	生海拔 1800～2300 m 山坡灌丛
红花土瓜	M. yunnanensis var. pallescens	产云南（丽江）、四川（木里）	生海拔 1800～2600 m 山坡疏林或路边灌丛
蓝花土瓜、山萝卜	M. yunnanensis var. yunnanensis	产云南北部、西北部和西部，四川西部和西南部	生海拔 1400～3000 m 山坡草丛、灌丛或草坡松林下

134、白花叶 　　　　　　　　　　　　　　　　　　　　旋花科 Convolvulaceae

拉丁学名	*Poranopsis sinensis*（Handel-Mazzetti） Staples	英文名称	Chinese Poranopsis
生境特点	海拔 380～1000（～2000）m 河谷灌丛、干旱山坡石缝中	分布范围	云南中部及南部（昆明、禄劝、蒙自、绿春），以及泰国北部
识别特征	木质，缠绕藤本。茎细长，圆柱形，被褐色绒毛。叶宽卵形，先端长渐尖，基部心形，长 6.3～9.5 cm，宽 3.6～7.8 cm；全缘，掌状脉 5～7 条，在叶面明显下陷，在背面突起；叶面疏被褐色短柔毛，背面密被褐色绒毛；叶柄通常下弯；苞片小，披针形或线形。总状花序或圆锥花序，花梗细，小苞片 3，钻形；萼片近分离，外面被褐色绒毛，3 个外萼片卵形，较短的 2 个内萼片披针形；花冠宽漏斗形，白色，冠檐浅 5 裂，外面被短柔毛；雄蕊内藏，着生花冠管近基部，花丝基部具长柔毛，花药心状椭圆形，白色；花盘环状；子房卵形，无毛或上部具短柔毛；花柱粗，柱头 2，球状；果时外萼片增大，卵状圆形，基部心形，内面边缘 1 半连合，膜质，无毛，具浅蓝紫色的脉及密的网脉。蒴果倒卵形，果皮膜质，具纵向脉，不开裂；种子 1 枚，大，球形，褐色，具淡白色乳突		
资源利用	花 10～12 月，果期 1～2 月。播种繁殖		

图 4-134A 白花叶（花序）　　　　　　　　图 4-134B 白花叶（藤茎、花）　　　　　　牟凤娟 摄

同属近缘种类：

中文名称	拉丁学名	分布范围	生境特点
搭棚藤	P. discifera	产云南中部、南部	生海拔 300～1800 m 石灰山地灌丛、路边或疏林中
圆锥白花叶	P. paniculata	产云南西南部（盈江），及印度北部至缅甸北部、斯里兰卡、马来西亚	生海拔 2000 m 以下路边灌丛中

135、大果三翅藤（大果飞蛾藤、异萼飞蛾藤） 　　　　　　旋花科 Convolvulaceae

拉丁学名	*Tridynamia sinensis*（Hemsl.） Staples	英文名称	Chinese Tridynamia
分布范围	广东、广西、湖南、湖北、四川、贵州、云南、甘肃南部，以及缅甸东部、泰国北部	生境特点	海拔 700～2500 m 石灰岩山上

135、大果三翅藤（大果飞蛾藤、异萼飞蛾藤） 旋花科 Convolvulaceae

识别特征	木质藤本。幼枝被短柔毛，老枝暗褐色，近无毛。叶纸质，宽卵形，长（4.4～）8.5～13.2 cm，宽（1.9～）6.1～10 cm；先端锐尖或骤尖，基部心形；叶面疏被背面密被污黄色或锈色短柔毛，掌状脉基出5条；叶柄腹面具槽，稍扁。总状花序腋生，二三朵；花柄较花密被污黄色绒毛；萼片被污黄色绒毛，极不相等，外面2个较大，长圆形，钝，内面3个较短，卵状，渐尖；花冠宽漏斗形，淡蓝色或紫色，冠檐浅裂，外面被短柔毛；雄蕊近等长，较花冠短；子房中部以上被疏长柔毛，柱头头状，2浅裂。蒴果球形，成熟时两个外萼片极增大，长圆形，长6.5～7 cm，宽1.2～1.5 cm，先端圆形，基部稍缢缩，两面疏被短柔毛，具5条明显平行纵贯的脉，3个较小的内萼片近等长，几不增大，先端近锐尖，被短疏柔毛，微具小齿
资源利用	花期8月，果期10～12月。可药用，作为药材"丁公藤"的替代品，具有祛风除湿、肿止痛的功效[181]。播种繁殖
其他变种	近无毛三翅藤［T. sinensis var. delavayi (Gagnep. et Courchet) Staples］植物体光滑或近无毛。花期4～10月，果期6～12月。产甘肃、广西、贵州、湖北、湖南、陕西、四川和云南；常生400～2200 m石灰山地
其他种类	大花三翅藤［T. megalantha (Merrill) Staples］花、果期可全年。产广东、广西、海南和云南，及印度（东北部）、缅甸、越南、老挝、泰国、马来半岛；生海拔900 m以下沟谷、山坡

图 4-135A 大果三翅藤（藤茎、花序）
图 4-135B 大果三翅藤（藤茎、花） 
图 4-135C 大果三翅藤（植株） 牟凤娟 摄

136、锡叶藤			五桠果科 Dilleniaceae
拉丁学名	*Tetracera sarmentosa*（Linnaeus）Vahl	英文名称	Sandpaper Vine
生境特点	荫湿沟谷或山坡林下或灌木丛中；喜高温、高湿环境，喜阳，耐旱，不耐寒[182]	分布范围	广东、广西、海南和云南，以及印度、斯里兰卡、缅甸、泰国、马来西亚和印度尼西亚
识别特征	常绿，木质藤本，长达20 m或更长。多分枝，枝条粗糙，幼嫩时被毛，老枝秃净。叶革质，极粗糙，矩圆形，长4～12 cm，宽2～5 cm；先端钝或圆，有时略尖，基部阔楔形或近圆形，常不等侧；上下两面初时有刚毛，不久脱落，留下刚毛基部矽化小突起；侧脉在下面显著地突起；叶柄粗糙，有毛。圆锥花序顶生，长6～25 cm，被贴生柔毛，花序轴常为"之"字形屈曲，花多数；苞片1个，线状披针形，被柔毛；小苞片线形；萼片5个，离生，宿存，广卵形，大小不相等，边缘有睫毛；花瓣通常3枚，白色，卵圆形，约与萼片等长；雄蕊多数。果实成熟时黄红色，干后果皮薄革质，稍发亮，具残存花柱；种子黑色，基部有黄色流苏状的假种皮			
资源利用	花期4～5月，果期秋季。枝叶茂密，叶片光亮，是大型棚架、栅栏、绿廊、山石、岩石边坡、大树树干的优良立体垂直绿化材料[183]。全株可药用，有收敛止泻、固精、消肿止痛等功能[184, 185]。叶粗糙，可摩擦锡器，使之光亮。播种繁殖			

图4-136A 锡叶藤（藤茎、叶）

图4-136B 锡叶藤（藤茎、花序）

图4-136C 锡叶藤（果实） 朱鑫鑫 摄

同属近缘种类：

中文名称	拉丁学名	分布范围	生境特点
毛果锡叶藤	*T. scandens*	产云南，及印度、缅甸、泰国、越南、马来西亚、菲律宾和印度尼西亚	
勐腊锡叶藤	*T. xui*	产云南（勐腊）	生疏林、灌丛[186]

137、攀援纽扣花（束蕊花、蛇藤） 　　　　　　　　　　　　　　　　　　　　　　　　五桠果科 Dilleniaceae

拉丁学名	*Hibbertia scandens* Dryand.	英文名称	Snake Vine, Golden Guinea Flower
生境特点	海边；喜温暖、湿润、光照，耐半阴，耐沙生环境，不耐寒	分布范围	原产澳大利亚（昆士兰、新威尔士）
识别特征	常绿，缠绕木质藤本。藤茎略带红褐色，幼枝被丝状毛。叶椭圆形至卵形，革质，略有光泽，全缘或近顶端具浅锯齿，叶背有白色丝状毛。花单生枝顶，黄色		
资源利用	花期春季至秋季，春夏最盛。生长茂盛、耐修剪，花期长，花色艳丽，适合花架、围栏及墙垣的垂直绿化。播种、扦插繁殖		

图4-137A 攀援纽扣花（花）　　　　　　　　　　　　　　图4-137B 攀援纽扣花（藤茎、叶、花）　　　朱鑫鑫 摄

138、龟甲龙（象脚薯蓣、蔓龟草） 　　　　　　　　　　　　　　　　　　　　　　　　薯蓣科 Dioscoreaceae

拉丁学名	*Dioscorea elephantipes*（L'Her.）Engl.	英文名称	Turtle Back, Elephant's Foot, Hottentots' Bread
生境特点	喜凉爽、干燥，阳光充足环境	分布范围	原产非洲南部干旱地区
识别特征	落叶，枝蔓缠绕。茎基部膨大，半圆形；块茎浅褐色，幼苗时呈球形；成株后表皮有很厚的、龟裂成六角状的瘤块或近似六角状的木栓质树皮，瘤块上有许多同心的多边形皱纹，犹如树木的年轮；茎干上簇生细长、缠绕的绿色茎，长1～2 m，蔓性，顺时针方向缠绕生长。叶心形三角状；全缘，具脉5～7条。雌雄异株；雄花单生，或排成总状花序；雌花单生于总状花序，黄绿色；子房下位。蒴果；种子具宽翅		
资源利用	花期夏、秋季。夏眠型，具冬季冷凉季节生长，夏季高温休眠的习性；花朵细小，具糖果淡淡香味；株型独特，茎基部膨大，非常奇特而珍稀，多温室栽培；盆栽植株可用铁丝设立支架，供其蔓生茎攀援。播种（秋季）、组织培养繁殖		
其他种类	**墨西哥龟甲龙**（*D. macrostachya* Benth）　肉质半环形茎干的表面木质化，具龟甲皱纹；叶片呈肾型，叶尖明显较南非龟甲龙长。冬眠型，即"夏型种"，喜温暖、干燥及阳光充足的环境，耐干旱，忌积水，稍耐寒[187]。播种（春季）、扦插、组织培养繁殖[188]		

图 4-138A 龟甲龙（茎）

图 4-138B 龟甲龙（茎、叶、花）

图 4-138C 龟甲龙（花序）　　　　　　牟凤娟　摄

139、星油藤（星油果、南美油藤、印加果、印加花生）			大戟科 Euphorbiaceae
拉丁学名	*Plukenetia volubilis* Linneo	英文名称	Sacha Inchi，Sacha Peanut
生境特点	海拔 80～1700 m 热带雨林；喜温，日照充足，不耐寒	分布范围	原产秘鲁、厄瓜多尔等南美洲安第斯山脉地区
识别特征	常绿，多年生木质藤本。小枝幼时被绒毛，老时脱落无毛。叶互生，叶片卵形或阔心形；顶端渐尖或短尾尖，基部截平或浅心形；叶缘具圆齿或不规则锯齿，有泡状腺体，被灰色绒毛；沿叶脉细毛较密，基出脉 3 条，中脉和侧脉两面突起；叶柄长 3～8 cm，托叶三角形，具灰色绒毛。总状花序腋生或与叶对生，长 5～10 cm，花瓣淡黄白色，雄花花萼裂片 4 枚，雌蕊 4 枚，雄蕊多生于雄蕊柱上，花丝短；子房呈圆形，棱翅 4～5 个，有绒毛；花柱合生成柱状，柱头 4 裂。蒴果由 4～7 个分果爿组成，直径 3～5 cm，花柱宿存，绿色；种子近扁圆形，棕色		
资源利用	初花期 3～6 月，座果期 4～8 月，10 月底至 12 月初果实成熟。具有一定耐旱能力，适宜在光热条件好的石灰岩地区大力发展[189]。种子的含油率为 45%～56%，油脂可以食用；嫩茎叶可作蔬菜[190, 191]。扦插、播种繁殖		

图 4-139A 星油藤（藤茎、叶）　　　　　　　　图 4-139B 星油藤（藤茎、花序）　　　　牟凤娟　摄

图 4-139C 星油藤（果实）　　　　　　　　　　　　　　　　　　　　　　徐晔春　摄

140、灌状买麻藤（倪藤）			买麻藤科 Gnetaceae
拉丁学名	*Gnetum gnemon* L.	英文名称	Gnemon，Melinjo，Belinjo，Kuliat，Padi Oats
生境特点	喜暖湿、阳光，耐阴，抗风	分布范围	原产东南亚、西太平洋诸岛屿
识别特征	常绿，缠绕性、攀援性或上升性木质大藤本，稀直立乔木或灌木。树冠狭窄，分枝成蔓性。叶片革质或膜质，黄绿色，侧脉不明显；先端渐尖或骤尖，基部渐狭成为叶柄。雄花序腋生，每个节有5～8雌花；雌花序类似雄花序，每个节有5～8雌花。种子无梗，黄色到橙黄，熟时红色，椭圆形，具有似天鹅绒的表面		
资源利用	树型优美，可作园艺观赏植物。植株可药用。嫩叶、种子及雌雄球花供鲜食、煮食或烤食。播种繁殖		

图 4-140A 灌状买麻藤（藤茎、叶） 　　　　　　　图 4-140B 灌状买麻藤（花）

图 4-140C 灌状买麻藤（种子） 　　　　　　　图 4-140D 灌状买麻藤（种子）　　　牟凤娟　摄

141、买麻藤			买麻藤科 Gnetaceae
拉丁学名	*Gnetum montanum* Markgr.	英文名称	Jointfir
生境特点	林中，缠绕于树上；喜温暖、湿润气候，耐阴	分布范围	云南南部、广西和广东，以及印度、缅甸、泰国、老挝和越南
识别特征	常绿，缠绕木质大藤本，长达 10 m 以上。小枝圆或扁圆，光滑，稀具细纵皱纹。叶形革质或半革质，大小多变，通常呈矩圆形，稀矩圆状披针形或椭圆形，长 10～25 cm，宽 4～11 cm；先端具短钝尖头，基部圆或宽楔形。雄球花序一二回三出分枝，排列疏松，花穗圆柱形，具 13～17 轮环状总苞，每轮环状总苞内有雄花 25～45，排成两行，雄花基部有密生短毛，假花被稍肥厚成盾形筒，顶端平，成不规则的多角形或扁圆形；雌球花序侧生老枝上，单生或数序丛生，有三四对分枝，每轮环状总苞内有雌花 5～8。种子矩圆状卵圆形或矩圆形，长 1.5～2 cm，径 1～1.2 cm，熟时黄褐色或红褐色，光滑，有时被亮银色鳞斑		
资源利用	花期 6～7 月，种子成熟 8～9 月。全株药用，具有祛风除湿、活血散瘀功效。扦插、压条、播种繁殖		

图 4-141A 买麻藤（藤茎、叶）　　　　　　　　图 4-141B 买麻藤（藤茎、叶）　　　　　　　牟凤娟　摄

142、小叶买麻藤（木花生、大目藤、目仔藤、麻骨风、买子藤）			买麻藤科 Gnetaceae
拉丁学名	*Gnetum parvifolium*（Warb.）C. Y. Cheng ex Chun	英文名称	Small-leaf Jointfir
生境特点	海拔较低的干燥平地或湿润谷地林中；喜温暖、湿润，耐阴	分布范围	福建、广东、广西和湖南，以及老挝和越南
识别特征	常绿，缠绕木质藤本，长 4～12 m。常较细弱；茎枝圆形，皮土棕色或灰褐色，皮孔常较明显；茎结明显膨大呈关节状，节下常有宿存苞片。叶椭圆形、窄长椭圆形或长倒卵形，革质，长 4～10 cm，宽 2.5 cm；先端急尖或渐尖而钝，稀钝圆，基部宽楔形或微圆雄球花序不分枝或一次分枝，分枝三出或成两对，具 5～10 轮环状总苞，每轮总苞内具雄花 40～70，雄花基部有不显著的棕色短毛，假花被略成四棱状盾形，基部细长；雌球花序多生于老枝上，一次三出分枝，花穗细长，每轮总苞内有雌花 5～8，雌花基部有不甚明显的棕色短毛。成熟种子假种皮红色，先端常有小尖头，干后表面常有细纵皱纹，无种柄或近无柄		
资源利用	该种类的最北分布界限为福建（南平），为现知买麻藤属分布的最北界线。缠绕在大树上，攀爬能力较强，较为耐阴。以藤、根、叶入药，可以祛风活血、消肿止痛、化痰止咳[192]。种子可炒食或榨油，供食用或工业润滑油[193, 194]；茎皮纤维可作编制绳索的原料。播种、扦插、压条繁殖		

图4-142A 小叶买麻藤（藤茎、花）　　周联选 摄　图4-142B 小叶买麻藤（叶、种子）　　徐晔春 摄

同属近缘种类：

中文名称	拉丁学名	习性	分布范围	生境特点
球子买麻藤	G. catasphaericum	常绿	产广西南部（上思）、云南	生林下
闭苞买麻藤	G. cleistostachynm	常绿	产云南南部（河口）	生海拔 200～500 m 山腰、山坡阴湿树林中
巨子买麻藤	G. giganteum	常绿	产广西	生林下
细柄买麻藤	G. gracilipes	常绿	产广西（十万大山）	生林下
海南买麻藤	G. hainanense	常绿	产福建南部、贵州、云南东南部（富宁）、广西、广东和海南	生海拔 100～900 m 林下
罗浮买麻藤	G. luofuense	常绿	产福建、广东、江西南部	生海拔约 500 m 林下
小叶买麻藤	G. parvifolium	常绿	产湖南、江西、福建、广东、广西、贵州和海南，及老挝和越南	生海拔 100～1000 m 林下
垂子买麻藤	G. pendulum	常绿	产西藏东南部（墨脱）、云南南部（腾冲）、广西西南部（龙州）、贵州东南部（望漠和安龙）	生海拔 200～2100 m 山坡、山谷林下

143、宽药青藤（大青藤、保龙师）　　　　　　　　　　　　　　　莲叶桐科 Hernandiaceae

拉丁学名	*Illigera celebica* Miq.	英文名称	Broad-anthered Illigera
生境特点	疏林或密林中	分布范围	云南、广西和广东，以及越南、泰国、柬埔寨、菲律宾、印度尼西亚和马来西亚
识别特征	常绿，藤本。茎具沟棱。掌状 3 小叶，叶柄具条纹；小叶卵形至卵状椭圆形，长 6～15 cm，宽 3.5～7 cm；纸质至近革质，两面光滑无毛，先端突然渐尖，基部圆形至近心形，网脉两面显著；叶柄具条纹。圆锥花序腋生，较疏松，长约 20 cm，花绿白色；花萼管顶端缢缩，萼片 5，椭圆状长圆形，被柔毛，具透明腺点；雄蕊 5，花丝在花芽内围绕花药卷曲，长过花瓣 2 倍以上，花丝下部扁，被短柔毛，附属物卵球形；花柱被柔毛，柱头波状扩大成鸡冠状；花盘上的 5 枚腺体圆球形。果具 4 翅，不等大，直径 3～4.5 cm，小翅长 0.5～1 cm，大翅 1.5～2.3 cm		
资源利用	花期 4～10 月，果期 6～11 月。播种繁殖		

图 4-143A 宽药青藤（藤茎）

图 4-143B 宽药青藤（叶）　　宋鼎 摄

图 4-143C 宽药青藤（花）　　徐晔春 摄

144、心叶青藤（牛尾参、翼果藤、黄鳝藤）			莲叶桐科 Hernandiaceae
拉丁学名	*Illigera cordata* Dunn	英文名称	Cordate-leaf Illigera
生境特点	海拔（600～）1000～1900 m 山坡密林灌丛中	分布范围	云南、四川、贵州和广西
识别特征	藤本。茎具纵向条纹，初被短柔毛，后无毛。叶指状3枚小叶；叶柄长4～12 cm，初时稍被短柔毛。小叶纸质，卵形、椭圆形至长圆状椭圆形，长8～12 cm，宽4～8 cm；先端短渐尖，基部心形，两侧不对称；全缘，上面沿脉被柔毛，下面疏被毛或无毛；小叶柄被淡黄色柔毛。聚伞花序较紧密地排列成近伞房状，腋生；花序轴被淡黄色柔毛；小苞片长圆形。花黄色；花萼管密被短柔毛，萼片5，长圆形，外面无毛，内面被柔毛；花瓣与萼片同形，近等长，雄蕊5，花丝被短柔毛，附属物棒状；子房下位；花柱被硬毛，柱头扩大成波状的鸡冠状；花盘上有腺体5，小而3裂。果4翅，径3～4.5 cm，2大2小，较大的长1.8～2.5 cm，具条纹，厚纸质		
资源利用	花期5～6月，果期8～9月。根、茎药用，有驱风祛湿、散痕止痛之效[195]。播种、扦插繁殖		
其他变种	多毛青藤（葛根）[*I. cordata* var. *mollissima* (W. W. Sm.) Kubitzki] 小叶密被柔毛，尤其在下面密被毡状短柔毛；果较小而被极疏的短柔毛。产云南北部；生海拔1100 m山谷密林或灌丛中		

145、小花青藤（黑九牛、鹰爪、九牛藤、翅果藤）   莲叶桐科 Hernandiaceae

拉丁学名	*Illigera parviflora* Dunn	英文名称	Parviflorous Illigera
生境特点	海拔（350～）500～1400 m 山地密林、疏林或灌丛中	分布范围	云南、贵州、广西、广东和福建，以及越南和马来西亚
识别特征	常绿，缠绕木质藤本。茎具沟棱；幼枝被微柔毛。指状复叶具 3 小叶，小叶纸质，椭圆状披针形至椭圆形，长 7～14 cm，宽 3～7 cm；先端渐尖至长渐尖，基部阔楔形，两侧的偏斜。聚伞状圆锥花序腋生，长 10～20 cm，密被灰褐色微柔毛；花绿白色，花萼管顶端缢缩，密被灰褐色微柔毛，萼片 5 枚，绿色，椭圆状长圆形，稍被毛；花瓣与萼片同，白色，外面被灰色柔毛；花丝被微柔毛；附属物 10，具柄；花盘上腺体 3 裂。果具 4 翅，不等大，径 7～9 cm		
资源利用	花期 5～10 月，果期 11～12 月。根药用，具有祛风散瘀、消肿止痛的功效。播种繁殖		

图 4-144 多毛青藤（果实）   朱鑫鑫 摄    图 4-145 小花青藤（果实）   周联选 摄

146、红花青藤（毛青藤、三姐妹藤）   莲叶桐科 Hernandiaceae

拉丁学名	*Illigera rhodantha* Hance	英文名称	Red-flowered Illigera
生境特点	山谷密林或疏林灌丛中	分布范围	广东、广西、云南和海南
识别特征	常绿，攀援藤本。茎具沟棱；幼枝、叶柄、花序密被金黄褐色绒毛。掌状三小叶，小叶纸质，卵形至倒卵状椭圆形或卵状椭圆形，长 6～11 cm，宽 3～7 cm，先端钝，基部圆形或近心形，全缘，上面中脉被短柔毛，下面中脉稍被毛或无毛，侧脉两面显著。圆锥花序腋生，狭长；萼片紫红色，长圆形，外面被短柔毛；花瓣玫瑰红色；雄蕊 5 被毛；附属物花瓣状，膜质，先端齿状，背部张口状，具柄；花盘有小腺体 5 枚。果具 4 翅，翅较大的呈舌形或近圆形		
资源利用	花期（6～）9～11 月，果期 12 月至次年 4～5 月。花期较长，花紫红色，艳丽多姿，果型特别；适宜篱墙、栅栏及小型棚架。全株（三叶青藤）可药用，具有祛风止痛、散瘀消肿的功效，是生产风湿药酒的主要原料药材，临床抗风湿疗效明确[196]。播种繁殖		

146、红花青藤（毛青藤、三姐妹藤）   莲叶桐科 Hernandiaceae

其他变种	绣毛青藤 [*I. rhodantha* var. *dunniana* (Levl.) Kubitzki] 枝被黄褐色长柔毛，叶柄、小叶柄及小叶两面被黄色绒毛。产云南、贵州、广西、广东，及越南、老挝、泰国、柬埔寨；生海拔 120～1000 m 山坡、谷地密林或灌丛中 狭叶青藤（*I. rhodantha* var. *angustifoliolata* Y. R. Li）小叶狭，长 6～9 cm，宽 2～3 cm。产广东（高要）；生山顶旷野石上 圆翅青藤（蝴蝶藤）（*I. rhodantha* var. *orbiculata* Y. R. Li）果较小，直径 4～5 cm，翅为圆形。产广东（高州）；生密林中

图 4-146A 红花青藤（藤茎、花序）    图 4-146B 红花青藤（花）   周联选 摄

图 4-146C 红花青藤（果实）   徐晔春 摄

同属近缘种类：

中文名称	拉丁学名	习性	分布范围	生境特点
短蕊青藤	*I. brevistaminata*	常绿	产贵州南部、湖南南部	生海拔 100～400 m 山谷疏林
多毛青藤、葛根	*I. cordata* var. *mollissima*	常绿	产云南北部	生海拔约 1100 m 山谷密林或灌丛中
大花青藤、风车藤、青藤	*I. grandiflora* var. *grandiflora*	常绿	产云南南部、贵州南部，及印度、缅甸北部	生海拔 800～2100（～3200）m 林中

中文名称	拉丁学名	习性	分布范围	生境特点
柔毛青藤	*I. grandiflora* var. *pubescens*	常绿	产云南南部	生海拔 1100～1700 m 山地密林中
无毛青藤	*I. glabra*	常绿	产云南西部（沧源）	生海拔 600～800 m 山坡密林中
蒙自青藤	*I. henryi*	常绿	产云南（东南部）和广西	生海拔 1100～1600 m 密林中
披针叶青藤	*I. khasiana*	常绿	产云南，及印度、缅甸、印度尼西亚和马来西亚	生海拔 700～1000 m（少 1600 m）林中
台湾青藤	*I. luzonensis*	常绿	产台湾南部（高雄和恒春）	生密林中
显脉青藤	*I. nervosa*	常绿	产云南西南部，及缅甸北部	生海拔 800～2100 m 灌丛疏林中
圆叶青藤	*I. orbiculata*	常绿	产云南南部	生海拔约 600 m 水边林中
尾叶青藤	*I. pseudoparviflora*	常绿	产贵州南部（罗甸）	生山坡路边疏林下
兜状青藤	*I. trifoliata* ssp. *cucullata*	常绿	产云南东南部，及印度（安达曼群岛）、缅甸、泰国、越南、马来西亚和印度尼西亚	生海拔 1100～1300 m 山谷中

147、程香仔树（雅致翅子藤） 翅子藤科 Hippocrateaceae

拉丁学名	*Loeseneriella concinna* A. C. Smith	英文名称	Fairy Web-seeded Vine
生境特点	山谷林中；喜温暖、湿润气候	分布范围	广西东南部、广东东部及其沿海岛屿
识别特征	常绿，藤本。小枝纤细，初时褐紫色，后变灰色，具明显粗糙皮孔。叶纸质，叶面光亮，长圆状椭圆形，长（3～）4～7 cm，宽（1.2～）1.5～3.5 cm；顶端钝或短尖，基部圆形，叶缘具明显疏圆齿。聚伞花序腋生或顶生，长、宽约 2～3.5 cm，花疏；小枝与总花梗纤细，初时被毛，后变无毛，总花梗长 1.5～1.8 cm；苞片与小苞片三角形，边缘纤毛状；花柄被毛；花淡黄色；萼片三角形，边缘微纤毛状；花瓣薄肉质，长圆状披针形，背部顶端具 1 附属物，边缘具纤毛；花盘肉质，杯状，基部略呈五角形 雄蕊 3，花丝舌状 子房三角形，大部藏于花盘内。蒴果倒卵状椭圆形，长 3～5 cm，宽 2～3.5 cm，顶端圆形而微凹，基部钝，果托不膨大		
资源利用	花期 5～6 月，果期 10～12 月。果实外形奇特，可供观赏。播种繁殖		

同属近缘种类：

中文名称	拉丁学名	习性	分布范围	生境特点
灰枝翅子藤	*L. griseoramula*	常绿	产广西（百色）	生海拔 600～700 m 山坡上
皮孔翅子藤	*L. lenticellata*	常绿	产广西和云南	生海拔 600～1100 m 山谷疏林中
翅子藤	*L. merrilliana*	常绿	产广西西南部、海南	生海拔 300～700 m 山谷林中
云南翅子藤	*L. yunnanensis*	常绿	产云南南部和东南部	生海拔 700～1100 m 石灰岩疏林中

图 4-147A 程香仔树（花序）　　　　　　　　　　图 4-147B 程香仔树（果实）　　　　　　周联选　摄

148、无须藤			茶茱萸科 Icacinaceae
拉丁学名	*Hosiea sinensis*（Oliv.）Hemsl. et Wils.	英文名称	Chinese Hosiea
生境特点	林中，缠绕于树上	分布范围	湖北、湖南、四川（峨眉山），及陕西（凤县紫柏山）[197]
识别特征	缠绕木质藤本。树皮灰色或黄灰色，平滑，具明显皮孔；小枝灰褐色，圆柱形，具稀疏的圆形或长圆形皮孔及疏被黄褐色微柔毛；一年生枝被黄色微柔毛；冬芽圆锥形，密被黄褐色柔毛。叶纸质，卵形、三角状卵形或心状卵形，长 4～13 cm，宽 3～9 cm；先端长渐尖，基部心形或较稀平截，边缘有稀疏的尖锯齿或粗齿；表面深绿色，表面具密集微颗粒状突起，背面淡绿色，两面均被黄褐色短柔毛，幼时较密，老叶近无毛。聚伞花序腋生，疏散，被黄褐色柔毛；花萼淡棕色，5 深裂，裂片长卵形，外面密被黄褐色柔毛；花瓣 5，绿色，基部联合，披针形，先端渐尖成外折的尾，外面被柔毛，里面被微柔毛；雄蕊 5，具肉质腺体 5 枚；子房卵形，花柱圆柱状，柱头 4 裂，略下延。核果扁椭圆形，长 1.5～1.8 cm，成熟时红色或红棕色，具不增大宿萼，干时表面有多角形陷穴		
资源利用	花期 4～5 月，果期 6～8 月。播种繁殖		

图 4-148A 无须藤（藤茎、花）　　　　　　　　图 4-148B 无须藤（藤茎、花）　　　　　朱鑫鑫　摄

149、沃尔夫藤（东芭藤） 唇形科 Lamiaceae

拉丁学名	*Petraeovitex wolfei* J. Sinclair	英文名称	Wolfe's Vine, Nong Nooch Vine
生境特点	喜高温、高湿，喜阳，耐半阴	分布范围	原产马来半岛、泰国；国内部分地区引种栽培
识别特征	常绿，蔓生藤本，可长达10余米。幼茎具明显四棱。三小叶复叶，对生；小叶卵圆形至长圆形，先端渐尖，基部近楔形或近心形；叶缘具牙齿；革质，叶脉下凹。圆锥花序顶生，大型，下垂；苞片5，黄色，花萼五深裂，金黄色，花冠二唇形，奶白色；花柱黄色，伸出花冠外，花丝黄色			
资源利用	花期4～11月。12月至次年3月休眠，部分落叶；花色艳丽，花形独特，苞片金黄色，经久不落，悬挂花序较长，有"黄金瀑布"之美名；长势较慢，花期长，气候温暖时生长快速，热带地方常年开花；适宜棚架、花架、阳台或天台等处的绿化。扦插、播种繁殖			

图4-149A 沃尔夫藤（花序） 牟凤娟 摄　　图4-149B 沃尔夫藤（藤茎、花） 胡 秀 摄

150、木通（五叶木通、牛卵子、野木瓜、万年藤） 木通科 Lardizabalaceae

拉丁学名	*Akebia quinata* (Houtt.) Decne.	英文名称	Chocolate Vine, Five-leaf Akebia
生境特点	海拔200～2000 m山地沟谷边疏林或丘陵灌丛中；耐阴、耐寒	分布范围	长江流域各省区，以及日本和朝鲜

150、木通（五叶木通、牛卵子、野木瓜、万年藤）　　　　　　　　　　　　　　　木通科 Lardizabalaceae

识别特征	落叶，木质缠绕藤本。茎纤细，圆柱形，茎皮灰褐色，有圆形、小而凸起皮孔；芽鳞片覆瓦状排列，淡红褐色。掌状复叶互生或于短枝上簇生，小叶通常5枚；小叶纸质，倒卵形或倒卵状椭圆形，先端圆或凹入，具小凸尖；上面深绿色，下面青白色。总状花序伞房状，腋生于缩短侧枝上，基部为芽鳞片所包托；花略芳香，基部有雌花一二朵，以上4～10朵为雄花。雄花：花梗纤细；萼片通常3枚（4或5），淡紫色，偶淡绿色或白色；花丝极短，花药长圆形，钝头；退化心皮3～6枚，小；雌花：花梗细长，萼片暗紫色，偶绿色或白色，阔椭圆形至近圆形；心皮3～6（～9）枚，离生，圆柱形，退化雄蕊6～9枚。蓇葖果双生或单生，肉质，长圆形或椭圆形，成熟时紫色，腹缝开裂；种皮褐色或黑色，有光泽
资源利用	花期4～5月，果期6～8月。茎蔓常匍地生长；5小叶掌状复叶着枝均满，花肉质紫色，可配置于花架、门廊，或攀附透空格墙、栅栏之上，或匍匐岩隙之间。藤茎、根（木通）、果实（八月札）、种子（预知子）供药用，有清热利湿、排脓、通乳、通经活络、镇痛之功效[198]。果肉白色、多汁、味甜，可食；种子可榨油，制肥皂。播种繁殖

图 4-150A 木通（藤茎、叶、花）　　　　　　　图 4-150B 木通（花序）　　　　　　　牟凤娟　摄

151、三叶木通（八月瓜、拿藤）　　　　　　　　　　　　　　　　　　　　　　　木通科 Lardizabalaceae

拉丁学名	*Akebia trifoliata*（Thunb.）Koidz.	英文名称	Trifoliate Akebia
生境特点	山地沟谷边疏林或丘陵灌丛中	分布范围	河北、山西、山东、河南、陕西南部、甘肃东南部至长江流域各地，以及日本
识别特征	落叶，缠绕木质藤本。茎皮灰褐色，有稀疏的皮孔及小疣点。3小叶复叶互生或于短枝上簇生；叶柄长7～11 cm；小叶纸质或薄革质，卵形至阔卵形，长4～7.5 cm，宽2～6 cm；先端通常钝或略凹入，具小凸尖，基部截平或圆形，边缘具波状齿或浅裂。总状花序自短枝上簇生叶中抽出，下部有一二朵雌花，以上约有15～30朵雄花，长6～16 cm；雄花：花梗丝状，萼片3，淡紫色，阔椭圆形或椭圆形，雄蕊6，离生；雌花：花梗稍粗，萼片3，紫褐色色，近圆形，开花时广展反折，退化雄蕊6枚或更多，心皮3～9枚，离生，圆柱形。蓇葖果肉质，长圆形，长6～8 cm，直径2～4 cm，直或稍弯，成熟时灰白略带淡紫色		

151、三叶木通（八月瓜、拿藤） 木通科 Lardizabalaceae

其他亚种	白木通 [*A. trifoliata* ssp. *australis* （Diels） T. Shimizu] 小叶先端狭圆，顶微凹入而具小凸尖，基部圆、阔楔形、截平或心形；雌花：萼片长 9～12 mm，宽 7～10 mm，暗紫色。花期 4～5 月，果期 6～9 月。产长江流域各省区，向北分布至河南、山西和陕西；生海拔 300～2100 m 山坡灌丛或沟谷疏林中 长萼三叶木通 (*A. trifoliata* ssp. *longisepala* H. N. Qin) 小叶先端钝，基部楔形；雌花：萼片紫黑色，近线形或狭长圆形，长 2.2～2.7 cm。花期 4 月。产甘肃（文县）；生海拔 600～800 m 山坡溪旁林中
资源利用	花期 4～5 月，果期 7～8 月。茎蔓柔软多汁，花肉质紫红色，花期长达 2 月之久，具有很好的观赏价值；可作绿墙、棚架或盆栽，也是绿化的先锋树种。根、茎、果均入药，有利尿、通乳、舒筋活络之效[199]；果可食用、酿酒；果皮可制作果脯[200]；嫩叶可做菜；种子含油 37%，可榨取食用油。播种、压条、分根、扦插繁殖[201]

图 4-151A 白木通（花序） 　　　图 4-151B 三叶木通（花序）　　朱鑫鑫 摄

图 4-151C 三叶木通（藤茎、叶） 　　图 4-151D 三叶木通（果实）　　宋鼎 摄

同属近缘种类：

中文名称	拉丁学名	习性	分布范围	生境特点
清水山木通	*A. chingshuiensis*		产台湾	生海拔 1500～2400 m 山坡或石灰岩疏林
长序木通	*A. longeracemosa*	常绿	产广东北部（坪石）、湖南南部（宜章）、福建、台湾中部	生海拔 300～1600 m 山地常绿林中

152、五月瓜藤（五加藤、野人瓜）			木通科 Lardizabalaceae
拉丁学名	*Holboellia fargesii* Reaub. Wall.	英文名称	Narrow-leaf Holboellia
生境特点	山坡杂木林及沟谷林中	分布范围	安徽、广西、广东、福建、陕西、湖北、湖南和西南，以及印度北部、不丹、尼泊尔和缅甸
识别特征	常绿，木质缠绕藤本。茎与枝圆柱形，灰褐色，具线纹。掌状复叶，小叶5或7，近革质或革质，线状长圆形、长圆状披针形至倒披针形，长5～9（～11）cm，宽1.2～2（～3）cm；先端渐尖、急尖、钝或圆，有时凹入，基部钝、阔楔形或近圆形，边缘略背卷，上面绿色，有光泽，下面苍白色密布极微小的乳凸；中脉在上面凹陷，在下面凸起。雌雄同株；花红色紫红色暗紫色绿白色或淡黄色，数朵组成伞房式的短总状花序；雄花：花瓣极小，近圆形，外轮萼片线状长圆形；雌花：紫红色，外轮萼片倒卵状圆形或广卵形，花瓣小。蓇葖果肉质，成熟时紫色，长圆形，长5～9 cm，顶端圆而具凸头。		
资源利用	花期4～5月，果期7～8月。果实外形独特，颜色艳丽。根药用，果实、茎藤可利湿、通乳、解毒。果实可食；种子含油40%，可榨油。播种繁殖		
其他亚种	五月瓜藤（*H. angustifolia* ssp. *angustifolia*） 小叶5～7枚，卵状椭圆形，长4.5～13 cm，为宽的2倍多，叶尖急尖，叶基楔形，全缘。花期4～5月，果期9～10月 线叶八月瓜（*H. angustifolia* ssp. *linearifolia* T. Chen et H. N. Qin） 常绿；小叶狭线形；花序简化为仅存1～2花；雌花外轮萼片先端2裂。花期6月，果期6～8月。产四川（米易）；生海拔1700～1800 m山坡林中或林缘 钝叶五凤藤（*H. angustifolia* ssp. *obtusa* Gagnepain） 小叶（3～）5～7枚，椭圆形，薄革质，基部楔形。花期4～5月，果期9～10月。产四川南部和西南部、西藏东部、云南北部 三叶五凤藤（*H. angustifolia* ssp. *trifoliata* H. N. Qin） 小叶3（～5），披针状椭圆形至倒披针形，革质，基部楔形，基部急尖。花期4～5月。产湖北西部、四川东部；生海拔1000～1900 m林下、山坡、溪旁		

图4-152A 五月瓜藤（藤茎、叶）

图4-152B 五月瓜藤（花序）

图4-152C 五月瓜藤（花） 朱鑫鑫 摄

153、鹰爪枫（三月藤、牵藤、八月栌）			木通科 Lardizabalaceae
拉丁学名	*Holboellia coriacea* Diels	英文名称	Sausage Vine，Leathery Holboellia
生境特点	喜温暖、湿润气候，耐半阴，亦耐干旱、瘠薄，不甚耐寒	分布范围	四川、陕西、湖北、贵州、湖南、江西、安徽、江苏和浙江
识别特征	常绿，缠绕木质藤本。茎皮褐色。掌状复叶，小叶3；叶柄长3.5～10 cm；厚革质，椭圆形或卵状椭圆形，较少为披针形或长圆形；先端渐尖或微凹而有小尖头，基部圆或楔形，边缘略背卷，上面深绿色，有光泽；中脉在上面凹入，下面凸起；基部三出脉。雌雄同株；总状花序短，伞房状，疏散，花白绿色或紫色；雄花：萼片长圆形，紫色，退化雄蕊极小，心皮卵状棒形；雌花：萼片紫色。蓇葖果长圆状柱形，长5～6 cm；直径约3 cm，熟时紫红色或黄褐色，干后黑色，外面密布小疣点		
资源利用	花期4～5月，果期6～8月。叶片具光泽，花开时紫白相间，具幽香，可春冬观叶，夏秋观花、观果；生长速度快，以茎蔓缠绕他物生长；宜配植于花架、花廊或流溪、岩石假山处。根、茎皮供药用，有祛风除湿、活血通络之功效。果可食，亦可酿酒。可用播种、扦插繁殖		

图4-153A 鹰爪枫（藤茎）

图4-153B 鹰爪枫（叶）

图4-153C 鹰爪枫（果实）

朱鑫鑫 摄

154、八月瓜（五风藤、刺藤果）			木通科 Lardizabalaceae
拉丁学名	*Holboellia latifolia* Wall.	英文名称	Broad-leaf Holboellia
生境特点	海拔 600～2600 m 山坡、山谷密林林缘	分布范围	云南、贵州、四川和西藏东南部，以及印度东北部、不丹和尼泊尔
识别特征	常绿，缠绕木质藤本。茎与枝具明显的线纹。掌状复叶小叶 3～9 片；叶柄稍纤细，长 3.5～10 cm；小叶近革质，卵形、卵状长圆形、狭披针形或线状披针形，长 5.5～14 cm，宽（2.5～）3.5～5 cm；先端渐尖或尾状渐尖，基部圆或阔楔形，有时近截平；上面暗绿色，有光泽。总状花序伞房式，数枚簇生于叶腋，基部覆以阔卵形至近圆形的芽鳞片；雄花：绿白色，外轮萼片长圆形，内轮的较狭，长圆状披针形，先端急尖，花瓣极小，倒卵形；雌花：紫色，外轮萼片卵状长圆形，内轮的较狭和较短。蓇葖果为不规则长圆形或椭圆形，熟时红紫色，长（3～）5～7 cm，直径 2～2.5 cm，两端钝而顶常具凸头，外面密布小疣凸		
资源利用	花期 4～5 月，果期 7～9 月。藤蔓、叶均呈深绿色，花具有香味可作为优良的藤蔓植物栽培观赏。根、藤茎、成熟果实（牛腰子果）药用，具清热利湿、活血通脉、行气止痛之功效。果实（土香蕉、野香蕉）香甜，可食用，也可加工饮料；种子含油脂。播种、分株、扦插繁殖		
其他亚种	**八月瓜**（*H. latifolia* var. *latifolia*）　小叶 3～5 片，卵形或长圆形，先端渐尖。产云南、贵州、四川和西藏东南部，及印度东北部、不丹和尼泊尔；生海拔 600～2600 m 山坡、山谷密林林缘。 **纸叶八月瓜**（*H. latifolia* ssp. *chartacea* C. Y. Wu & S. H. Huang ex H. N. Qin）　小叶 3～5（～7），纸质。产西藏南部、云南西北部，及不丹、印度（锡金）；生海拔 1800～3000 m 溪边或潮湿处混交林下		

图 4-154A 八月瓜（雄花序）　　　　　　　　图 4-154B 八月瓜（藤茎、花）　　朱鑫鑫　摄

同属近缘种类：

中文名称	拉丁学名	习性	分布范围	生境特点
短蕊八月瓜	*H. brachyandra*	常绿	产云南（西畴）	生海拔约 1600 m 土山沟谷边阔叶常绿林林缘，攀援于小乔木上
沙坝八月瓜、羊腰子	*H. chapaensis*	常绿	产云南东南部、广西西南部，及越南	生海拔 1000～2200 m 杂木林缘和沟谷密林中

牛姆瓜、大花牛姆瓜	H. grandiflora	常绿	产四川、贵州和云南	生海拔 1100～3000 m 山地杂木林或沟边灌丛内
墨脱八月瓜	H. medogensis	落叶	产西藏（墨脱）	生海拔约 900 m 林缘
昆明鹰爪枫	H. ovatifoliolata	常绿	产云南（嵩明、昆明和大姚）、四川（宝兴）	生海拔 2100～2700 m 山谷密林或疏林、灌丛中
小花鹰爪枫	H. parviflora	常绿	产四川、云南东南部、贵州、广西和湖南	生海拔 1800～1900 m 山坡林中、林缘、沟谷旁
棱茎八月瓜	H. pterocaulis	常绿	产贵州和四川	生海拔 800～1500 m 山谷沟旁疏林或密林中

155、大血藤（红藤、血藤、红皮藤）			木通科 Lardizabalaceae	
拉丁学名	*Sargentodoxa cuneata*（Oliv.）Rehd. et Wils.	英文名称	Bloody Vine	
生境特点	山坡灌丛、疏林和林缘等，常攀援于树上	分布范围	南方各省区，以及中南半岛北部（老挝、越南北部）	
识别特征	落叶，木质缠绕藤本，长可达 10 余米。藤径粗达 9 cm；当年枝条暗红色，老树皮有时纵裂。三出复叶，或兼具单叶，稀全部为单叶；叶柄长 3～12 cm；叶片革质，顶生小叶近菱状倒卵网形，长 4～12.5 cm，宽 3～9 cm；先端急尖，基部内面楔形，外面截形或圆形，全缘；侧生小叶斜卵形，两侧不对称，无小叶柄。花单性同株；总状花序腋生，下垂，长 6～12 cm；雄花与雌花同序或异序，同序时，雄花生于基部；花梗细，长 2～5 cm；苞片 1 枚，长卵形，膜质；花萼 6，花瓣状，长圆形，顶端钝；花瓣 6，极小，蜜腺性。聚合浆果，肉质，小浆果近球形，直径约 1 cm，成熟时黑蓝色成熟时黑蓝色，小果柄长 0.6～1.2 cm			
资源利用	花期 4～5 月，果期 6～9 月。藤茎上还可生长攀援根；叶大形奇，幼时常带紫红色，花黄色，有香气，聚合果黑蓝色，可供观赏；适用于棚架、栅栏、绿柱等绿化，也可点缀于岩石、假山、叠石之间。根、茎可供药用，具有清热解毒、活血通络、祛风止痛的作用；还可杀虫。茎皮含纤维，可制绳索；枝条可代藤条用。播种、扦插繁殖			

图 4-155A 大血藤（藤茎）　　图 4-155B 大血藤（叶）　　朱鑫鑫　摄

156、串果藤			木通科 Lardizabalaceae
拉丁学名	*Sinofranchetia chinensis*（Franch.）Hemsl.	英文名称	Chinese Sinofranchetia
生境特点	海拔 900～2500 m 山沟密林、林缘或灌丛中	分布范围	甘肃和陕西南部、四川、湖北、湖南西部、云南东北部、江西、广东北部
识别特征	落叶，缠绕木质藤本。幼枝被白粉；冬芽大。羽状 3 小叶，通常密集与花序同自芽鳞片中抽出；叶柄长 10～20 cm；托叶小，早落；小叶纸质，顶生小叶菱状倒卵形，长 9～15 cm，宽 7～12 cm；先端渐尖，基部楔形，侧生小叶较小，基部略偏斜；上面暗绿色，下面苍白灰绿色。总状花序长而纤细，下垂，长 15～30 cm，基部为芽鳞片所包托；雄花：萼片 6，绿白色，有紫色条纹，倒卵形，蜜腺状花瓣 6，肉质，近倒心形，雄蕊 6；雌花：心皮 3，椭圆形或倒卵状长圆形，比花瓣长。成熟心皮浆果状，椭圆形，成熟时淡紫蓝色，长约 2 cm，直径 1.5 cm		
资源利用	花期 5～6 月，果期 9～10 月。茎藤入药，可利水通淋、通经下乳[198]。成熟果实可食用、酿酒。播种繁殖		

图 4-156A 串果藤（花序）

图 4-156B 串果藤（植株）　　朱鑫鑫 摄

图 4-156C 串果藤（果实）　　周联选 摄

157、三叶野木瓜（印度野木瓜）　　　　　　　　　　　　　　　　　　　　　木通科 Lardizabalaceae

拉丁学名	*Stauntonia brunoniana* Wall.	英文名称	Trifoliate Stauntonia
生境特点	海拔 900～1500 m 山地林中	分布范围	云南南部，以及印度东北部、缅甸、泰国和越南
识别特征	木质大藤本。小枝光滑；老茎外皮稍粗糙。羽状 3 小叶复叶；叶柄纤细；小叶近革质，长圆形椭圆形或长圆状披针形，长 7～15 cm，宽 3～7 cm；顶端渐尖或具短凸头，基部圆或楔形，侧小叶基部有时不对称；上面有光泽，下面略呈苍白色，与网脉同于两面明显凸起。总状花序 2～5 个簇生叶腋，花多朵；雌雄异株，花白而略带淡绿色；雄花：外轮卵形，内轮披针形，花瓣小，卵形至披针形；雄蕊花丝合生为短管状，顶端稍分离，药隔伸出所成之附属体锥尖，比药室长，退化心皮 3，丝状；雌花：萼片外轮卵状披针形，内轮线状披针形，心皮卵形，柱头锥尖；退化雄蕊与花瓣近等长，顶端具比药室长的附属体。浆果倒卵状长圆形，长约 3.5 cm，直径约 2 cm，外面具小疣状凸起		
资源利用	花期 11 月。播种繁殖		

图 4-157A 三叶野木瓜（藤茎、花） 　　　　　　　图 4-157B 三叶野木瓜（花序）　　　　　　牟凤娟 摄

158、野木瓜　　　　　　　　　　　　　　　　　　　　　　　　　　　　　　木通科 Lardizabalaceae

拉丁学名	*Stauntonia chinensis* DC.	英文名称	Chinese Stauntonia，Staunton's Creeper
生境特点	喜温暖湿、润气候、耐半阴、耐旱	分布范围	广东、广西、香港、湖南、贵州、云南、安徽、浙江、江西和福建

158、野木瓜		木通科 Lardizabalaceae
识别特征	常绿，木质藤本。茎绿色，具线纹，老茎皮厚，粗糙，浅灰褐色，纵裂。掌状复叶小叶5～7片，小叶革质，长圆形、椭圆形或长圆状披针形，长6～9（～11.5）cm，宽2～4 cm；先端渐尖，基部钝、圆或楔形，边缘略加厚；上面深绿色，有光泽，下面浅绿色。花雌雄同株，伞房花序式总状花序，通常三四朵花；雄花：萼片外面淡黄色或乳白色，内面紫红色；蜜腺状花瓣6枚，舌状，顶端稍呈紫红色；花丝合生为管状；雌花：萼片较雄花稍大，心皮卵状棒形，柱头偏斜的头状；蜜腺状花瓣与雄花的相似。浆果长圆形，长7～10 cm，直径3～5 cm；种子近三角形，压扁，有光泽	
资源利用	花期3～4月，果期6～10月。对环境的适廊能力较强，可用于棚架、建筑墙面、林下地面覆盖物等。全株可药用，有舒筋活络、镇痛排脓、解热利尿、通经导湿的作用[198,202]；果汁具有较强的体外抗氧化性[203]。果实具清香，味酸微涩，享有"百益之果"美称，可食用和加工饮料。播种繁殖	

图4-158A 野木瓜（叶）

图4-158B 野木瓜（花序）　　　　朱鑫鑫 摄　　图4-158C 野木瓜（藤茎、果实）　　　　周联选 摄

159、显脉野木瓜			木通科 Lardizabalaceae	
拉丁学名	*Stauntonia conspicua* R. H. Chang	英文名称	Prominent-veined Stauntonia	
生境特点	海拔1300～1600 m山坡密林中	分布范围	浙江（龙泉和遂昌）	

159、显脉野木瓜　　　　　　　　　　　　　　　　　　　　　　　　　　木通科 Lardizabalaceae

识别特征	常绿，木质藤本。老茎灰褐色，纵裂，幼茎绿色，具线纹。掌状复叶具小叶 3 片，偶有 4～5 片；叶柄长 4～8（～12）cm；小叶厚革质，长圆形或卵状长圆形，长 6～10（～12）cm，宽 2.5～6（～8）cm；先端急尖，基部圆，边缘向下反卷，上面绿色，下面粉白绿色；基部具三出脉。伞房式总状花序与幼枝同自叶腋抽出，基部为短而阔的芽鳞片所包，花序长 8～11 cm，每个花序有稀疏的花三四朵；雄花：紫红色；萼片 6，外轮 3 片椭圆形，药隔稍伸出而成之凸头状附属体长约 1 mm。果椭圆状，长约 6 cm，直径约 3 cm，熟时黄色；种子阔卵形，黑色，有光泽
资源利用	花期 5 月，果期 10 月。果实可食用。播种繁殖

图 4-159A 显脉野木瓜（花）　　　　　　　　图 4-159B 显脉野木瓜（藤茎、叶）　　　朱鑫鑫　摄

160、翅野木瓜（大酸藤、猎腰子果）　　　　　　　　　　　　　　　　木通科 Lardizabalaceae

拉丁学名	*Stauntonia decora*（Dunn）C. Y. Wu	英文名称	Winged Stauntonia
生境特点	海拔 700～1300 m 山地、山谷溪旁林缘	分布范围	广东、广西和云南
识别特征	木质藤。茎与小枝具三四条狭翅及线纹，翅宽约 1～2 mm。小叶 3 枚；叶柄长 3～8 cm，具翅；小叶革质，椭圆形，有时为卵形或长圆形，长 5～12 cm，宽 3～7 cm；顶端急尖、钝或短渐尖，有时近圆形而具小凸尖，基部圆、微呈心形或阔楔形，有时近截形，边缘背卷；上面榄绿色，有光泽，下面粉白淡绿色，被皮屑状或近乳凸状短柔毛；小叶柄具狭翅，顶小叶柄长 2.5～4 cm，两侧长 5～10 mm。雌雄同株；花序数至多个簇生于叶腋，基部为小而不显著的芽鳞片所承托，每个花序通常仅 1 花，有时具 2 花，花近白色；苞片和小苞片极小，披针形；雄花：外轮萼片披针形，渐尖，内轮萼片较狭，雄蕊花丝合生为管，花药分离，具比药室长或与其等长的角状附属体；花瓣披针形；雌花：心皮棒状，长 6～7 mm，柱头披针形，外反		
资源利用	花期 11 至次年 1 月。播种、扦插繁殖		

图 4-160A 翅野木瓜（叶正面） 　　　　图 4-160B 翅野木瓜（叶背面）

图 4-160C 翅野木瓜（雌花） 　　　　图 4-160D 翅野木瓜（雌花）　　　徐晔春 摄

161、斑叶野木瓜			木通科 Lardizabalaceae
拉丁学名	*Stauntonia maculata* Merr.	英文名称	Spotted-leaf Stauntonia
生境特点	海拔 600～1000 m 山地疏林或山谷溪旁向阳处	分布范围	广东中部、福建南部、江西
识别特征	木质藤本。茎皮绿带紫色。掌状复叶通常有小叶 5～7 枚，近枝顶有时具小叶 3 片；叶柄长 3.5～9 cm；小叶革质，披针形至长圆状披针形；先端长渐尖，基部钝或楔形，有时近浑圆，边缘加厚，略背卷，上面深绿色，下面淡绿色，密布淡绿色明显斑点；中脉在上面凹入，于下面凸起。总状花序数个簇生于叶腋，下垂，长 5～6 cm，少花；总花梗和花梗纤细；外层芽鳞片阔卵状三角形，内层披针形，长 2～3 cm；小苞片线状披针形；花雌雄同株，浅黄绿色；雄花：花梗长约 2 cm，外轮萼片卵状长圆形，顶端钝渐尖，内轮线状披针形，花瓣开展，长圆形，长 2.5～3 mm，花丝合生为管，具等长的附属体；雌花：花梗长约 2～2.6 cm，外轮萼片披针形，内面有紫红色斑纹，内轮线状披针形，蜜腺状花瓣线形；退化雄蕊 6，顶具药隔伸出附属体，心皮 3，圆锥柱状。果椭圆状或长圆状，长 4～6 cm，直径约 2.5 cm；种子近三角形略扁，干时褐色		
资源利用	花期 3～4 月，果期 8～10 月。扦插、播种繁殖[204]		

图 4-161A 斑叶野木瓜（藤茎、花）　　　　　图 4-161B 斑叶野木瓜（花序）　　　牟凤娟 摄

162、那藤（石月、大酸藤、猎腰子果、日本野木瓜）　　　　　　　　　　木通科 Lardizabalaceae

拉丁学名	*Stauntonia obovatifoliola* Hayata	英文名称	Obovate-leaf Holboellia
生境特点	喜温暖、潮湿，耐半阴	分布范围	浙江、江西、福建、广东、广西、湖南、台湾
识别特征	常绿，木质藤本。枝与小枝圆柱形。掌状复叶有5～7小叶；叶柄长约3 cm，基部膨大；小叶纸质，倒卵形至倒卵状长圆形，长6～10 cm，宽3～4.5 cm，先端猝然收窄而具短尾尖，尾尖长3～5 mm，钝头，具短芒尖或小凸头，基部钝或圆；中脉在上面凹陷下面凸起，上面有光泽，下面苍白色。花雌雄同株，总状花序伞房式，数个花序簇生于当年生小枝基部或叶腋；雄花：萼片淡黄绿色，内面稍呈紫红色，外轮3片卵状披针形，内轮3片线状披针形；雌花：萼片与雄花的相似但稍较大；心皮3枚，瓶状圆柱形，多少内弯。浆果椭圆形，长5～9 cm，直径3～5 cm		
资源利用	花期4～5月，果期9～11月。用于棚架、篱垣、绿廊、绿亭、攀柱绿化均可。根、藤茎可用作中药"野木瓜"用；藤茎具有祛风散瘀、止痛、利尿消肿的功效；果实可解毒消肿、杀虫止痛[205]。果实味道非常独特		
其他亚种	那藤（石月）（*S. obovatifoliola* ssp. *obovatifoliola*）　小叶纸质，倒卵形至倒卵状长圆形，上面多少具光泽。产台湾 五指那藤（山木通、七叶木通）[*S. obovatifoliola* ssp. *intermedia*（Y. C. Wu）T. Chen] 小叶匙形，长6～10 cm，宽2～3 cm，长为宽的3倍，先端尾尖较短。花期3～4月，果期8～10月。产广东广西、湖南；生海拔500～900 m山谷溪旁疏林或密林中，攀缘于树上 尾叶那藤 [*S. obovatifoliola* ssp. *urophylla*（Hand.-Mazz.）H. N. Qin] 小叶倒卵形或阔匙形，长4～10 cm，宽2～4.5 cm，长为宽的2倍，先端尾尖较长，可达小叶的1/4。花期4月，果期6～7月。产福建、广东、广西、江西、湖南、浙江；生海拔500～850 m山谷溪旁疏林或密林中，攀援于树上		

图 4-162A 那藤（茎叶、花序）　　　　　图 4-161B 那藤（花序）　　　徐晔春 摄

同属近缘种类：

中文名称	拉丁学名	习性	分布范围	生境特点
黄蜡果	S. brachyanthera		产贵州、湖南和广西	生海拔 500～1200 m 山坡混交林下
短序野木瓜	S. brachybotrya	常绿	产广东北部（乳源、北江瑶山、龙川）	生海拔 700～1400 m 山谷水旁的疏林或密林中
三叶野木瓜、印度野木瓜	S. brunoniana	常绿	产云南南部，及印度东北部、缅甸和越南	生海拔 900～1500 m 山地林中
西南野木瓜、八叶瓜	S. cavalerieana	常绿	产湖南、广西和贵州	生海拔 500～1500 m 山地山谷溪旁林中
羊瓜藤、云南野木瓜	S. duclouxii	常绿	产云南、四川、贵州、甘肃、陕西、湖北和湖南	生海拔 700～1500 m 山谷沟旁、灌丛或山坡荫处杂木林中
牛藤果	S. elliptica		产广东、广西、湖南、湖北、江西、四川、贵州和云南，及印度东北部	
粉叶野木瓜	S. glauca		产广东东北部	生海拔 300～500 m 山谷溪旁疏林
钝药野木瓜	S. leucantha		产广西、广东、福建、江西、浙江、江苏、安徽、四川和贵州	生海拔 300～1000 m 山地疏林或密林中、山谷溪边或丘陵林缘
离丝野木瓜	S. libera	常绿	产西藏和云南，及缅甸	生海拔 1600～1900 m 山坡林缘
倒心叶野木瓜	S. obcordatilimba	常绿	产云南东南部（富宁）	生海拔约 1000 m 山地密林边缘
倒卵叶野木瓜、五叶木通、绕绕藤	S. obovata	常绿	产广西、广东、福建、台湾、香港、江西、浙江、江苏、安徽、四川和贵州	生海拔 300～800 m 山谷山坡开阔林
少叶野木瓜	S. oligophylla	常绿	产海南（保亭、陵水、琼中）	生海拔 500～800 m 山地山谷杂木林中
假斑叶野木瓜	S. pseudomaculata		产云南（富宁）	生海拔 1000～1300 m 山坡
紫花野木瓜	S. purpurea	常绿	产台湾	生海拔 1000～1600 m 山谷密林下及路边灌丛中
三脉野木瓜、炮仗花藤	S. trinervia	常绿	产广东	生海拔 400～1500 m 山地沟谷旁疏林中
瑶山野木瓜、瑶山七姐妹	S. yaoshanensis	常绿	产广西（大瑶山和永福）	生山地疏林中

163、钩吻（断肠草、大茶药、野葛）			马钱科 Loganiaceae
拉丁学名	*Gelsemium elegans* (Gardn. & Champ.) Benth.	英文名称	Graceful Jasmine，Heartbreak Grass
分布范围	南方各地，以及印度、中南半岛、马来半岛和印度尼西亚	生境特点	灌丛或疏林下，喜温暖、潮湿、肥沃
识别特征	常绿，缠绕木质藤本，长3～12 m。小枝圆柱形，幼时具纵棱；茎部密生瘤状皮孔。叶对生，膜质，卵形、卵状长圆形或卵状披针形，长5～12 cm，宽2～6 cm；顶端渐尖，基部阔楔形至近圆形。花密集，三歧聚伞花序顶生、腋生，每分枝基部有苞片2枚；花萼裂片卵状披针形；花冠黄色，漏斗状，内面有淡红色斑点；子房卵状长圆形，柱头上部2裂，裂片顶端再2裂。蒴果卵形或椭圆形，基部有宿存的花萼，未开裂时明显地具有2条纵槽，成熟时通常黑色，干后室间开裂为2个2裂果瓣，基部有宿存的花萼；种子扁压状椭圆形或肾形，边缘具有不规则齿裂状膜质翅		
资源利用	花期5～11月，果期7月至翌年3月。叶片深绿、具光泽，花色金黄，花期长，具有很高的观赏性。全株有大毒，特别是根、嫩叶、花粉剧毒；全株供药用，有破积拔毒、祛瘀止痛、杀虫止痒之功效；亦可作农药[206, 207]。播种繁殖		

图 4-163A 钩吻（藤茎、花）

图 4-163B 钩吻（花序）　　牟凤娟 摄

图 4-163C 钩吻（果实）　　徐晔春 摄

164、金钩吻（常绿勾吻藤、卡罗莱纳黄素馨、北美钩吻）　　　　　　马钱科 Loganiaceae

拉丁学名	*Gelsemium sempervirens* （L.） W. T. Aiton	英文名称	Carolina Jasmine，YellowJasmine
生境特点	喜温暖、潮湿、光照，较耐热、耐瘠，不耐寒	分布范围	原产美国南部至中美洲；广东、台湾多地引种栽培
识别特征	常绿，缠绕木质藤本。冬芽具鳞片数对。叶对生，披针形，全缘；叶柄间有一连接托叶线或托叶退化。花顶生或腋生；花萼5深裂，花冠漏斗状，裂片5，蕾期覆瓦状，开放后边缘向右覆盖，黄色，具芳香。蒴果扁平；种子具有不规则齿裂状膜质翅		
资源利用	花期10月至翌年4月，单花花期可达15～25天。可散发似茉莉花的香气，又名"法国香水"；可用于小型棚架、花架、墙垣或门廊边栽植，还可盆栽于阳台以观赏。全株毒性大，花、嫩叶毒性最强。扦插、播种繁殖		

图 4-164A 金钩吻（藤茎、花）　　　　胡　秀　摄　　图 4-164B 金钩吻（花）　　　　牟凤娟　摄

165、多花盾翅藤　　　　　　金虎尾科 Malpighiaceae

拉丁学名	*Aspidopterys floribunda* Hutch.	英文名称	Polyanthous Aspidopterys
生境特点	海拔1400～1700 m山地灌丛或疏林中	分布范围	云南东南部

165、多花盾翅藤

金虎尾科 Malpighiaceae

识别特征	常绿，藤状灌木。小枝棕褐色，疏被紧贴短柔毛。叶片薄纸质，椭圆形或卵状椭圆形，长7～11 cm，宽4～6.5 cm；先端短急渐尖，基部圆形或稍带心形；叶面无毛，稍亮，背面沿中脉和侧脉被紧贴短柔毛，余无毛；叶柄被短柔毛。圆锥花序腋生或顶生，多花，通常长达30 cm，宽15 cm，被铁锈色短柔毛；小苞片线状披针形，密被锈色绒毛；花梗成簇，纤细，近基部一端具节，节上端无毛，下端被锈色绒毛；萼片椭圆状卵形；花瓣椭圆状倒卵形；雄蕊花丝无毛；子房与花柱无毛，柱头头状。翅果长圆形或长圆状披针形，向顶端渐狭，基部截状圆形，最宽处在中部以下，膜质，黄棕色，有明显的网状脉纹
资源利用	花期7～8月，果期9～10月。攀爬能力较强、可爬至树干较高处；枝叶下垂，果实奇特且宿存时间较长，具有较高的观赏价值。扦插、播种繁殖

图4-165A 多花盾翅藤（藤茎、果实）　　　图4-165B 多花盾翅藤（藤茎、果实）　　牟凤娟 摄

166、倒心盾翅藤（倒心叶盾翅藤、嘿盖贯、吼盖贯、嗨该巩）

金虎尾科 Malpighiaceae

拉丁学名	*Aspidopterys obcordata* Hemsl.	英文名称	Obcordate-leaf Aspidopterys
生境特点	山地或沟谷疏林或灌丛中	分布范围	云南南部
识别特征	常绿，木质藤本。枝条被黄褐色绒毛。叶片厚纸质或薄革质，扁圆状，圆状或倒卵状倒心形，长6～11 cm，宽7～12 cm；先端有明显心形凹陷，具三角状短尖头，基部圆形或浅心形；叶面无毛，背面被黄色绒毛；叶柄密被黄褐色绒毛。圆锥花序腋生，短于叶或与叶等长，密被黄褐色柔毛；花梗纤细，下部具关节；萼片5，长圆形，有缘毛；花瓣5，白色或淡黄色，倒卵状长圆形；雄蕊10枚；子房3裂，无毛。翅果略呈长圆形或近圆形，侧翅顶端微凹，背翅稍明显		

166、倒心盾翅藤（倒心叶盾翅藤、嘿盖贯、吼盖贯、嗨该巩）		金虎尾科 Malpighiaceae
资源利用	花期 2～3 月，果期 4～5 月。叶形特别，顶端心形。藤茎、枝入药，具消炎利尿、清热排石之功效[208]，是傣医传统经方"五淋化石胶囊"的主要组方药材[209]。播种、扦插繁殖[210]	
其他变种	**海南盾翅藤**（*A. obcordata* var. *hainanensis* J. Ar.）叶片薄纸质或纸质，卵形、卵状圆形或近圆形，先端不具或无明显的心状凹陷，具急剧短尖头；花较小，花瓣长 3.5 mm。产海南（东方、陵水、白沙）；生高海拔山地林中	

图 4-166A 倒心盾翅藤（藤茎、叶、花）　　　图 4-166B 倒心盾翅藤（花序）　　　朱鑫鑫 摄

同属近缘种类：

中文名称	拉丁学名	习性	分布范围	生境特点
贵州盾翅藤	*A. cavaleriei*	常绿	产广东、广西、贵州和云南	生海拔 200～800 m 山谷密林、疏林或灌丛中
广西盾翅藤	*A. concava*	常绿	产广西，及中南半岛、马来西亚、印度尼西亚（苏门答腊）、菲律宾	生海拔 300～600 m 石灰山密林中或丘陵灌丛中
花江盾翅藤	*A. esquirolii*	常绿	广西西北部（百色、凌云）、四川西部（雷波）、贵州西南部（关岭）	生海拔 400～800 m 山地林中
盾翅藤	*A. glabriuscula*	常绿	产广东、广西、海南和云南，及印度、越南和菲律宾	生海拔 1500～2000 m 山谷林中
蒙自盾翅藤	*A. henryi*	常绿	产广西西南部、云南东南部	生海拔 1100～1700 m 山地林中
小果盾翅藤	*A. microcarpa*	常绿	产广西西部（靖西），及越南北方（老街）	生低海拔地区山地灌丛中
毛叶盾翅藤	*A. nutans*	常绿	产云南南部和西南部，及印度、锡金、尼泊尔和中南半岛	生海拔 200～700 m 山坡疏林或灌丛中

167、狭叶异翅藤			金虎尾科 Malpighiaceae
拉丁学名	*Hetcropterys angustifolia* Griseb.	英文名称	Narrow-leaf Hetcropterys
生境特点	喜温暖、湿润环境	分布范围	原产中美洲、南美洲各地
识别特征	常绿，缠绕型蔓性灌木，高约1 m。茎纤细，幼嫩部分和花序密被平伏柔毛。叶对生、近对生或轮生，纸质，披针形或长椭圆状披针形，全缘；幼时两面被平伏柔毛，后渐脱落或无毛；叶柄顶端有2腺体。伞形花序或假总状花序顶生；花小，花瓣鲜黄色，具披针形苞片，每花梗有节，具2枚条形小苞片；花萼5深裂，被柔毛。基部有大腺体8～10枚；花瓣5，常呈皱褶状，具爪；雄蕊10枚，全发育；子房3室，上部具3棱，被柔毛，花柱3枚，分离，果时通常宿存。翅果1～3个，大小相等，熟时紫红色至鲜红色；果翅于近轴面薄，背轴面较厚，呈蝉翼状		
资源利用	花、果期全年，盛花果期8～11月。春季嫩叶鲜红色，冬季绿叶变红；花黄果红，甚为美观，生长旺盛，可常年开放，为优良的园林观叶、观花、观果种类[211]；萌生力强，耐修剪，易于繁殖，宜作绿篱、片植或花带配置，及小型花架、廊架、篱栏、立柱、墙面、屋顶、阳台、造型绿化等多种垂直绿化形式上；萌生力强，耐修剪，可作灌木栽培。播种、扦插繁殖		

图4-167A 狭叶异翅藤（藤茎、花）　　　　图4-167B 狭叶异翅藤（花、果实）　　　牟凤娟　摄

168、风筝果			金虎尾科 Malpighiaceae
拉丁学名	*Hiptage benghalensis*（Linn.）Kurz	英文名称	Helicopter Flower
分布范围	福建、台湾、广东、广西、海南、贵州和云南，以及印度、孟加拉国、中南半岛、菲律宾、马来西亚和印度尼西亚	生境特点	沟谷密林、疏林中或沟边路旁
识别特征	高大灌木或藤本，攀援，长3～10 m或更长。幼嫩部分和总状花序密被淡黄褐色或银灰色柔毛；老枝锈红色或暗灰色，具浅色皮孔。叶片革质，长圆形，椭圆状长圆形或卵状披针形，长9～18 cm，宽3～7 cm；背面常具2腺体，全缘，幼时淡红色，被短柔毛；叶柄上面具槽。总状花序腋生或顶生，被淡黄褐色柔毛，花梗中部以上具关节。花大，极芳香；萼片5，外面密被黄褐色短柔毛，具1粗大长圆形腺体，一半附着在萼片上，一半下延贴生于花梗上；花瓣白色，基部具黄色斑点，或淡黄色或粉红色，圆形或阔椭圆形，内凹，先端圆形，基部具爪，边缘具流苏，外面被短柔毛，开花后反折；雄蕊10；花柱拳卷状。翅果果核被短绢毛，中翅椭圆形或倒卵状披针形，顶端全缘或微裂，侧翅披针状长圆形，背部具1三角形鸡冠状附属物		
资源利用	花期2～4月，果期4～5月。果实外形独特，作夏季观花、秋季观果的植物种类；可作为花架、花廊、竹篱、墙垣及假山石攀援材料。播种、扦插繁殖		

168、风筝果		金虎尾科 Malpighiaceae
其他变种	越南风筝果 [*H. benghalensis* var. *tonkinensis*（Dop）S. K. Chen] 叶较大，长 18 cm，花梗长 2～2.5 cm，顶端增粗，关节位于中部，小苞片位于关节下部；翅果背部无附属物。产云南南部（文山、西双版纳、耿马），及越南北方、老挝；生海拔 500～1400 m 沟谷疏林中、沟边、田边灌丛	

图 4-168A 风筝果（花序） 朱鑫鑫 摄

图 4-168B 风筝果（果实）

图 4-168C 风筝果（藤茎、果实） 牟凤娟 摄

169、紫风筝果				金虎尾科 Malpighiaceae
拉丁学名	*Hiptage lucida* Pierre		英文名称	Cambodia Helicopter Flower
生境特点	喜温暖、湿润环境，稍耐阴		分布范围	原产中南半岛（柬埔寨）
识别特征	常绿，攀援藤本。总状花序，花序梗和小花梗淡紫红色；萼片不具腺体；花瓣淡粉红色，不反折，基部具短柄，边缘具不规则小缺刻，左上方 1 枚基部具有黄色斑块；花萼 5 枚，带紫红色；雄蕊 10 枚，1 枚较大，花药黄色。果具有三翅，紫红色			
资源利用	花、果期较长。花色淡雅，具有香味，果实色艳奇特，可供栽培观赏；可攀援垂直绿化，也可修剪为灌木状。播种、扦插繁殖			

图 4-169A 紫风筝果（果实）　　图 4-169B 紫风筝果（花序）　　图 4-169C 紫风筝果（花）　　牟凤娟　摄

同属近缘种类：

中文名称	拉丁学名	分布范围	生境特点
尖叶风筝果	*H. acuminata*	产云南（保山、景东），及孟加拉国、印度和缅甸	生海拔约 1400 m 山谷林缘
风筝果	*H. benghalensis* var. *benghalensis*	产福建、台湾、广东、广西、海南、贵州和云南，及印度、孟加拉国、中南半岛、马来西亚、菲律宾和印度尼西亚	生海拔（100～）200～1900 m 沟谷密林、疏林中或沟边路旁
白花风筝果	*H. candicans* var. *candicans*	产云南南部和西南部，及印度、缅甸和泰国	生海拔 500～1300 m 山坡灌丛中或疏林
越南白花风筝果	*H. candicans* var. *harmandiana*	产云南南部，及老挝	生山地林中
白蜡叶风筝果	*H. fraxinifolia*	产广西南部	生海拔约 400 m 土山山谷荫处密林中
披针叶风筝果	*H. lanceoleata*	产贵州西南部（兴义和罗甸）	
薄叶风筝果	*H. leptophylla*	产台湾	
罗甸风筝果	*H. luodianensis*	产贵州南部（罗甸）	生海拔约 500 m 山坡疏林中
小花风筝果	*H. minor*	产贵州和云南	生海拔 200～1400 m 山坡疏林中或灌丛中
多花风筝果、多花风车藤	*H. multiflora*	产广西南部	生海拔约 600 m 石山山顶向阳灌丛中
田阳风筝果	*H. tianyangensis*	产广西西部、贵州南部	生海拔 200～400 m 丘陵地区向阳山坡或山顶灌丛中

170、黄金藤（巴西黄金藤、胡姬蔓、兰藤）			金虎尾科 Malpighiaceae
拉丁学名	*Stigmaphyllon ciliatum*（Lam.）A. Juss.	英文名称	Brazilian Golden Vine, Golden Vine, Amazon Vine, Orchid Vine, Butterfly Vine
生境特点	喜温暖、潮湿，喜阳，耐半阴	分布范围	原产西印度群岛、巴西和乌拉圭
识别特征	常绿，缠绕木质藤本。茎纤细。叶革质，卵形，叶面有光泽；叶柄与叶片连接处具有两枚腺体。总状花序；花瓣具长柄，花瓣边缘具不规则流苏状缺刻；雄蕊花丝短。翅果纸质			
资源利用	花期较长，春季至秋季。叶片具有光泽，金黄色花序较为醒目，具有较高的观赏性。扦插繁殖			

图 4-170A 黄金藤（藤茎、花）

图 4-170B 黄金藤（花序）

图 4-170C 黄金藤（花）　　　　牟凤娟 摄

171、三星果藤（星果藤、三星果）			金虎尾科 Malpighiaceae
拉丁学名	*Tristellateia australasiae* A. Rich.	英文名称	Shower of Gold Climber, Vining Milkweed
生境特点	近海边林中，喜阳光，耐旱、抗风	分布范围	产台湾（恒春半岛和兰屿），以及马来西亚、澳大利亚热带地区和太平洋诸岛屿

171、三星果藤（星果藤、三星果）		金虎尾科 Malpighiaceae
识别特征	常绿，缠绕、蔓性木质藤木，长达 10 m。茎上具有显著皮孔，以柔软的茎部缠绕攀爬。叶对生，纸质或亚革质，卵形，长 6～12 cm，宽 4～7 cm；先端急尖至渐尖，基部圆形至心形，与叶柄交界处有 2 腺体，全缘，略反褶但不具腺体；托叶线形至披针形，急尖。总状花序顶生或腋生，花梗长 1.5～3 cm，中部以下具关节；花鲜黄色，直径 2～2.5 cm；萼片三角形；花瓣椭圆形，爪长 2～3 mm；花丝橙红色。蒴果具星芒状翅，呈三星背贴状，1 大 2 小，直径 1～2 cm	
资源利用	花期 4～5 月或全年，果期 5～7 月或全年。黄绿色翅果成熟后干燥变成褐色，3 枚翅背对背为一体，得名"三星果藤"；花亮黄色，果实形状特异，适合滨海蔓篱、荫棚、小型棚架、花架观赏；还可整形成灌木植于山石、路边或庭院中。扦插、播种繁殖	

图 4-171A 三星果藤（藤茎、果实）

图 4-171B 三星果藤（藤茎、花）

图 4-171C 三星果藤（花序）　　　　　牟凤娟　摄

172、崖藤			防己科 Menispermaceae
拉丁学名	*Albertisia laurifolia* Yamamoto	英文名称	Laurel-leaf Albertisia
生境特点	海拔 200～1000 m 林中	分布范围	海南南部、广西南部、云南南部，以及越南北部

172、崖藤		防己科 Menispermaceae
识别特征	木质大藤本。嫩枝被绒毛，老枝无毛，灰色。叶近革质，椭圆形至卵状椭圆形，长 7～14 cm，宽 2.5～5 cm；先端短渐尖或近骤尖，基部钝或微圆；叶柄长约 1.5～3.5 cm。雄花序为聚伞花序，有花 3～5 朵，总花梗和花梗均粗壮，被绒毛；萼片 3 轮，外轮钻形，中轮线状披针形，内轮合生成坛状，背面均被绒毛；花瓣 6，排成 2 轮，外轮菱形，边内折，背面中肋附近被硬毛，内轮近楔形；聚药雄蕊，花药常 27 个，排成 6 纵列，花丝极短。核果椭圆形，长 2.2～3.3 cm，宽 1.5～2 cm，被绒毛；果核稍木质，表面微有皱纹，胎座迹不明显	
资源利用	花期夏初，果期秋季。根可入药，主要用于治疗感冒发热、痧症及小便短小黄赤等症，还可作肌肉松弛剂[212]。播种繁殖	

图 4-172A 崖藤（叶）

图 4-172B 崖藤（果实）

图 4-172C 崖藤（藤茎、叶、果实）　　朱鑫鑫 摄

173、木防己（土木香、牛木香、金锁匙、百解薯、青藤根）			防己科 Menispermaceae
拉丁学名	*Cocculus orbiculatus*（Linn.）DC.	英文名称	Snailseed
生境特点	海拔 1200 m 以下灌丛、村边、林缘等处	分布范围	长江流域中下游及其以南各省区，以及亚洲东南部和东部、夏威夷群岛

173、木防己（土木香、牛木香、金锁匙、百解薯、青藤根）	防己科 Menispermaceae
识别特征	近木质藤本。小枝被绒毛至疏柔毛，或有时近无毛，有条纹。叶片纸质至近革质，形状变异极大，长通常 3～8 cm；两面被密柔毛至疏柔毛，有时除下面中脉外两面近无毛；掌状脉 3 条，很少 5 条，在下面微凸起；叶柄被稍密的白色柔毛。聚伞花序少花，腋生，或排成多花，狭窄聚伞圆锥花序，顶生或腋生，长可达 10 cm 或更长，被柔毛；雄花：小苞片 2 或 1，紧贴花萼，被柔毛；萼片 6，外轮卵形或椭圆状卵形，内轮阔椭圆形至近圆形，有时阔倒卵形；花瓣 6，下部边缘内折，抱着花丝，顶端 2 裂，裂片叉开，渐尖或短尖；雄蕊 6，比花瓣短；雌花：萼片和花瓣与雄花相同；退化雄蕊 6，微小；心皮 6，无毛。核果近球形，红色至紫红色，径常 7～8 mm；果核骨质，背部有小横肋状雕纹
资源利用	根入药，有祛风止痛、利尿消肿、解毒及降血压的功效[213]。根含淀粉，可酿酒；藤可编织。播种繁殖
其他变种	**毛木防己**［*C.orbiculatus* var. *mollis*（Wall. ex Hook. f. et Thoms.） Hara］萼片背面被毛。产四川（西昌）、重庆（南川）、云南南部、贵州西南部、广西西北部，及尼泊尔和印度东部；生疏林、灌丛中

图 4-173A 木防己（藤茎、花）

图 4-173B 木防己（花） 朱鑫鑫 摄

图 4-173C 木防己（藤茎、果实） 周联选 摄

174、毛叶轮环藤（篾箕藤、银不换、金锁匙）			防己科 Menispermaceae
拉丁学名	*Cyclea barbata*（Wall.）Miers	英文名称	Barbate Cyclea
生境特点	绕缠于林中、林缘和村边灌木上	分布范围	海南、广东（雷州半岛），以及印度东北部、中南半岛至印度尼西亚
识别特征	藤本，长达 5 m；主根稍肉质，条状（或块状）。嫩枝被扩展或倒向的糙硬毛。叶纸质或近膜质，三角状卵形或三角状阔卵形，长 4～10 cm 或过之，宽 2.5～8 cm 或过之；顶端短渐尖或钝而具小凸尖，基部微凹或近截平，两面被伸展长毛，缘毛甚密，长而伸展；掌状脉 9～10 条；叶柄被硬毛，明显盾状着生。花序腋生或生于老茎上，雄花序为圆锥花序式，阔大，被长柔毛，花密集成头状，间断着生于花序分枝上，雄花：梗明显；萼杯状，被硬毛，4～5 裂达中部；花冠合瓣，杯状，顶部近截平；聚药雄蕊稍伸出；雌花序下垂，总状圆锥花序狭窄，雌花：无花梗；萼片 2，稍不等大，倒卵形至菱形，外面被疏毛；花瓣 2，与萼片对生；子房密被硬毛，柱头裂片锐尖。核果斜倒卵圆形至近圆球形，红色，被柔毛；果核背部二侧各有 3 列乳头状小瘤体		
资源利用	花期秋季，果期冬季。根（银不换）有小毒，有散热解毒、散瘀止痛作用，还可入药作肌肉松弛剂[214]；叶可制成果酱。播种、扦插繁殖		

图 4-174A 毛叶轮环藤（叶）

图 4-174B 毛叶轮环藤（藤茎、花序）

图 4-174C 毛叶轮环藤（花）

朱鑫鑫 摄

同属近缘种类：

中文名称	拉丁学名	分布范围	生境特点
纤花轮环藤	C. debiliflora	产云南（盈江），及印度东北部	干燥疏林中
纤细轮环藤	C. gracillima	产台湾和海南	生低海拔林中和灌丛中
粉叶轮环藤	C. hypoglauca	产湖南、江西、福建、云南、广西、广东和海南，及越南北部（大黄毛山）	生林缘和山地灌丛
黔桂轮环藤	C. insularis ssp. guangxiensis	产广西西北部、贵州南部	生林中
海岛轮环藤	C. insularis ssp. insularis	产台湾中部（阿里山）、东部（高雄）和沿海岛屿，及日本（鹿儿岛）	
弄岗轮环藤	C. longgangensis	产广西（龙州）	自然保护区林中
云南轮环藤	C. meeboldii	产云南西南部和南部，及印度东北部（那加山）	生海拔 700～800 m 处林中
铁藤	C. polypetala	产云南西南部至东南部、广西南部（龙州）、海南	生中海拔林中，常攀附于乔木上
峨眉轮环藤	C. racemosa f. emeiensis	产四川（峨眉山）及其邻近地区	生林缘
轮环藤、小青藤香、小解药	C. racemosa f. racemosa	产陕西南部、四川、湖北西部（南陀）、浙江南部、贵州、湖南和江西	生林中或灌丛中
四川轮环藤	C. sutchuenensis	产四川东部和东南部（城口）、贵州、云南、湖南、广东和广西	常生林中、林缘和灌丛中
南轮环藤、小花轮环藤	C. tonkinensis	产云南西南部至东南部、广西西南部，及越南北部	生林中或灌丛中
西南轮环藤	C. wattii	产贵州（安龙）、四川（南川）和云南，及印度东北部（那加山）	常生林缘和灌丛中

175、苍白秤钩风（穿墙风九层皮、土防己、追骨风）   防己科 Menispermaceae

拉丁学名	*Diploclisia glaucescens*（Bl.）Diels	英文名称	Glaucous Diploclisia
分布范围	广东、广西、海南和云南，以及印度、斯里兰卡、缅甸、泰国、菲律宾、印度尼西亚和新几内亚岛	生境特点	林中
识别特征	常绿，木质大藤本。仅 1 个腋芽；叶柄自基生至明显盾状着生，通常比叶片长很多。叶厚革质；背面常有白霜。圆锥花序狭而长，常几个至多个簇生于老茎和老枝上，多少下垂；花淡黄色，微香；雄花：萼片长 2～2.5 mm，外轮椭圆形，内轮阔椭圆形或阔椭圆状倒卵形，均有黑色网状斑纹；花瓣倒卵形或菱形，长 1～1.5 mm，顶端短尖或凹头；雄蕊长约 2 mm；雌花：萼片和花瓣与雄花的相似，花瓣顶端明显 2 裂；退化雄蕊线形；心皮长 1.5～2 mm。核果黄红色，长圆状狭倒卵圆形，下部微弯，长 1.3～2 cm
资源利用	花期 4 月，果期 8 月。花、果生茎和老枝上，果实数量极、多成熟鲜艳，具有较高的观赏价值。根、藤茎、叶药用，具清热解毒，祛风除湿功效[215]。播种繁殖
其他种类	秤钩风 [*D. affinis*(Oliv.)Diels] 腋芽 2 个，叠生；叶柄与叶片近等长或较长，在叶片的基部或紧靠基部着生；聚伞花序腋生；核果倒卵圆形，长约 1 cm。花期 4～5 月，果期 7～9 月。产湖北西部、四川东部和东南部、贵州北部、云南、广西北部、广东东北部、湖南西北部、江西、福建（永安）、浙江南部至东部；生林缘或疏林中

图 4-175A 苍白秤钩风（藤茎、果实）　　　　　　　图 4-175B 苍白秤钩风（果实）　　　　　　　周联选 摄

176、天仙藤（黄连藤、大黄藤）			防己科 Menispermaceae
拉丁学名	*Fibraurea recisa* Pierre	英文名称	Common *Fibraurea*
分布范围	云南东南部、广西南部、广东西南部，以及越南、老挝和柬埔寨	生境特点	林中
识别特征	木质大藤本，长可达 10 余米或更长。茎褐色，具深沟状裂纹；小枝和叶柄具直纹。叶革质，长圆状卵形，有时阔卵形或阔卵状近圆形，长约 10～25 cm，宽约 2.5～9 cm；顶端近骤尖或短渐尖，基部圆或钝，有时近心形或楔形，掌状脉 3～5 条；叶柄长 5～14 cm，呈不明显盾状着生。圆锥花序生无叶老枝或老茎上；雄花序阔大，长达 30 cm，下部分枝近平叉开，花被自外至内渐大，最里面的椭圆形，内凹；雄蕊 3，花丝阔而厚。核果长圆状椭圆形，很少近倒卵形，长 1.8～3 cm，黄色，外果皮干时皱缩		
资源利用	花期春夏季，果期秋季。根（大黄藤、藤黄连）供药用，有行气活血、利水消肿之功效[216]。播种、扦插繁殖		

177、夜花藤（吼喃浪、细红藤）			防己科 Menispermaceae
拉丁学名	*Hypserpa nitida* Miers	英文名称	Shining *Hypserpa*
生境特点	常生河岸、林中或林缘灌木丛中	分布范围	广西和广东中部以南、云南、海南和福建，以及斯里兰卡、中南半岛、马来半岛、印度尼西亚和菲律宾
识别特征	常绿，缠绕木质藤本。小枝顶端有时延长成卷须状；嫩枝被褐黄色毛，老枝近无毛，有条纹。叶片纸质至革质，卵形、卵状椭圆形至长椭圆形，较少椭圆形或阔圆形，长 4～10 cm 或稍过之，宽约 1.5～5 cm；顶端渐尖、短尖或稍钝头而具小凸尖，基部钝或圆，有时楔形；叶具掌状脉 3 条，上面光亮。雄花序通常仅数朵花，很少更长而多花；雄花：萼片 7～11，自外至内渐大，最外面的微小，小苞片状背面被柔毛，最里面的四五片阔倒卵形、卵形至卵状近圆形，有缘毛；花瓣四五，近倒卵形；雄蕊 5～10，花丝分离或基部稍合生。雌花序与雄花序相似或仅有花 1～2 朵；雌花：萼片和花瓣与雄花的相似；无退化雄蕊；心皮常 2 个，子房半球形或近椭圆形被柔毛，雌花无退化雄蕊，心皮常 2 个。核果成熟时黄色或橙红色，近球形，稍扁，长 5～6 mm		
资源利用	花、果期夏季。全株入药，具凉血、止血及消炎、利尿之功效（《云南思茅中草药选》）。播种繁殖		

图4-176 天仙藤（藤茎、果实）　　　朱鑫鑫 摄　　　图4-177 夜花藤（藤茎、果实）　　　周联选 摄

178、肾子藤（粉绿藤、疟疾草）			防己科 Menispermaceae
拉丁学名	*Pachygone valida* Diels	英文名称	Sturdy Pachygone
生境特点	密林中	分布范围	广西南部和西北部、贵州南部、云南东南部（蒙自）
识别特征	木质藤本。枝淡褐黄色，有条纹；小枝常稍曲折，被微柔毛。叶革质，卵形至阔卵形，有时阔卵状近圆形，长6～18 cm，宽3～12 cm，顶端常骤尖，基部近截平或微心形，较少楔形或微凹；掌状脉5条，很少7条；叶柄上面有深沟，顶端稍膨大，长3～7 cm。聚伞花序组成的狭窄圆形花序腋生或生于越年生无叶老枝上，单生或双生；雄花：小苞片2，紧贴花萼，披针状卵形，萼片6枚，排成2轮，近圆形，阔卵状至菱状圆形，深凹，边缘薄；花瓣6，楔形，顶部二侧耳状反折，抱着花丝；雄蕊6枚；雌花：花瓣两侧边缘内卷；无退化雄蕊，心皮3，卵状半球形，花柱外弯。核果扁球形，长1.7～1.8 cm；果核近螺状肾形，脆壳质，表面具网状花纹			
资源利用	花期4月，果期12月至翌年1月。根、茎药用，具祛风除湿、活血镇痛之功效《新华本草纲要》。播种、扦插繁殖			

同属近缘种类：

中文名称	拉丁学名	分布范围	生境特点
粉绿藤	*P. sinica*	产广东中部、北部和西部，广西东部和北部	常生林中
滇粉绿藤	*P. yunnanensis*	产云南（腾冲和顺）	

图 4-178A 肾子藤（藤茎、花）

图 4-178B 肾子藤（花序）

图 4-178C 肾子藤（藤茎、花）　　　朱鑫鑫 摄

179、风龙			防己科 Menispermaceae
拉丁学名	*Sinomenium acutum*（Thunb.）Rehd. et Wils.	英文名称	Oriental Vine
分布范围	长江流域及其以南各省区，以及日本	生境特点	林中
识别特征	常绿，木质大藤本。老茎灰色，树皮有不规则纵裂纹；枝圆柱状，具有规则的条纹。叶革质至纸质，长 6～15 cm 或稍过之；顶端渐尖或短尖，基部常心形；掌状脉 5 条，很少 7 条；叶柄长 5～15 cm 左右，有条纹。圆锥花序长可达 30 cm，通常不超过 20 cm，被柔毛或绒毛；苞片线状披针形雄花；小苞片 2 枚，紧贴花萼；萼片背面被柔毛，外轮长圆形至狭长圆，内轮近卵形；花瓣稍肉质；雌花；退化雄蕊丝状；心皮无毛。核果红色至暗紫色，径 5～6 mm 或稍过之		
资源利用	花期夏季，果期秋末。根、茎供药用，根含多种生物碱，可治风湿关节痛。根、茎、枝条细长，是制藤椅等器的良好原料。播种繁殖		

图 4-179A 风龙（藤茎、叶） 　　　　　　　　　　图 4-179B 风龙（藤茎）　　　　　　　　朱鑫鑫　摄

180、金线吊乌龟（金线吊蛤蟆、铁秤砣、白药）			防己科 Menispermaceae
拉丁学名	*Stephania cepharantha* Hayata	英文名称	Oriental Stephania
生境特点	村边、旷野、林缘等处土层深厚肥沃处，或石灰岩地区的石缝或石砾中；喜阳、耐阴、耐湿、耐旱、耐贫瘠	分布范围	西北至陕西，东至浙江、江苏和台湾，西南至四川东部和东南部，贵州东部和南部，南至广西和广东
识别特征	落叶，多年生草质缠绕藤本，通常1～2 m或更长。块根团块状或近圆锥状，有时不规则，褐色，生有许多突起的皮孔；小枝紫红色，纤细。叶纸质，三角状扁圆形至近圆形，长通常2～6 cm，宽2.5～6.5 cm；顶端具小凸尖，基部圆或近截平，边全缘或多少浅波状；掌状脉7～9条；叶柄长纤细，1.5～7 cm。雌雄花序同形，头状花序，具盘状花托；雄花序总梗丝状，常腋生、具小型叶的小枝上做总状花序式排列，雄花：萼片6，较少8（或偶有4），匙形或近楔形，花瓣3或4（少6），近圆形或阔倒卵形；聚药雄蕊很短；雌花序总梗粗壮，单一腋生，雌花：萼片1枚，偶有2～3（～5），花瓣2（～4）枚，肉质，比萼片小。核果阔倒卵圆形，成熟时红色		
资源利用	花期4～5月，果期6～7月。生性粗放，适应性较大；硕大块根形状奇异，风格别致；叶片浓绿秀丽、藤茎曼妙柔和，具有很高的观赏价值，适宜作矮篱，是极好的垂直绿化和盆栽材料。块根（白药、白药子、白大药）可入药，具有清热解毒、消肿止痛的功效。块根富含淀粉，可酿酒；全果含胡萝卜素；种子含油达19%。播种、组织培养繁殖[217]		

图 4-180A 金线吊乌龟（藤茎、叶） 　　　　　　图 4-180B 金线吊乌龟（叶）　　　　　　朱鑫鑫　摄

图4-180C 金线吊乌龟（藤茎、花序）　　　　　　　图4-180D 金线吊乌龟（花）　　　　　　牟凤娟　摄

181、千金藤（千斤藤、小青藤、铁板膏药、金线钓乌龟、粉防己）			防己科 Menispermaceae	
拉丁学名	*Stephania japonica*（Thunb.）Miers	英文名称	Japanese Stephania，Snake Vine	
生境特点	村边或旷野灌丛中	分布范围	河南南部、重庆、湖北、湖南、江苏、浙江、安徽、江西和福建，以及日本、朝鲜、菲律宾、印度尼西亚、印度和斯里兰卡	
识别特征	落叶，稍木质藤本，长可达 5 m。全株无毛。根条状，褐黄色；小枝纤细，有直线纹。叶纸质或坚纸质，通常三角状近圆形或三角状阔卵形，长 6～15 cm，通常不超过 10 cm，长度与宽度近相等或略小；顶端有小凸尖，基部通常微圆；下面粉白，掌状脉约 10～11 条，下面凸起；叶柄长 3～12cm，明显盾状着生。复伞形聚伞花序腋生，通常有伞梗 4～8 条，小聚伞花序近无柄，密集呈头状；花近无梗，雄花：萼片 6 或 8 枚，膜质，倒卵状椭圆形至匙形；花瓣 3 或 4 枚，黄色，稍肉质，阔倒卵形；聚药雄蕊长 0.5～1 mm，伸出或不伸出；雌花：萼片和花瓣各 3～4 片，形状和大小与雄花的近似或较小；心皮卵状。核果倒卵形至近圆形，成熟时红色			
资源利用	花期春、夏季，果期秋、冬季。根、藤茎可药用，具有清热解毒、祛风止痛、利水消肿之的功效 [218]。播种繁殖			
其他变种	桐叶千斤藤 [*S. japonica* var. *discolor*（Blume）Forman] 光叶千金藤 [*S. japonica* var. *timoriensis*（Candolle）Forman] 花期春季，果期秋、冬季。产广西北部（隆林）、云南南部（西双版纳），及孟加拉国、印度尼西亚（爪哇）、澳大利亚、太平洋诸岛；生林缘			

图 4-181A 千金藤（藤茎、花序） 　　　　　　　　图 4-181B 千金藤（花序）

图 4-181C 千金藤（藤茎、果实） 　　　　　　　　图 4-181D 千金藤（藤茎、果实）　　　　朱鑫鑫　摄

182、黄叶地不容			防己科 Menispermaceae
拉丁学名	*Stephania viridiflavens* Lo et M. Yang	英文名称	Yellow-leaf Stephania
生境特点	常生石灰岩地区石山	分布范围	广西中部至西南部、贵州南部、云南东南部
识别特征	落叶，草质多年生藤本；块根硕大，不规则球形。茎基部稍木质化。叶纸质，三角状圆形至近圆形，8～15（～20）cm；掌状脉；叶柄与叶片近等长或较长，基部常扭曲。复伞形聚伞花序腋生或生于腋生、无叶或具小型叶的曲折短枝上，小聚伞花序数个簇生于伞梗的末端，稍密集；雄花：萼片绿黄色，6片，排成2轮，外轮椭圆形或菱状椭圆形，上部边缘常反卷；花瓣橙黄色，3片，厚肉质，顶端微凹，二侧边缘内卷，背部凹陷，里面有很多密挤或脑纹状的小瘤体；聚药雄蕊；雌花序的总梗通常比叶柄短很多，稍粗壮，伞梗、小聚伞花梗和花梗均极短，致使花序紧密呈头状；雌花有1个微小的萼片和2个稍大的花瓣。核果红色，阔倒卵形		
资源利用	地下块茎肥大，具观赏性；可成片生长，作垂直绿化材料，适合墙垣、棚架等处绿化。块根入药，主治感冒头痛、胃痛、咽喉痛、痢疾等症状；富含生物碱罗痛定（Rotundine），具有镇静、镇痛、安定及催眠作用[219]。播种繁殖		

图 4-182A 黄叶地不容（藤茎、花序）　　　　　图 4-182B 黄叶地不容（果实）　　　　朱鑫鑫　摄

同属近缘种类：

中文名称	拉丁学名	习性	分布范围	生境特点
短梗地不容、短梗千金藤	S.brevipedunculata		产西藏（聂拉木和吉隆）	生海拔 2000～2400 m 林下阴湿山坡上
光千金藤	S.forsteri		产云南南部（西双版纳）和广西西北部，及孟加拉国、印度尼西亚（爪哇），向南至澳大利亚、波利尼西亚等地	生林缘
海南地不容	S. hainanensis		产海南	
桐叶千金藤	S. hernandifolia		产云南、广西、贵州南部，及亚洲南部和东南部，南至澳大利亚东部	生疏林或灌丛和石山等处
河谷地不容	S. intermedia		产云南（个旧卡房）	生炎热河谷多石的山坡上
广西地不容	S. kwangsiensis	落叶	产广西西北部至西南部、云南东南部	生石灰岩地区的石山上
马山地不容	S. mashanica		产广西（马山、都安和宜山）	生石灰岩山地石缝中
台湾千金藤	S. merrillii		产台湾（兰屿）	
米易地不容	S. miyiensis		产四川（米易菖蒲湾）	
小叶地不容	S.succifera	落叶	产海南	常生林下多石砾的地方
黄叶地不容	S. viridiflavens	落叶	产广西中部至西南部、贵州南部、云南东南部	常生石灰岩地区石山上，常成片生长

183、大叶藤（越南大时藤、奶汁藤、犸骝能、黄藤子）　　　　防己科 Menispermaceae

拉丁学名	*Tinomiscium petiolare* Hook. f. et Thoms.	英文名称	Tinomiscium
生境特点	深山密林中或石灰岩山坡林中	分布范围	云南南部和东南部、广西南部，以及越南北部和中部

183、大叶藤（越南大时藤、奶汁藤、犸骝能、黄藤子）		防己科 Menispermaceae
识别特征	常绿，缠绕性木质藤本。茎具啃蚀状开裂树皮；小枝和叶柄有直线纹，折断均有胶丝相连；嫩枝被紫红色绒毛。叶片薄革质，阔卵形，长10～20 cm 或过之，宽9～14 cm 或过之，顶端短渐尖或有时骤尖，基部近截平或微心形，边全缘或具不整齐细圆齿，腹面稍光亮，有水波状皱纹；掌状脉3～5条，均在背面凸起；叶柄长5～12 cm。总状花序自老枝上生出，多个丛生，常下垂，长7～15 cm 或更长，被紫红色绒毛或柔毛；雄花外轮萼片微小，内轮6～8片，狭倒卵状椭圆形至椭圆形，边缘被小乳突状缘毛；花瓣6，倒卵状椭圆形至椭圆形，深凹；雄蕊6，药隔伸延，短尖而内弯。核果长圆形，两侧甚扁；子叶极不等大，大的一片2裂，基部耳形。	
资源利用	花期春夏，果期秋季。茎、叶有毒；根、藤茎（土黄连）入药具有祛风湿通络、散瘀止痛、解毒之功效[220]。花、果皮和叶含有富含乳状液汁，经加工后可得古塔波胶（一种硬橡胶），为优良的绝缘材料。播种繁殖	

图 4-183A 大叶藤（藤茎、叶）　　牟凤娟 摄　　图 4-183B 大叶藤（果实）　　徐晔春 摄

184、青牛胆（九牛子、山慈姑、金果榄）		防己科 Menispermaceae	
拉丁学名	*Tinospora sagittata*（Oliv.）Gagnep.	英文名称	Tinospore
生境特点	常散生林下、林缘、竹林及草地上	分布范围	湖北、陕西、四川、西藏、贵州、湖南、江西、福建、广东和广西，以及越南北部
识别特征	常绿，藤本。块根连珠状，膨大部分常不规则球形，黄色；枝纤细，有条纹，常被柔毛。叶纸质至薄革质，披针状箭形或有时披针状戟形，很少卵状或椭圆状箭形，长7～15 cm，有时达20 cm，宽2.4～5 cm；先端渐尖，有时尾状，基部弯缺常很深；掌状脉5条。花序腋生，常数个或多个簇生，聚伞花序或分枝成疏花的圆锥状花序，总梗、分枝和花梗均丝状；小苞片2，紧贴花萼；萼片6，或有时较多，常大小不等，最外面的小，常卵形或披针形，仅1～2 mm，较内面的明显较大，阔卵形至倒卵形，或阔椭圆形至椭圆形；花瓣6，肉质，常有爪，瓣片近圆形或阔倒卵形，很少近菱形，基部边缘常反折；雄蕊6，与花瓣近等长或稍长；雌花：萼片与雄花相似；花瓣楔形；退化雄蕊6，常棒状或其中3个稍阔而扁；心皮3，近无毛。核果红色，近球形		
资源利用	花期4月，果期秋季。块根（金果榄）入药，具清热解毒功能[221～223]；还具有杀虫活性[224]。播种繁殖		

184、青牛胆（九牛子、山慈姑、金果榄）　　　　　　　　　　　防己科 Menispermaceae

其他变种	青牛胆 （T. sagittata var. sagittata） 内萼片椭圆形、阔椭圆形或椭圆状倒卵形，长2～3 mm，叶片下面可见明显网脉纹。产湖北西部和西南部、陕西南部（安康）、四川东部至西南部，西至天全一带、西藏东南部、贵州东部和南部、湖南（西部、中部和南部）、江西东北部、福建西北部、广东北部和西部、广西东北部和海南北部，及越南北部；常散生林下、林缘、竹林及草地上 峨眉青牛胆 [T. sagittata var. craveniana（S. Y. Hu）Lo] 内萼片狭披针形或狭长圆状披针形，长3～5 mm。叶下面网脉明显。花期春季。仅见四川（峨眉山）；生林中或林缘 云南青牛胆 [T. sagittata var. yunnanensis（S. Y. Hu）Lo] 内萼片倒卵形或阔倒卵形，长约2 mm。叶下面网脉不明显。花期春季。产云南东南部（建水）、广西西部（那坡）

图4-184A 青牛胆（藤茎、花）　　　　　图4-184B 青牛胆（花序）

图4-184C 云南青牛胆（藤茎、花）　　　图4-184D 云南青牛胆（叶）

图4-184E 云南青牛胆（藤茎、花序）　　朱鑫鑫 摄

同属近缘种类：

中文名称	拉丁学名	习性	分布范围	生境特点
波叶青牛胆、发冷藤	T. crispa	落叶	产云南（西双版纳），广东和广西有栽培；及印度、中南半岛至马来群岛	常生疏林中或灌丛中
台湾青牛胆	T. dentata	常绿	产台湾（恒春）	
广西青牛胆	T. guangxiensis	常绿	产广西（龙州）	
海南青牛胆	T. hainanensis	落叶	产海南	生村边、路旁的疏林中
中华青牛胆	T. sinensis	落叶	产广东、广西和云南三省南部，及斯里兰卡、印度、中南半岛北部	生林中，常见栽培

185、红素馨（红花茉莉、皱毛红素馨）		木犀科 Oleaceae	
拉丁学名	*Jasminum beesianum* Forrest et Diels	英文名称	Red-flowered Jasmine
生境特点	山坡、草地、灌丛或林中	分布范围	四川、贵州和云南
识别特征	常绿，缠绕木质藤本，高 1～3 m。小枝扭曲，四棱形，幼时常被短柔毛。单叶对生，叶片纸质或近革质，卵形、狭卵形或披针形，稀近圆形，长 1～5 cm，宽 0.3～1.8 cm；先端锐尖至渐尖，基部圆形、截形或宽楔形；两面无毛或被短柔毛至黄色长柔毛，下面有时不明显细小黄色腺点，后脱落呈凹点。聚伞花序，花 2～5 朵，顶生于当年生短侧枝上，稀为单花腋生，花极芳香；花萼光滑或被黄色长柔毛，裂片 5～7 枚，锥状线形；花冠常红色或紫色，近漏斗状，花冠管长 0.9～1.5 cm，内面喉部以下被长柔毛；果球形或椭圆形，长 0.5～1.2 cm，径 5～9 mm，黑色		
资源利用	花期 11 月至翌年 6 月。花为红色，为素馨属中少见的颜色，极芳香。全株可药用，有通经活络、通利小便之功效。播种、扦插繁殖		

图 4-185A 红素馨（藤茎、花）

图 4-185B 红素馨（藤茎、花）

图 4-185C 红素馨（藤茎、花）

宋 鼎 摄

186、樟叶素馨（金丝藤）			木犀科 Oleaceae
拉丁学名	*Jasminum cinnamomifolium* Kobuski	英文名称	Cinnamon-leaf Jasmine
生境特点	海拔 1400 m 以下林中	分布范围	海南、云南（镇康）
识别特征	攀援灌木，高 1～4 m。全株无毛；小枝圆柱形或具沟纹。叶对生，单叶，叶片纸质或薄革质，椭圆形或狭椭圆形，稀披针形，长 5～10.5 cm，宽 1.5～4.5 cm；先端锐尖至渐尖，基部楔形或圆形，叶缘反卷，基出脉 5 条，外侧 1 对不明显；叶柄扭转，有关节。花单生，或呈伞状聚伞花序，顶生或腋生，有花 1～5 朵；苞片线形，长 2～4 mm；花梗细长，向上渐增粗；萼裂片 5 枚，尖三角形，长 1～2 mm；花冠白色，高脚碟状，花冠管长 0.9～1.3 cm，径 1～2 mm，裂片 9～11 枚，披针形，长 1.1～2 cm，先端渐尖。浆果近球形或椭圆形，长 1～1.5 cm，成熟黑色		
资源利用	花期 3～9 月，果期 5～11 月。根、叶药用，可利咽消肿、接骨续伤。播种、扦插繁殖		

图 4-186A 樟叶素馨（花）　　　　徐晔春 摄　　图 4-186B 樟叶素馨（藤茎、果实）　　　　周联选 摄

187、咖啡素馨			木犀科 Oleaceae
拉丁学名	*Jasminum coffeinum* Hand.-Mazz.	英文名称	Coffee Jasmine
生境特点	海拔 300～500 m 岩石山坡或密林	分布范围	广西西南部、云南东南部，以及越南
识别特征	常绿，木质藤本。小枝圆柱形或为四棱形，棱上具狭翼。叶对生，单叶，叶片革质，卵形、椭圆形或卵状披针形，长 10～22 cm，宽 4.5～10.5 cm；先端短尾尖，基部圆形，稀宽楔形或微心形；上面深绿色，光亮，下面淡绿色，稀被腺点；叶柄粗壮，长 1～2 cm，上面有深沟，近中部具关节，易断。总状花序近对生或簇生于叶腋，有花 3～10 朵；花序轴四棱形或圆柱形，常具细小红腺毛，并散生微柔毛；花萼被微柔毛，裂片 5 枚，尖三角形或宽三角形；花冠白色，肉质，花冠管长 2.2 cm，径约 2 mm，裂片 7 枚，披针形，长 1～1.2 cm，宽约 3 mm，基部呈双耳状，开展。浆果椭圆形，长 2.3～2.7 cm，径 1.5～1.8 cm，成熟时紫黑色		
资源利用	花期 3 月，果期 5 月。扦插、播种、分株繁殖		

图4-187A 咖啡素馨（花序）　　　　　　　　　图4-187B 咖啡素馨（花）　　　　　　牟凤娟　摄

188、毛萼素馨			木犀科 Oleaceae
拉丁学名	*Jasminum craibianum* Kerr	英文名称	Hairy-calyxed Jasmine
生境特点	海拔约400 m林中	分布范围	海南
识别特征	木质藤本。小枝密被锈色柔毛。单叶对生，叶片纸质，卵状椭圆形或长卵形，长7～10 cm，宽2.5～7 cm；先端钝而突渐尖，基部微心形或近圆形；叶缘具睫毛，上面疏被黄色长柔毛，下面被较密长柔毛；叶柄疏被锈色长柔毛。聚伞花序顶生，有花3朵，常单花顶生或腋生；花序梗及花梗均密被黄色长柔毛；苞片线形，密被长柔毛；花萼密被长柔毛，萼管长1.5 mm，裂片5枚，锥形，长3～6 mm；花冠白色		
资源利用	花期7月。叶片两面被黄色长柔毛，极富野趣，可栽培供观赏。扦插、播种繁殖		

图4-188A 毛萼素馨（藤茎、叶）　　　　　　图4-188B 毛萼素馨（藤茎、花）　　　　牟凤娟　摄

189、双子素馨（印度素馨）			木犀科 Oleaceae
拉丁学名	*Jasminum dispermum* Wall.	英文名称	Two-seeded Jasmine，Indian Jasmine
生境特点	海拔1700～2800 m丛林或峡谷中	分布范围	云南西部、西藏，以及印度、不丹和尼泊尔

189、双子素馨（印度素馨）　　　　　　　　　　　　　　　　　　　　　　　　木犀科 Oleaceae

识别特征	常绿，攀援灌木，高达6 m。小枝紫红色，弯曲，具棱，或呈四棱形，节处被少数短硬毛。叶对生，复叶，或单叶与复叶混生，有时全为单叶，复叶有小叶3～5枚，稀2枚；叶柄长1～3 cm；小叶片先端钝、锐尖或渐尖，稀尾尖，基部圆形或微心形，侧生小叶片有时基部歪斜；两面无毛，或下面脉腋间具黄色簇毛。聚伞花序呈圆锥状排列，顶生或腋生，腋生花序通常花较少，顶生花序花多；花序梗长1～11.5 cm；苞片线形；花萼无毛，萼齿5枚，短三角形；花冠粉红色，或外面紫红色、内面白色，漏斗状，裂片5枚，花冠管长1.1～1.5 cm，基部径约2 mm，裂片5枚，卵形。浆果球形或卵形，熟时呈紫黑色
资源利用	花期3～6月，果期8月至翌年4月。播种、扦插繁殖

图4-189A 双子素馨（花序）　　　　　　　　　　图4-189B 双子素馨（藤茎、花）　　　　宋 鼎 摄

190、丛林素馨（杜氏素馨、夹竹桃叶素馨）　　　　　　　　　　　　　　　　木犀科 Oleaceae

拉丁学名	*Jasminum duclouxii* (Levl.) Rehd.	英文名称	Ducloux Jasmine
生境特点	海拔1200～3100 m峡谷、林中或灌丛中	分布范围	广西西南部、云南
识别特征	常绿，攀援灌木，高2.5～5 m。小枝暗紫红色，具不明显棱角或呈圆柱状。叶对生，单叶，叶片革质，披针形、椭圆形或长卵形，稀卵形，长5.5～18.5 cm，宽2～5 cm；先端尾状渐尖或渐尖，基部圆形，侧脉在上面微凸起显；叶柄粗壮，具沟，扭转。常为伞房状聚伞花序，稀总状聚伞花序，对生于叶腋或4枚花序簇生于枝顶，每花序有花3～15朵；花序梗短，长不超过2 cm；苞片微小，鳞片状；花梗向上渐增粗；花萼状，萼齿5枚，尖三角形；花冠粉红色、紫色或白色，近漏斗状，花冠管长1.1～2 cm，裂片四五枚，长圆形或卵形，先端截形、钝圆或具短尖头。浆果球形，径0.6～1.2 cm，呈黑色		
资源利用	花期12月至翌年5月，果期5～12月。根皮药用，可消肿止痛。播种、扦插繁殖		

图 4-190A 丛林素馨（花序）　　　　朱鑫鑫 摄

图 4-190B 丛林素馨（藤茎、果实）　　牟凤娟 摄 　　图 4-190C 丛林素馨（藤茎、花）　　朱鑫鑫 摄

191、扭肚藤（谢三娘、白金银花、白花茶、假素馨）			木犀科 Oleaceae
拉丁学名	*Jasminum elongatum*（Bergius）Willd.	英文名称	Elongated Jasmine
生境特点	海拔 900 m 以下灌丛、混交林、沙地	分布范围	广东、海南、广西和云南，以及越南、缅甸至喜马拉雅山
识别特征	攀援灌木，高 1～7 m。小枝圆柱形，疏被短柔毛至密被黄褐色绒毛。单叶叶对生，叶片纸质，卵形、狭卵形或卵状披针形，长（1.5～）3～11 cm，宽 2～5.5 cm；先端短尖或锐尖，基部圆形、截形或微心形；两面被短柔毛，或除下面脉上被毛外，其余近无毛。聚伞花序密集，顶生或腋生，通常着生于侧枝顶端，有花多朵，花微香；苞片线形或卵状披针形；花梗短，密被黄色绒毛或疏被短柔毛，有时近无毛；花萼密被柔毛或近无毛，内面近边缘处被长柔毛，裂片 6～8 枚，锥形，边缘具睫毛；花冠白色，高脚碟状；花冠管长 2～3 cm，裂片 6～9 枚，披针形，先端锐尖。浆果长圆形或卵圆形，成熟时黑色		
资源利用	花期 4～12 月，果期 8 月至翌年 3 月。开花时，顶端的花序优先开放，然后下部对生叶腋中着生的花序依次怒放，错落有致，花型美丽，散发出阵阵馨香，是一种优良的庭园观赏花卉。茎、叶药用，有清热解毒、利湿消滞作用；叶在民间用来治疗外伤出血、骨折；是广东常用凉茶配方原料之一[225]。扦插、播种、组织培养繁殖[226]		

图 4-191A 扭肚藤（花序） 　　　　　　　图 4-191B 扭肚藤（藤茎、花）　　　　牟凤娟　摄

192、清香藤（川清茉莉、光清香藤、北清香藤、破骨风）			木犀科 Oleaceae
拉丁学名	*Jasminum lanceolarium* Roxb.	英文名称	Lanceolate Jasmine
生境特点	海拔 2200 m 以下山坡、灌丛、山谷密林中	分布范围	长江流域以南各省区及陕西、甘肃，以及印度、缅甸和越南
识别特征	大型攀援灌木，长 10～15 m。小枝圆柱形，稀具棱，节处稍压扁，光滑无毛或被短柔毛。叶对生或近对生，三出复叶，有时花序基部侧生小叶退化成线状而成单叶；叶柄具沟，沟内常被微柔毛；小叶片椭圆形、长圆形、卵圆形、卵形或披针形，稀近圆形，长 3.5～16 cm，宽 1～9 cm；先端钝、锐尖、渐尖或尾尖，稀近圆形，基部圆形或楔形；叶片上面绿色，光亮，无毛或被短柔毛，下面色较淡，光滑或疏被至密被柔毛，具凹陷小斑点；顶生小叶柄稍长或等长于侧生小叶柄。复聚伞花序常圆锥状，顶生或腋生，花多、密集；苞片线形；花梗短或无，果时增，粗增长，无毛或密被毛；花芳香；花萼筒状，光滑或被短柔毛，果时增大，萼齿三角形，不明显，或几近截形；花冠白色，高脚碟状，花冠管纤细，长 1.7～3.5 cm，裂片四五枚，披针形、椭圆形或长圆形；花柱异长。浆果球形或椭圆形，两心皮基部相连或仅一心皮成熟，黑色，干时呈橘黄色			
资源利用	花期 4～10 月，果期 6 月至翌年 3 月。藤茎较长，花清香，可作庭园观赏植物。根、茎（破骨风）药用，具祛风除湿、活血止痛的功效[227]。播种、扦插、分株繁殖		

图 4-192A 清香藤（藤茎、花序）

图 4-192B 清香藤（藤茎、果实）　牟凤娟　摄　　　图 4-192C 清香藤（藤茎、果实）　周联选　摄

193、桂叶素馨（岭南茉莉）			木犀科 Oleaceae
拉丁学名	*Jasminum laurifolium* Roxb.	英文名称	Laurus-leaf Jasmine，Royal Jasmine
生境特点	海拔 1200 m 以下山谷、丛林或岩石坡灌丛中	分布范围	海南、广西、云南和西藏，以及缅甸、印度和孟加拉国
识别特征	常绿，缠绕藤本，高 0.5～5 m。单叶对生，叶片革质，线形、披针形、狭椭圆形或长卵形，长 4～12.5 cm，宽 0.7～3.3 cm；先端渐尖至尾尖，稀钝或锐尖，基部楔形或圆形，叶缘反卷；基出脉 3 条；叶柄长 0.4～1.2 cm，近基部具关节。聚伞花序顶生或腋生，有花 1～8 朵，通常花单生；花序梗长 0.3～2.5 cm；萼管长 2～3 mm，裂片 4～12 枚，线形；花冠白色，高脚碟状，花冠管长 1.6～2.4 cm，径 1～1.5 mm，花冠裂片 8～12 枚，披针形或长剑形，长 1.5～2 cm，宽 2～3 mm，开展。浆果卵状长圆形，长 0.8～2.2 cm，径 0.4～1.1 cm，成熟时黑色，光亮		
资源利用	花期 5 月，果期 8～12 月。全株供药用，可清热解毒、消炎利尿、消肿散瘀。播种、扦插、分株繁殖		

图 4-193A 桂叶素馨（花）

图 4-193B 桂叶素馨（藤茎、花）

图 4-193C 桂叶素馨（植株）　　牟凤娟　摄

194、毛茉莉（毛萼素馨、多花素馨）			木犀科 Oleaceae
拉丁学名	*Jasminum multiflorum*（Burm. f.）Andr.	英文名称	Indian Jasmine，Musk Jasmine，Star Jasmine，Winter Jasmine，Downy Jasmine
生境特点	喜温暖、阳光，喜肥，畏寒	分布范围	原产印度、阿拉伯半岛；世界各地广泛栽培
识别特征	常绿，茎直立或攀援灌木，株高1～6 m。小枝细长，弯曲，通体被黄褐色柔毛，后渐脱落。单叶对生或近对生，薄革质；叶片纸质，卵形或心形，长3～8.5 cm，宽1.5～5 cm；先端渐尖、锐尖或钝，基部心形或截形；上面光滑或被短柔毛，下面疏被短柔毛至被绒毛；叶柄近基部有关节，被绒毛。复伞状花序顶生或腋生，密被黄褐色绒毛，花芳香；花萼被绒毛，裂片6～9枚，花谢后萼片宿存；花冠白色，高脚碟状，花冠管长1～1.7 cm，径2～3 mm，裂片8枚，长圆形或狭椭圆形，长1～1.4 cm，宽4～6 mm。浆果椭圆形，褐色		
资源利用	花期10月至翌年4月。叶色翠绿，花色洁白，气味馨香，香气犹如茉莉花，花期长；宜作花廊、花架、蔓篱或盆栽室内装饰[228]。根、叶均可入药，可理气和中、开郁辟秽。花可提取茉莉油，是制造香精的原料；花蕾还可熏制茶叶制作花茶。扦插、分株繁殖[229]		

图4-194A 毛茉莉（花）　　　　　　　图4-194B 毛茉莉（藤茎、花）　　　　牟凤娟 摄

195、青藤仔（鸡骨香、金丝藤、香花藤、大素馨花）			木犀科 Oleaceae
拉丁学名	*Jasminum nervosum* Lour	英文名称	Veined Jasmine
生境特点	海拔2000 m以下山坡、沙地、灌丛及混交林中	分布范围	台湾、广东、海南、广西、贵州、云南和西藏，以及印度、不丹、中南半岛
识别特征	攀援灌木，高1～5 m。小枝圆柱形，光滑无毛或微被短柔毛。单叶对生，叶片纸质，卵形、窄卵形、椭圆形或卵状披针形，长2.5～13 cm，宽0.7～6 cm；先端急尖、钝、短渐尖至渐尖，基部宽楔形、圆形或截形，稀微心形；基出脉3或5条；两面无毛或在下面脉上疏被短柔毛；叶柄长2～10 mm，具关节。聚伞花序顶生或腋生，有花1～5朵，通常花单生于叶腋；花芳香；花萼常呈白色，裂片7～8枚，线形，长0.5～1.7 cm，果时常增大；花冠白色，高脚碟状，花冠管长1.3～2.6 cm，裂片8～10枚，披针形，长0.8～2.5 cm，宽2～5 mm。浆果球形或长圆形，长0.7～2 cm，径0.5～1.3 cm，成熟时由红变黑		
资源利用	花期3～7月，果期4～10月。全株入药，可清热利湿、消肿拔脓、壮腰止痛[230]。播种、扦插繁殖		

图 4-195A 青藤仔（植株）

图 4-195B 青藤仔（花）　　　　　图 4-195C 青藤仔（藤茎、花）　　　　朱鑫鑫　摄

196、素方花（耶悉茗）			木犀科 Oleaceae
拉丁学名	*Jasminum officinale* L.	英文名称	Common Jasmine，Simply Jasmine
生境特点	海拔 1800～3800 m 处；喜温暖、湿润、喜光，稍耐半阴	分布范围	四川、贵州、云南和西藏
识别特征	常绿，攀援灌木，长达 5 m。小枝具棱或沟。羽状深裂或羽状复叶，对生，小叶 3～9 枚，通常 5～7，小枝基部常有不裂的单叶；叶轴常具狭翼；顶生小叶片卵形、狭卵形或卵状披针形至狭椭圆形，长 1～4.5 cm，宽 0.4～2 cm；先端急尖或渐尖，稀钝，基部楔形；侧生小叶片卵形、狭卵形或椭圆形，长 0.5～3 cm，宽 0.3～1.3 cm，先端急尖或钝，基部圆形或楔形。聚伞花序伞状或近伞状，顶生，稀腋生；花萼杯状，裂片 5 枚，锥状线形，长 5～10 mm；花冠白色，或外面红色，内面白色，花冠管长 1～2 cm，喉部直径 2～3 mm，裂片常 5 枚，狭卵形、卵形或长圆形，长 6～8 mm，宽 3～8 mm。浆果球形或椭圆形，成熟时由暗红色变为紫色		
资源利用	花期 5～8 月，果期 9 月。适应性强；花蕾紫红色，花开洁白，具芳香味，可植于篱笆、墙垣、山石之处，亦可配置于花镜任其匍匐生长，或是盆景。根可药用以解毒，还可杀虫。扦插、压条、分株繁殖		

196、素方花（耶悉茗）		木犀科 Oleaceae
其他变种	**具毛素方花**（毛素方花）（*J. officinale* var. *piliferum* P. Y. Bai） 小叶 3～5 枚，较小，叶片两面、叶柄及花萼均被白色短伏毛。花期 6 月，果期 8 月。产西藏；生海拔 2600～2700 m 山谷或高山林中。**西藏素方花**（*J. officinale* var. *tibeticum* C. Y. Wu ex P. Y. Bai） 植株较矮小，高 0.4～2 m；小叶 7～9 枚，颇小。花期 6～7 月。产四川西部、西藏；生海拔 2100～4000 m 山谷、灌丛、河边	
其他品种	金叶素馨（*J.o.*' Aurea'） 小枝金色，四棱；羽状复叶金黄色	

图 4-196A 素方花（藤茎、花）　　　牟凤娟 摄

图 4-196B 素方花（花序）　　　宋 鼎 摄　　图 4-196C 素方花（藤茎）　　　牟凤娟 摄

197、多花素馨（鸡爪花、狗牙花）			木犀科 Oleaceae
拉丁学名	*Jasminum polyanthum* Franch.	英文名称	Pink Jasmine, White Jasmine
生境特点	海拔 1400～3000 m 山谷、灌丛、疏林；喜温暖、湿润、阳光，畏寒、忌旱	分布范围	四川、贵州和云南，以及缅甸

197、多花素馨（鸡爪花、狗牙花）		木犀科 Oleaceae
识别特征	常绿，缠绕木质藤本，长达10 m。小枝圆柱形或具棱。羽状深裂或羽状复叶对生，小叶5～7枚；纸质或薄革质，两面无毛或下面脉腋间具黄色簇毛；顶生小叶片通常明显大于侧生小叶片，披针形或卵形，长（1.5～）2.5～9.5 cm，宽（0.6～）1～3.5 cm；先端锐尖至尾状渐尖，基部楔形或圆形；小叶柄长0～2 cm；侧生小叶片卵形或长卵形，长（1～）1.5～8.5 cm，宽（0.5～）1～2.7 cm，先端钝或锐尖，基部圆形、宽楔形或微心形，无柄或具短柄；具明显基出脉3条。总状花序或圆锥花序顶生或腋生，花极芳香；萼管长1～2 mm，裂片5枚，钝三角形、尖三角形或锥状线形，长不超过2 mm；花冠花蕾时外面呈红色，开放后变白，内面白色，花冠管细长。浆果近球形，径0.6～1.1 cm，成熟时黑色	
资源利用	花期2～8月，果期11月。枝蔓柔韧，叶片素雅，花极芳香，可种植于篱栅旁边、山石之侧；宜在水边生长。全株可药用，具有活血、行气、止痛之效。花可提取芳香油。扦插、播种、分株、压条繁殖	

图 4-197A 多花素馨（藤茎、花）

图 4-197B 多花素馨（藤茎、花）

图 4-197C 多花素馨（花序）　　　　　牟凤娟　摄

198、云南素馨			木犀科 Oleaceae
拉丁学名	*Jasminum yunnanense* Jien ex P. Y. Bai	英文名称	Yunnan Jasmine
生境特点	海拔约 800 m 左右河谷、灌丛	分布范围	云南，以及越南和老挝
识别特征	常绿，木质藤本。小枝、叶片、花序及花萼被锈色绒毛。单叶对生，有时近对生；叶片纸质，椭圆形、宽卵形或心形，长 6.5～19 cm，宽 3.3～9 cm；先端渐尖、锐尖或骤短尾尖，基部宽楔形、圆钝、狭心形或微心形；幼时两面被锈色长柔毛，下面较密，老时仅沿上面叶脉被微柔毛；叶柄密被锈色长柔毛。聚伞花序密集，顶生，有花多朵；花序基部常具小叶状苞片，长 1.5～2 cm，宽 2～6 mm，先端渐尖，密被绒毛，其余苞片线形；花梗、花萼均被锈色绒毛；花梗极短或缺；花萼黄色，萼管长 1～3 mm，裂片 5～8 枚，线形，长 5～8 mm，果时增大；花冠白色，高脚碟状，花冠管长约 2.5 cm，裂片 5～8 枚，披针形，长 1～1.2 cm，宽 1.5～3 mm。果椭圆形或近球形，长 1～1.3 cm，径 6～10 mm，呈紫黑色		
资源利用	花期 4～5 月，果期 5～6 月。花芳香，可观赏。播种、扦插繁殖		

图 4-198A 云南素馨（藤茎、花序）　　　　图 4-198B 云南素馨（植株）　　　　牟凤娟　摄

199、茉莉花（茉莉）			木犀科 Oleaceae
拉丁学名	*Jasminum sambac*（L.）Ait	英文名称	Arabian Jasmine
生境特点	喜温暖、湿润、通风良好、half阴环境生，畏寒、畏旱，不耐霜冻、湿涝和碱土	分布范围	原产印度；我国南方和世界各地广泛栽培
识别特征	直立或攀援灌木，高达 3 m。小枝圆柱形或稍压扁状，有时中空，疏被柔毛。单叶对生，叶片纸质；圆形、椭圆形、卵状椭圆形或倒卵形，长 4～12.5 cm，宽 2～7.5 cm；两端圆或钝，基部有时微心形；叶脉在上面稍凹入或凹起，下面凸起，细脉在两面常明显，微凸起，下面脉腋间常具簇毛；叶柄被短柔毛，具关节。聚伞花序顶生，通常有花 3 朵，有时单花或多达 5 朵；花极芳香；花序梗长 1～4.5 cm，被短柔毛；苞片微小，锥形；花梗长 0.3～2 cm；花萼无毛或疏被短柔毛，裂片线形，长 5～7 mm；花冠白色，花冠管长 0.7～1.5 cm；裂片长圆形至近圆形，先端圆或钝。浆果球形，径约 1 cm，呈紫黑色		
资源利用	花期 5～8 月，果期 7～9 月。常见重瓣品种有虎头茉莉、菊花茉莉王、宝珠茉莉、狮头茉莉。叶绿、花白、味极香，可盆栽观赏。全株均可供药用，有清热解毒、利湿的功效。花为著名的花茶原料及重要的香精原料。扦插、压条、分株繁殖		

图 4-199B 茉莉（花）　　　　　　　　　牟凤娟　摄

图 4-199A 茉莉（藤茎）　　　　　　　　图 4-199D 茉莉（植株）　　　　　　　　朱鑫鑫　摄

200、亮叶素馨（亮叶茉莉、西氏素馨、大理素馨）			木犀科 Oleaceae
拉丁学名	*Jasminum seguinii* Levl.	英文名称	Seguin's Jasmine
生境特点	海拔 2700 m 以下山坡草地、溪边、灌丛、疏林中	分布范围	海南、广西、四川、贵州和云南
识别特征	缠绕木质藤本，长 1～7 m。小枝淡褐色，圆柱形或压扁状，节处稍压扁；当年生小枝紫色或淡褐色，无毛。单叶对生，叶片革质，卵形、椭圆形或狭椭圆形，稀披针形，长 4～10（～14）cm，宽 1.5～6.5 cm；先端锐尖、渐尖或骤突尖，基部楔形或圆形；上面深绿色，光亮，下面淡绿色，除下面脉腋间具簇毛外，两面均光滑；叶柄中部明显具关节。总状或圆锥状聚伞花序，开展，顶生或腋生；花芳香；花萼杯状，裂片 4 枚，钝三角形或尖三角形，稀宽线形；花冠白色，高脚碟状，花冠管长 1～2 cm，径 1～2 mm，裂片 6～8 枚，窄披针形，长 0.8～1.7 cm，宽 1.5～3 mm；花柱异长。浆果近球形，径 0.5～1.5 cm，呈黑色		
资源利用	花期 5～10 月，果期 8 月至翌年 4 月。根可药用。播种、扦插、分株繁殖		
其他变种	**攀枝花素馨**（*J. seguinii* var. *panzhihuaense* J. L. Liu）　当年枝绿色或深绿色；叶、叶柄、小花梗均较短小；花萼钟状，裂片 4～6 枚；花冠裂片 7～9 枚。花期 7～8 月。产四川（攀枝花）；生山坡灌丛[231]		

图4-200B 亮叶素馨（花序）

图4-200A 亮叶素馨（植株、花）　　　　图4-200C 亮叶素馨（果实）　　　　牟凤娟　摄

201、华素馨（华清香藤）			木犀科 Oleaceae
拉丁学名	*Jasminum sinense* Hemsl.	英文名称	Chinese Jasmine
生境特点	海拔2000 m以下山坡、灌丛或林中	分布范围	浙江、江西、福建、广东、广西、湖南、湖北、四川、贵州和云南
识别特征	缠绕藤本，高1～8 m。小枝淡褐色、褐色或紫色，圆柱形，密被锈色长柔毛。三出复叶对生，小叶柄长0.8～3 cm；顶生小叶片较大，长3～12.5 cm，宽2～8 cm；侧生小叶片长1.5～7.5 cm，宽0.8～5.4 cm；叶缘反卷，两面被锈色柔毛。聚伞花序常呈圆锥状排列，顶生或腋生，花多数，稍密集，稀单花腋生；花芳香；花萼被柔毛，裂片线形或尖三角形，果时稍增大；花冠白色或淡黄色，高脚碟状，花冠管细长，长1.5～4 cm，径1～1.5 mm，裂片5枚；花柱异长。浆果长圆形或近球形，黑色		
资源利用	花期6～10月，果期9月至翌年5月。播种、扦插繁殖		

图 4-201A 华素馨（藤茎、花序）　　图 4-201B 华素馨（花序）　　牟凤娟　摄

202、淡红素馨　　　　　　　　　　　　　　　　　　　　　　　　　　　　木犀科 Oleaceae

拉丁学名	*Jasminum stephanense* Lemoine	英文名称	Reddish Hybrid Jasmine
生境特点	海拔 2200～3100 m 灌丛、林中、山涧	分布范围	四川、西藏和云南
识别特征	小枝具数条棱和沟，被短柔毛。叶对生，羽状深裂或为羽状复叶，小叶 3～9 枚，小叶基部常有单叶和分裂不完全的单叶；叶幼时两面被短柔毛；小叶片卵形或椭圆形，先端锐尖至短渐尖，基部圆形；单叶卵形。伞状聚伞花序顶生或腋生，有花 1～5 朵；苞片线形；花梗被短柔毛或无毛；花萼被短柔毛或光滑，萼管长 2～4 mm，裂片线形，长 2～5（～7 mm）；花冠粉红色或紫色，或外面红色，内面紫色、粉红色或白色，花冠管长 1～1.8 cm，裂片卵形，长 0.6～1.1 cm。果近球形，径 5～7 mm，黑色		
资源利用	素方花（*J. officinale*）和红素馨（*J. beesianum*）的杂交种，形态上较接近素方花，但叶分裂不规则，花冠多数全为红色或粉红色。花期 5～8 月。扦插、播种、分株繁殖		

图 4-202A 淡红素馨（藤茎、花）　　图 4-202B 淡红素馨（花）

图 4-202C 淡红素馨（果实）　　朱鑫鑫　摄

203、密花素馨（清明花、北越素馨）			木犀科 Oleaceae
拉丁学名	*Jasminum tonkinense* Gagnepain	英文名称	Crowded-flowered Jasmine, White-bracted Jasmine
生境特点	海拔 600～2000 m 林中、灌丛、河谷	分布范围	广西、贵州（安龙）、云南（沧源、普洱），以及越南
识别特征	攀援状灌木，高 1～7 m。小枝扁平，节处稍膨大，被短柔毛。单叶对生；叶片纸质，卵形、椭圆形、椭圆形或披针形，长 4.5～15 cm，宽 2～8 cm；先端尾状渐尖。头状或圆锥状聚伞花序、密集，着生于短侧枝上端或枝顶，花多朵；花序基部具小叶状苞片，苞片卵形，无柄或近无柄；花梗短或缺，被短柔毛；花芳香；花萼外面无毛或疏被短柔毛，内面被短柔毛，裂片具睫毛；花冠白色，高脚碟状，花冠裂片 5～9 枚，窄披针形；花柱异长。浆果椭圆形或圆柱形，长 1～1.5 cm，直径 6～12 mm；成熟时黑色，干后变皱		
资源利用	花期 11 月至翌年 5 月，果期 4～6 月。植株外用治皮肤瘙痒。扦插、播种、分株繁殖		

图 4-203A 密花素馨（藤茎、花序）　　　图 4-203B 密花素馨（花序）　　牟凤娟　摄

同属近缘种类：

中文名称	拉丁学名	分布范围	生境特点
白萼素馨、白萼茉莉	*J. albicalyx*	产广西	生低海拔的山地、密林中
大叶素馨	*J. attenuatum*	产云南，及印度和缅甸	生海拔 1200～1700 m 峡谷、灌木林中或林中
密花素馨	*J. coarctatum*	产广西南部、云南及贵州（安龙），以及印度、孟加拉国、越南和缅甸	生海拔 600～2000 m 林中、灌丛及峡谷中
毛萼素馨	*J. craibianum*	产海南，及泰国	生海拔约 400 m 处林中
盈江素馨	*J. flexile*	产云南（盈江），及印度和斯里兰卡	生海拔约 300 m 处

中文名称	拉丁学名	分布范围	生境特点
倒吊钟叶素馨、吊钟叶素馨	J. fuchsiaefolium	产广西西部、贵州和云南	生海拔 1000～2200 m 山坡、灌丛
素馨花	J. grandiflorum	产云南、四川和西藏,及喜马拉雅地区	生海拔约 1800 m 生石灰岩山地
广西素馨	J. guangxiense	产广西(龙州)	生海拔 360～600 m 山谷、林中或石上
绒毛素馨	J. hongshuihoense	产广西、贵州和云南	生海拔 300～1000 m 山坡沟边或林缘
栀花素馨	J. lang	产广西南部、云南东南部(富宁),及越南	生海拔 200～600 m 灌丛或丛林中
长管素馨	J. longitubum	产广西(龙州)	
小萼素馨	J. microcalyx	产广东、海南、广西、云南(勐腊),及越南	生低海拔的山谷、疏林或灌丛中
银花素馨	J. nintooides	产云南、广东、海南和广西,及越南东南部	生海拔 1300～1600 m 岩石坡或密林中
厚叶素馨	J. pentaneurum	产广东、海南和广西,及越南	生海拔 900 m 以下山谷、灌丛或混交林中
心叶素馨、心叶西氏素馨	J. pierreanum	产海南,及越南和柬埔寨	生低海拔沙地或疏林中
披针叶素馨、蒲氏素馨	J. prainii	产广西、贵州和四川	生海拔 1000～1500 m 山坡密林中
白皮素馨	J. rehderianum	产海南	生低海拔山坡、丛林、旷野
腺叶素馨、滇南素馨	J. subglandulosum	产云南,及印度、缅甸、泰国	生海拔 400～1400 m 峡谷或混交林中
川西素馨、台湾素馨	J. urophyllum	产台湾、湖北、湖南、广西西部、四川、贵州、云南(绥江)	生海拔 900～2200 m 山谷、林
西藏素馨	J. xizhangense	产西藏	生海拔约 4000 m 山坡灌木林中

204、肉色土圞儿(满塘红)   蝶形花科 Papilionaceae

拉丁学名	*Apios carnea*(Wall.)Benth. ex Baker	英文名称	Flesh-coloured Apios
生境特点	海拔 800～2600 m 沟边杂木林中或溪边路旁,缠绕在树上	分布范围	西藏、云南、四川、贵州和广西,以及越南、泰国、尼泊尔、印度北部
识别特征	缠绕藤本,长 3～4 m。茎细长,有条纹;幼时被毛,老则毛脱落而近于无毛。奇数羽状复叶,小叶通常 5 枚;长椭圆形,长 6～12 cm,宽 4～5 cm;先端渐尖,成短尾状,基部楔形或近圆形;上面绿色,下面灰绿色;叶柄长 5～8(～12)cm。总状花序腋生,苞片和小苞片小,线形,脱落。花萼钟状,二唇形,绿色,萼齿三角形,短于萼筒;花冠淡红色、淡紫红色或橙红色,长为萼的 2 倍,旗瓣最长,翼瓣最短,龙骨瓣带状,弯曲成半圆形;花柱弯曲成圆形或半圆形,柱头顶生。荚果线形,直,长 16～19 cm,宽约 7 mm;种肾形,黑褐色,光亮		
资源利用	花期 7～9 月,果期 8～11 月。根可药用。种子含油。播种繁殖		

图 4-204A 肉色土圞儿（藤茎、花序）　　　　　　　图 4-204B 肉色土圞儿（花）　　　　　李双智 摄

同属近缘种类：

中文名称	拉丁学名	分布范围	生境特点
云南土圞儿	A. delavayi	产云南西北部、四川（木里、康定）、西藏（波密、察隅、林芝）	生海拔 1300～3500 m 灌丛中。
土圞儿	A. fortunei	产甘肃、陕西、河南、四川、贵州、湖北、湖南、江西、浙江、福建、广东、广西，及日本	通常生海拔 300～1000 m 山坡灌丛中，缠绕在树上
纤细土圞儿	A. gracillima	产云南（蒙自）	生海拔约 1500 m 处
大花土圞儿	A. macrantha	产四川、云南、西藏和贵州	生海拔 1800～2400 m 河谷或路边等地
台湾土圞儿	A. taiwaniana	产台湾中部（台中、南投）	生海拔 700～1500 m 处

205、藤槐　　　　　　　　　　　　　　　　　　　　　　　　　　　　　蝶形花科 Papilionaceae

拉丁学名	*Bowringia callicarpa* Camp. ex Benth.	英文名称	Common Bowringia
生境特点	低海拔山谷林缘或河溪旁	分布范围	福建南部、广东、广西和海南，以及越南
识别特征	常绿，攀援灌木。单叶，近革质；长圆形或卵状长圆形，长 6～13 cm，宽 2～6 cm；先端渐尖或短渐尖，基部圆形；叶柄两端稍膨大，长 1～3 cm；托叶小，卵状三角形，具脉纹。总状花序或排列成伞房状，长 2～5 cm，花疏生；苞片小，早落；花梗纤细；花萼杯状，萼齿极小，锐尖，先端近截平；花冠白色，旗瓣近圆形或长圆形，先端微凹或呈倒心形，翼瓣较旗瓣稍长，镰状长圆形，龙骨瓣最短，长圆形；雄蕊 10 枚，不等长，分离，花药长卵形，基部着生；子房被短柔毛。荚果卵形或卵球形，长 2.5～3 cm，径约 15 mm，先端具喙，沿缝线开裂，表面具明显凸起的网纹；具种子二三粒，椭圆形，稍扁	
资源利用	花期 4～6 月，果期 7～9 月。常攀援于其他植物上，可用于垂直绿化。全株可药用，具清热、凉血之效。播种繁殖	

253

图 4-205A 藤槐（藤茎、叶）　　　　朱鑫鑫 摄 　　图 4-205B 藤槐（花）　　　　　　徐晔春 摄

206、滇桂鸡血藤（大发汗、滇桂崖豆藤）		蝶形花科 Papilionaceae
拉丁学名	*Callerya bonatiana*（Pamp.）P. K. Lôc	英文名称	Bonat's Callerya
生境特点	海拔 1000 m 左右山谷灌丛中	分布范围	云南和广西，以及老挝
识别特征	常绿，缠绕木质藤本，长达 10 m。小枝密被黄色柔毛，具纵棱。羽状复叶长 25～30 cm，叶轴上面有凹沟，均被黄色绒毛；托叶针刺状，长约 1 cm；小叶五六对，纸质，卵形或卵状椭圆形，长 6～10 cm，宽 3～4 cm；先端渐尖或锐尖，基部圆钝或近心形，两面均被柔毛，顶生小叶较大；小叶柄被毛。总状花序腋生，长 8～12 cm，密被黄色绒毛；花萼钟状，密被绢毛，萼齿狭三角形，下方 1 枚最长，上方 2 枚大部合生；花冠淡紫色，旗瓣密被黄色绢毛，翼瓣长圆状镰形，基部耳成尾状钩，龙骨瓣阔镰形，基部耳形；雄蕊二体，对旗瓣的 1 枚分离；花盘筒状，倾斜；子房线形，有柄，密被绢毛。荚果线状长圆形，长 10～11 cm，宽约 1.8 cm，扁平，顶端截形，基部渐狭，密被灰褐色绒毛；果瓣革质，瓣裂，有种子 4 粒		
资源利用	花期 4～6 月，果期 6～10 月。全株有毒；民间以少量用作发汗药，称"大发汗"。播种、扦插繁殖		

图 4-206A 滇桂鸡血藤（藤茎、花序） 　　　　　图 4-206B 滇桂鸡血藤（花）　　　　　　朱鑫鑫 摄

207、灰毛鸡血藤（灰毛崖豆藤） 蝶形花科 Papilionaceae

拉丁学名	*Callerya cinerea* (Bentham) Schot	英文名称	Grey-haired Callerya
生境特点	海拔 500～1200 m 山坡次生常绿林中	分布范围	四川西南部、云南南部、西藏东南部，以及尼泊尔、不丹、孟加拉国、印度、缅甸和泰国
识别特征	攀援灌木或藤本。茎粗糙；枝具棱，密被灰色硬毛，渐秃净。羽状复叶长 15～25 cm，叶轴被稀疏或甚密硬毛，上面有沟；托叶线状披针形；小叶 2 对，纸质，倒卵状椭圆形；顶生小叶甚大，长约 15 cm，宽约 7 cm，侧生小叶较小，下方 1 对更小，长约 5.5 cm，宽约 3 cm，先端短锐尖，基部阔楔形至圆形，稀近心形；小托叶刺毛状。圆锥花序顶生，长 10～15 cm，生花枝伸展，密被短伏毛；花单生；苞片三角形，小苞片线形，离萼生；花萼钟状，萼齿三角形，上方 2 齿几全合生；花冠红色或紫色，旗瓣密被绣色绢毛，卵形，基部增厚，翼瓣和龙骨瓣近镰形；雄蕊二体，对旗瓣的 1 枚离生；花盘斜杯状；子房线形，密被绒毛，具短柄，花柱旋曲。荚果线状长圆形，长约 13 cm，宽约 2 cm，厚约 1.5 cm，密被灰色茸毛，种子处膨胀，种子间缢缩		
资源利用	花期 2～7 月，果期 8～11 月。枝叶青翠茂盛，紫红或玫红色的圆锥花序成串下垂，色彩艳美，适用于绿廊、花架等的垂直绿化，也可配置于亭榭、山石、大树旁；于斜坡、岸边种植，枝蔓自如生长，宛如绿色地毯。根、茎、枝供药用。播种、扦插、组织培养繁殖		

图 4-207A 灰毛鸡血藤（藤茎） 　　　图 4-207B 灰毛鸡血藤（花序）　　　朱鑫鑫 摄

208、香花鸡血藤（鸡血藤、香花崖豆藤） 蝶形花科 Papilionaceae

拉丁学名	*Callerya dielsiana* (Harms) P. K. Lôc ex Z. Wei & Pedley	英文名称	Fragrant-flowered Callerya
生境特点	海拔 2500 m 山坡杂木林、灌丛中，或谷地、溪沟、路旁	分布范围	南方多省区，以及越南和老挝
识别特征	常绿，缠绕木质藤本，长 2～5 m。茎皮灰褐色，剥裂。羽状复叶长 15～30 cm；叶轴上面有沟；托叶线形；小叶 2 对，纸质，披针形、长圆形至狭长圆形，长 5～15 cm，宽 1.5～6 cm；先端急尖至渐尖，偶钝圆，基部钝圆，偶近心形；上面有光泽下面被平伏柔毛或无毛；小托叶锥刺状。圆锥花序顶生，宽大，长达 40 cm，花序轴多少被黄褐色柔毛；苞片线形，锥尖，宿存，小苞片线形，贴萼生，早落；花萼阔钟状，与花梗同被细柔毛，萼齿短于萼筒，上方 2 齿几全合生，其余为卵形至三角状披针形，下方 1 齿最长；花冠紫红色，旗瓣密被锈色或银色绢毛，基部稍呈心形，具短瓣柄，翼瓣甚短，约为旗瓣的 1/2，锐尖头，下侧有耳，龙骨瓣镰形；雄蕊二体，对旗瓣的 1 枚离生；花盘浅皿状；子房线形，密被绒毛。荚果线形至长圆形，长 7～12 cm，宽 1.5～2 cm，扁平，密被灰色绒毛，无果颈，密被灰色绒毛，后渐秃净		

208、香花鸡血藤（鸡血藤、香花崖豆藤） 蝶形花科 Papilionaceae

资源利用	花期5～9月，果期6～11月。枝叶青翠茂盛，紫红或玫红色的圆锥花序成串下垂，色彩艳美，适用于绿廊、花架等的垂直绿化，也可配置于亭榭、山石、大树旁；于斜坡、岸边种植，枝蔓自如生长，宛如绿色地毯。根、茎、枝供药用，主要功效为散瘀止血、消肿止痛、祛风除湿。播种、扦插、组织培养繁殖。
其他变种	异果鸡血藤［*C. dielsiana* var. *heterocarpa*（Chun ex T. Chen）X. Y. Zhu & Pedley］小叶较宽大；果瓣薄革质，种子近圆形。产江西、福建、广东、广西、贵州；生海拔300～1900 m山谷灌丛中 雪峰山鸡血藤［*C. dielsiana* var. *solida*（T. C. Chen ex Z. Wei）X. Y. & Pedley］小叶厚纸质，较大，小叶下面、叶轴、嫩枝均被灰黄色硬毛。产湖南西部、广西；生海拔600～1400 m林缘开阔处

图4-208A 香花鸡血藤（藤茎、花） 　　　图4-208B 香花鸡血藤（花序）　　　宋 鼎 摄

209、网络鸡血藤（昆明鸡血藤、网络崖豆藤） 蝶形花科 Papilionaceae

拉丁学名	*Callerya reticulata*（Bentham）Schot	英文名称	Leather-leaf Millettia, Evergreen Wisteria
生境特点	喜光、温暖、湿润、耐干旱、瘠薄、不耐寒	分布范围	南方多省区，以及越南北部
识别特征	常绿，缠绕木质藤本。小枝圆形，具细棱，初被黄褐色细柔毛，旋秃净；老枝褐色。羽状复叶长10～20 cm；叶柄上面具狭沟；托叶锥刺形，基部向下突起成一对短而硬的距；叶腋有多数钻形的芽苞叶，宿存；小叶三四对，硬纸质，卵状长椭圆形或长圆形，长3～8 cm，宽1.5～4 cm；先端钝，渐尖，或微凹缺，基部圆；小叶柄具毛，小托叶针刺状，宿存。圆锥花序顶生或着生枝梢叶腋，长10～20 cm，常下垂，基部分枝，花序轴被黄褐色柔毛；花萼阔钟状至杯状，萼齿短而钝圆，边缘有黄色绢毛；花冠红紫色，旗瓣卵状长圆形，基部截形，瓣柄短，翼瓣和龙骨瓣均直，略长于旗瓣；雄蕊二体，对旗瓣的1枚离生；花盘筒状；子房线形。荚果线形，狭长，长约15 cm，宽1～1.5 cm，扁平；瓣裂，果瓣薄而硬，近木质；种子长圆形，3～6粒			

209、网络鸡血藤（昆明鸡血藤、网络崖豆藤）		蝶形花科 Papilionaceae
资源利用	花期 5～11 月，果期 11～12 月。枝叶繁茂，四季常青，夏日紫花串串；已广泛作园艺观赏用；可攀援棚架，也可就大树旁栽植，攀援而上；或于斜坡、岸边种植，枝蔓自如生长，可用作铺地。茎藤、根、种子有小毒；茎藤、根可入药，有镇静、养血祛风、通经活络作用；或作杀虫剂。播种、扦插、分株繁殖	
其他变种	线叶鸡血藤［*C. reticulata* var. *stenophylla*（Merrill & Chun）X. Y. Zhu］小叶线形或狭披针形，宽 0.5～1.2 cm，基部渐狭成楔形。产海南；生海拔 200～1300 m 溪边灌丛	

图 4-209A 网络鸡血藤（花）

图 4-209B 网络鸡血藤（植株）

图 4-209C 网络鸡血藤（花序）　　朱鑫鑫　摄

同属近缘种类：

中文名称	拉丁学名	分布范围	生境特点
绿花鸡血藤	C. championii	产福建、广东和广西	生海拔 200～800 m 以下山谷岩石、溪边灌丛间
喙果鸡血藤、老虎豆	C. cochinchinensis	产湖南、广东、海南、广西、贵州和云南	生海拔 200～1600 m 山地杂木林中
密花鸡血藤	C. congestiflora	产安徽南部、江西、福建西部、湖北、湖南、四川、贵州和广东	生海拔 500～11200 m 山地林地

中文名称	拉丁学名	分布范围	生境特点
滇缅鸡血藤	C. dorwardii	产贵州和云南，及泰国和缅甸	生海拔 800～1900 m 山坡灌丛
宽序鸡血藤	C. eurybotrya	产湖南南部、广东北部、广西西北部、贵州南部、云南南部，及泰国、越南和老挝	生海拔 100～1200 m 以下山谷、溪沟旁或疏林中
广东鸡血藤	C. fordii	产广东和广西	生海拔约 500 m 左右山谷疏林
黔滇鸡血藤	C. gentiliana	产四川南部、贵州和云南	生海拔 1200～2500 m 山地疏林特别是石灰岩山谷
江西鸡血藤	C. kiangsiensis	产安徽南部、浙江西部、福建北部、湖北东南部、湖南东部、江西	生海拔 200～600 m 山坡稀疏灌丛
长梗鸡血藤	C. longipedunculata	产广西西北部、贵州西南部、云南东部	生海拔约 1400 m 山坡或谷地茂密常绿阔叶林中
丰城鸡血藤	C.nitida var. hirsutissima	产福建、广东、广西、湖南和江西	生海拔 500～1000 m 山坡灌丛和开阔处
峨眉鸡血藤	C. nitida var. minor	产福建、广东、广西、贵州、江西、四川、云南和浙江	生海拔 800～1500 m 灌丛或林缘
亮叶鸡血藤	C. nitida var. nitida	产福建、台湾、江西、广东、广西、贵州和海南	生海拔达 800 m 以上山地疏林与灌丛中
皱果鸡血藤	C. oosperma	产湖南西南部、广东西南部、广西、贵州、海南和云南，及越南	生海拔 200～1700 m 山谷疏林中
海南鸡血藤、毛瓣鸡血藤	C. pachyloba	产广东、海南、广西、贵州南部、云南，及越南北部	生海拔 1500 m 以下沟谷常绿阔叶林中
美丽鸡血藤、牛大力藤	C. speciosa	产福建、湖南、广东、海南、广西、贵州和云南，及越南	生海拔 200～1700 m 以下灌丛、疏林和旷野
球子鸡血藤	C. sphaerosperma	产贵州和广西	生海拔约 1000 m 荫蔽山谷
喙果鸡血藤	C. tsui	产湖南南部、广东、广西、贵州、云南南部、海南	生海拔 200～1600 m 山谷灌丛、林地
三叶鸡血藤	C. unijuga	产云南南部，及越南	生海拔 800 m 左右山坡杂木林中

210、蝶豆（蓝蝴蝶、蓝花豆、蝴蝶花豆）   蝶形花科 Papilionaceae

拉丁学名	*Clitoria ternatea* Linn.	英文名称	Asian Pigeonwings, Blue Bell Vine, Blue Pea, Butterfly Pea, Darwin Pea
生境特点	喜温暖、湿润、光照、耐半阴，畏霜冻	分布范围	原产印度；世界各热带地区常栽培
识别特征	常绿，攀援状，多年生草质藤本。茎、小枝细弱。奇数羽状复叶；托叶小，线形，小叶 5～7，通常为 5 枚；小托叶小，刚毛状。花大，单朵腋生；苞片 2，披针形；小苞片大，膜质，近圆形，绿色；花萼膜质，5 裂；花冠蓝色、粉红色或白色，旗瓣宽倒卵形，中央有一白色或橙黄色浅晕，翼瓣与龙骨瓣远较旗瓣为小，均具柄，翼瓣倒卵状长圆形，龙骨瓣椭圆形；雄蕊二体；子房被短柔毛。荚果扁平，具长喙		

210、蝶豆（蓝蝴蝶、蓝花豆、蝴蝶花豆） 蝶形花科 Papilionaceae

资源利用	花、果期7～11月。花大而蓝色，形似蝴蝶；用于小型花架、棚架、庭园围篱、花坛等处蔓爬、盆栽、吊盆，随生长要架设支柱或棚架供攀爬，摘心可促进其侧枝发生；还可整形为灌木，植于山石、水岸边、路边作观赏。根、成熟种子有毒。嫩荚果可食用；花可做天然蓝色染色剂；全株可牧草、饲料、绿肥。播种、压条、扦插、组织培养繁殖
其他变种	重瓣蝶豆（*C. ternatea* var. *pleniflora* Fantz） 花冠数目较多。作篱垣美化、吊盆观赏

图 4-210A 蝶豆（花，粉红色）

图 4-210B 蝶豆（花，白色）

图 4-210C 蝶豆（花，蓝色重瓣）

图 4-210D 蝶豆（植株） 牟凤娟 摄

211、巴豆藤 蝶形花科 Papilionaceae

拉丁学名	*Craspedolobium schochii* Harms	英文名称	Schoch's Croton Vine
生境特点	海拔2000 m以下湿润疏林下和路旁灌木林中	分布范围	四川、贵州和云南
识别特征	常绿，攀援灌木，长约3 m。茎具髓，初时被黄色平伏细毛；老枝渐秃净，暗褐色，具纵棱，密生褐色皮孔。羽状三出复叶，长12～18 cm；叶柄长占4～7 cm，叶轴上面具浅沟；托叶三角形，脱落；小叶倒阔卵形至宽椭圆形，长5～9 cm，宽3～6 cm；先端钝圆或短尖，基部阔楔形至钝圆，顶生小叶较大或近等大，具长小叶柄；侧生小叶两侧不等大，歪斜；叶上面平坦，散生平伏细毛或秃净，下面被平伏细毛，脉上甚密。总状花序于枝端腋生，长15～25 cm，常多枝聚集成大型的复合花序；苞片三角状卵形，脱落，小苞片三角形，微小，宿存；花萼钟状，与花梗、苞片均被黄色细绢毛，萼齿卵状三角形，短于萼筒；花冠红色，花瓣近等长。荚果线形，长6～9 cm，宽1.2 cm，密被褐色细绒毛，顶端狭尖，具短尖喙，基部钝圆，果颈比萼筒短，腹缝具狭翅		
资源利用	花期6～9月，果期9～10月。根、藤茎、茎皮入药用。播种繁殖		

图4-211A 巴豆藤（藤茎、花）

图4-211B 巴豆藤（植株）

图4-211C 巴豆藤（花序）　　　　牟凤娟　摄

212、毛鱼藤（毒鱼藤）			蝶形花科 Papilionaceae
拉丁学名	*Derris elliptica*（Roxb.）Benth.	英文名称	Elliptic Derris
生境特点	喜温暖、潮湿，耐阴	分布范围	原产印度、中南半岛至马来半岛；福建、广东、广西等地有栽培
识别特征	常绿，粗壮缠绕藤本，高7～10 m。小枝密被褐色柔毛；老枝无毛，散生棕褐色皮孔。奇数羽状复叶；叶柄、叶轴上面有槽沟，密被棕褐色柔毛；小叶9～13枚，厚纸质，长椭圆形、倒卵状长椭圆形或倒披针形；长6～15 cm，宽2～4 cm；先端短渐尖，钝头，基部楔形或宽楔形，薄被棕褐色绢毛；小叶柄密被棕褐色柔毛。总状花序腋生，长15～25 cm；花序轴、总花梗和花梗远密被棕褐色柔毛；花萼浅杯状；花冠红色或近白色，外面被黄褐色柔毛，旗瓣近圆形，先端2裂，基部内侧有附属体2；雄蕊单体；子房密被黄褐色柔毛。荚果狭椭圆形，长3.5～8 cm，宽1.7～2 cm，薄、扁平；幼时被短柔毛，老渐脱落，背腹两缝有狭翅		
资源利用	花期4～5月。根可药用；根、茎有毒，具杀虫止痒之功效，外用治疥癣；富含鱼藤酮，可杀虫[232]。播种繁殖		

213、毛果鱼藤（土甘草、鸡血藤、藤甘草） 蝶形花科 Papilionaceae

拉丁学名	*Derris eriocarpa* How	英文名称	Hairy-podded Derris
生境特点	海拔 1200～1400 m 山地疏林中	分布范围	广西和云南
识别特征	攀援状灌木。小枝被锈色微柔毛。羽状复叶长 20～30 cm，叶轴和叶柄上面有槽沟，疏被微柔毛；小叶六七对，厚纸质，长椭圆形至卵状长圆形，顶生小叶倒卵状椭圆形，长 5～7.5 cm，宽 2～2.5 cm；先端短渐尖，稍钝，基部钝形或斜圆形；两面均被紧贴、疏散、黄色微柔毛。总状花序单生于叶腋，长于复叶；花序轴被黄色微柔毛，花 3～10 朵聚生，花束总轴延伸成一有节、长 2～4 mm 的小枝；花梗丝状，紧贴黄色柔毛，顶端有被黄色柔毛的小苞片 2 枚；花萼杯状，外面密被黄色柔毛，萼齿小，不等大；花冠红白色，旗瓣椭圆状卵形，先端 2 浅裂，基部截状微心形，沿背脉上疏被微柔毛或无毛，翼瓣和龙骨瓣一侧有稍钝的耳；雄蕊单体，不等长；花盘杯状，浅裂；子房被长柔毛。荚果线状长椭圆形，顶端有短尖，基部渐狭成一明显的柄，长 6～11 cm，宽 12～16 mm，仅腹缝有翅	
资源利用	花期 6～7 月，果期 9 月至翌年 1 月。根、藤茎可入药，根可补血、润肠，藤茎具有利尿除湿、镇咳化痰之功效[233～235]；根也可做杀虫剂[236]。播种繁殖	

图 4-212 毛鱼藤（藤茎、叶） 牟凤娟 摄

图 4-213A 毛果鱼藤（藤茎、果实）

图 4-213B 毛果鱼藤（果实） 朱鑫鑫 摄

214、大理鱼藤			蝶形花科 Papilionaceae
拉丁学名	*Derris harrowiana*(Diels) Z. Wei	英文名称	Harrow Derris
生境特点	海拔 1900～2000 m 山地林中	分布范围	云南（大理）
识别特征	常绿，木质缠绕藤本。枝、干有小瘤状凸起、白色皮孔。羽状复叶，开花时叶尚幼嫩，小叶 3～5 对，对生，长圆状椭圆形或少数稍呈狭卵形，长 4.5～5.5 cm，宽 1.5～2.5 cm；先端短渐尖，常向下弯曲。总状花序同总花梗长 12～16 cm，顶端有小苞片 2 枚；花萼钟状，有短齿，外面密被锈色绢状柔毛；花冠苍白色或玫瑰红色；雄蕊单体；子房被绢毛。荚果狭长圆形，长 7～16 cm，宽 2～2.3 cm，扁平，顶端有尖头，仅腹缝线有翅		
资源利用	花期 4～5 月，果期 6～8 月。具枝叶繁茂，有适应能力强，管护容易等特点；适合树木下、小型棚架及绿廊栽培；也可修剪为灌木，栽培于路边、水岸及路边。播种繁殖		

图 4-214A 大理鱼藤（藤茎、叶）　　牟凤娟 摄　　图 4-214B 大理鱼藤（藤茎）　　李双智 摄

215、边荚鱼藤（纤毛萼鱼藤）			蝶形花科 Papilionaceae
拉丁学名	*Derris marginata*(Roxb.) Benth.	英文名称	Margined-podded Derris
生境特点	海拔 500～1800 m 山地疏林或密林中	分布范围	原产印度、中南半岛；福建、广东、广西、云南等地可栽培

215、边荚鱼藤（纤毛萼鱼藤）　　　　　　　　　　　　　　　　　　　蝶形花科 Papilionaceae

识别特征	常绿，攀援状灌木。花萼、子房被疏柔毛。羽状复叶长 13～25 cm，小叶二三对，近革质，倒卵状椭圆形或倒卵形，长 5～15 cm，宽 2.5～6 cm；先端短渐尖，钝头，基部圆形；叶脉于两面稍隆起，下面较明显。圆锥花序腋生，长 6～20 cm，分枝少数，花单生或二三朵聚生；花萼浅杯状；花冠白色淡红色，旗瓣阔卵形，雄蕊单体；子房无柄。荚果薄，舌状长椭圆形，长 7～10（～15）cm，宽 2～4 cm，有小网纹；腹缝翅宽 6～8 mm，背缝翅宽 2～3 mm
资源利用	花期 4～5 月，果期 11 月至翌年 1 月。根、茎叶含有鱼藤酮，可作选择性植物源杀虫剂[236]。播种繁殖

图 4-215A 边荚鱼藤（花序）　　　　　　　图 4-215B 边荚鱼藤（植株）　　　　　牟凤娟　摄

同属近缘种类：

中文名称	拉丁学名	分布范围	生境特点
白花鱼藤	D. albo-rubra	产广东和广西，及越南	生山地疏林或灌木丛中
短枝鱼藤	D. breviramosa	产海南	生山地溪边
尾叶鱼藤	D. caudatilimba	产广东、云南东南部	生山地路旁灌木林或疏林中
黔桂鱼藤、嘉氏鱼藤	D. cavaleriei	产广西、贵州	生山地沟谷旁疏林中
锈毛鱼藤、锈叶鱼藤、荔枝藤	D. ferruginea	产广东、广西和云南，及印度、中南半岛	生低海拔山地的疏林和灌丛中
中南鱼藤、霍氏鱼藤	D. fordii	产浙江、江西、福建、湖北、湖南、广东、广西、贵州和云南	生山地路旁或山谷灌木林或疏林中
粉叶鱼藤	D. glauca	产广东、海南和广西（十万大山）	多见低海拔至中海拔的森林中
海南鱼藤	D. hainanensis	产海南	生于山地疏林或灌木林中
粤东鱼藤、韩氏鱼藤	D. hancei	产广东	生旷野路旁及水塘边
大叶鱼藤	D. latifolia	产广西和云南，及印度东部	生海拔约 1200 m 山地疏林中

263

中文名称	拉丁学名	分布范围	生境特点
疏花鱼藤	D. laxiflora	产台湾	散生低海拔山地林中
异翅鱼藤、马来鱼藤	D. malaccensis	原产中南半岛、马来西亚和印度尼西亚；广东（广州）和海南有栽培	
兰屿鱼藤	D. oblonga	产台湾（兰屿），及亚洲南部	
掌叶鱼藤	D. palmifolia	产云南（巍山）	生海拔约 1700 m 山地开阔峡谷中
粗茎鱼藤	D. scabricaulis	产云南和西藏	生海拔 2000～2500 m 山谷灌木林中
密锥花鱼藤、长小苞鱼藤	D. thyrsiflora	产广东、海南、广西（十万大山），及印度、越南、菲律宾和印度尼西亚	生低海拔山地溪边灌丛中
鼎湖鱼藤	D. tinghuensis	产广东（鼎湖山）	生低海拔山地林中
大叶东京鱼藤	D. tonkinensis var. compacta	产广东和广西	
东京鱼藤、越南鱼藤	D. tonkinensis var. tonkinensis	产贵州（罗甸）、广东、广西（龙州），及越南	生山地灌丛或疏林中
鱼藤	D. trifoliata	产福建、台湾、广东、广西、印度、马来西亚及澳大利亚北部	多生沿海河岸灌木丛、海边灌木丛或近海岸的红树林中
云南鱼藤	D. yunnanensis	产云南	生海拔 2000 m 山地崖壁下

216、厚果崖豆藤（苦檀子、冲天子） 蝶形花科 Papilionaceae

拉丁学名	Millettia pachycarpa Benth.	英文名称	Thick-fruited Millettia
生境特点	海拔 2000 m 以下山坡常绿阔叶林内	分布范围	南方多省区，以及中南半岛、孟加拉国、印度、尼泊尔和不丹
识别特征	巨大藤本，长达 15 m；幼年时直立小乔木状。嫩枝褐色，密被黄色绒毛，后渐秃净；老枝黑色，光滑，散布褐色皮孔，茎中空。羽状复叶长 30～50 cm；托叶阔卵形，黑褐色，贴生鳞芽两侧，宿存；小叶 6～8 对，长圆状椭圆形至长圆状披针形；下面被平伏绢毛，中脉密被褐色绒毛；小叶柄密被毛，无小托叶。总状圆锥花序，2～6 枝生于新枝下部，密被褐色绒毛；花萼杯状，密被绒毛，萼齿甚短，几圆头，上方 2 齿全合生；花冠淡紫，旗瓣无毛，或先端边缘具睫毛，卵形，基部淡紫，基部具 2 短耳，无胼胝体，翼瓣长圆形，下侧具钩，龙骨瓣基部截形，具短钩；雄蕊单体，对旗瓣的 1 枚基部分离；子房线形，密被绒毛。荚果深褐黄色，肿胀，长圆形，单粒种子时卵形，秃净，密布浅黄色疣状斑点，果瓣木质，甚厚，迟裂；种子黑褐色，肾形，或挤压呈棋子形		
资源利用	花期 4～6 月，果期 6～11 月。供药用；种子、根富含鱼藤酮成分，可毒鱼，磨粉可作杀虫药。茎皮纤维可供利用。播种、扦插繁殖		

图 4-216A 厚果崖豆藤（花序）　　　徐晔春 摄　　图 4-216B 厚果崖豆藤（果实）　　　周联选 摄

同属近缘种类：

中文名称	拉丁学名	分布范围	生境特点
滇南崖豆	M. austroyunnanensis	产云南南部	生海拔约 2000 m 疏林中
红河崖豆	M.cubittii	产云南南部，及缅甸和越南	生海拔 300～1000 m 河边林下
榼藤子崖豆藤	M. entadoides	产云南西南部	生海拔 1500～2600 m 山坡灌木林中
澜沧崖豆藤	M. lantsangensis	产云南西南部	生海拔 1200～1600 m 山坡灌丛
海南崖豆藤	M. pachyloba	产广东、广西、贵州西南部、海南、湖南西南部、云南	生海拔 1500 m 以下常绿阔叶林下
无患子叶崖豆藤	M. sapindiifolia	产广西和贵州	生海拔 1000～1200 m 山坡灌丛

217、白花油麻藤（禾雀花、勃氏黧豆）			蝶形花科 Papilionaceae
拉丁学名	*Mucuna birdwoodiana* Tutch.	英文名称	White Mucuna, Birdwood's Mucuna
生境特点	喜温暖、湿润，耐阴、耐旱，畏严寒	分布范围	江西、福建、广东、广西、贵州和四川
识别特征	常绿，大型缠绕木质藤本。老茎外皮灰褐色，断面淡红褐色，有 3～4 偏心的同心圆圈，断面先流白汁，2～3 min 后有血红色汁液形成；幼茎具纵沟槽，皮孔褐色，凸起，无毛或节间被伏贴毛。羽状复叶具 3 小叶。总状花序生于老枝上或生于叶腋，有花 20～30 朵；花梗具稀疏或密生的暗褐色伏贴毛；花萼内面与外面密被浅褐色伏贴毛，外面被红褐色脱落的粗刺毛，萼筒宽杯形；花冠白色或带绿白色，瓣柄密被褐色短毛；子房密被直立暗褐色短毛。荚果木质，带形，近念珠状，密被红褐色短绒毛，幼果常被红褐色脱落的刚毛，沿背、腹缝线各具宽 3～5 mm 木质狭翅		
资源利用	花期 4～6 月，果期 6～11 月。生长快速；总状花序下垂，茎生，花形酷似禾雀；适宜于大型棚架、墙垣、绿廊、绿亭、露地餐厅等立面或垂直绿化，可用于山岩、叠石、林间、阳台配置，也可植于大树下任其攀爬，或作堡坎、陡坡、岩壁等隐蔽掩体绿化及公路边坡的护坡；顶面绿化时，前期应注意设立支架、人工绑扎以助其攀援。种子含淀粉，有毒，不宜食用；藤茎可药用，有通经络、强筋骨的功效[237, 238]。花味道甘甜可口，可食用；茎皮供编织。扦插、压条、播种繁殖		

图 4-217A 白花油麻藤（藤茎、花序）　　　　　　　图 4-217C 白花油麻藤（果实）　　　　　　徐晔春 摄

图 4-217B 白花油麻藤（花）　　　牟凤娟 摄

218、褶皮黧豆（宁油麻藤）			蝶形花科 Papilionaceae
拉丁学名	*Mucuna lamellata* Wilmot–Dear	英文名称	Lamellate Mucuna
生境特点	海拔 400～1000 m 灌丛、溪边、路旁或山谷，缠绕于灌木上	分布范围	浙江、江苏、江西、湖北、福建、广东和广西
识别特征	常绿，攀援藤本。茎稍木质化，具纵沟槽，无毛或具疏毛。羽状复叶长 17～27 cm，3 小叶；小叶薄纸质，顶生小叶菱状卵形，长 6～13 cm，宽 4～9.5 cm，先端渐尖，具 4 mm 短尖头，基部圆或稍楔形；侧生小叶明显偏斜，长 8～14 cm；基部截形，侧脉两面隆起；小托叶线形。总状花序生长在嫩枝上，长 7～27 cm，腋生；花生于花序上；花梗密被锈色柔毛和浅黄色贴伏毛；苞片和小苞片披针形，线状披针形或狭卵形；花萼密被绢质柔毛，筒杯状；花冠深紫色或红色，旗瓣宽椭圆形，长 2～2.5 cm，先端宽圆形，浅二裂，翼瓣长圆形，长 3.2～4 cm，宽 9～12 mm，龙骨瓣较纤细且短，与翼瓣等长或稍长，先端弯曲；雄蕊约与龙骨瓣相等；子房线形。荚果革质，长圆形，长 6.5～10 cm，宽 2～2.3 cm，幼时密被锈褐色刚毛，最后被柔毛和凋落的锈色螫毛，具 12～16 片状薄翅状皱褶，种子间有深的横沟		
资源利用	花期 6～7 月。花紫色，荚果外形奇特，果皮具有皱褶；适宜石灰岩山地栽培，常用于庭院、绿篱、长廊等绿化。播种繁殖		

图 4-218A 褶皮黧豆（花序）　　　　　　胡　秀　摄

图 4-218B 褶皮黧豆（藤茎、果实）　　牟凤娟　摄　　图 4-218C 褶皮黧豆（果实）　　　　　　胡　秀　摄

219、大果油麻藤（黑血藤、海凉耷、血藤、青山笼）			蝶形花科 Papilionaceae
拉丁学名	*Mucuna macrocarpa* Wall.	英文名称	Large-fruited Mucuna
生境特点	喜温暖、湿润、耐阴、耐旱、畏严寒	分布范围	云南、贵州、广东、海南、广西和台湾，以及印度、尼泊尔、缅甸、泰国、越南和日本
识别特征	常绿，大型缠绕木质藤本。茎具纵棱脊和褐色皮孔，被伏贴灰白色或红褐色细毛。羽状复叶长 25～33 cm，托叶脱落；3 小叶，小叶纸质或革质；顶生小叶椭圆形、卵状椭圆形、卵形或稍倒卵形，长 10～19 cm，宽 5～10 cm；先端急尖或圆，具短尖头，很少微缺，基部圆或稍微楔形；侧生小叶极偏斜，长 10.5～17 cm。总状花序，通常生于老茎；花多聚生于顶部，每节有二三小花，常有恶臭；花梗密被伏贴的淡褐色或深褐色短毛和稀疏深褐色或红褐色细刚毛；苞片和小苞片脱落；花萼密被伏贴的深褐色或淡褐色短毛和灰白或红褐色脱落的刚毛，花萼宽杯形；旗瓣和龙骨瓣暗紫色，而翼瓣绿白色；旗瓣长 3～3.5 cm，先端圆，基部的耳很小，翼瓣长 4～5.2 cm，宽 1.5～1.7 cm，龙骨瓣长 5～6.3 cm，瓣柄长 8～10 mm；雄蕊管长 4.5～5.5 cm。荚果木质，带形，长 26～45 cm，宽 3～5 cm，近念珠状，直或稍微弯曲，密被直立红褐色细短毛		
资源利用	花期 3～5 月，果期 6～11 月。生性强健，生长迅速，攀援力强；可让其藤蔓攀援棚架生长，花序悬挂于棚下，吊挂成串。藤茎（嗨凉耷、老鸦花藤）药用，具舒筋活络、调经之功效[238, 239]。播种、扦插繁殖		

图4-219A 大果油麻藤(藤茎、花) 　　图4-219B 大果油麻藤(花序) 　　图4-219C 大果油麻藤(植株)　　宋　鼎　摄

220、常春油麻藤（棉麻藤）			蝶形花科 Papilionaceae
拉丁学名	*Mucuna sempervirens* Hemsl.	英文名称	Evergreen Velvet Bean
生境特点	喜温暖、湿润、阳光，耐热、耐旱、耐阴，较耐寒	分布范围	华南、西南、华东及华中亚热带地区，以及日本
识别特征	常绿，缠绕木质藤本，长达25 m。茎有皱纹；幼茎有纵棱和皮孔。羽状3小叶，长21～39 cm；托叶脱落；小叶纸质或革质，顶生小叶椭圆形，长圆形或卵状椭圆形，长8～15 cm，宽3.5～6 cm，先端渐尖头可达15 cm，基部稍楔形；侧生小叶极偏斜，长7～14cm；侧脉在两面明显，下面凸起；小叶柄膨大。总状花序茎生，长10～36 cm，下垂；花萼密被暗褐色伏贴短毛，外面被稀疏的金黄色或红褐色脱落的长硬毛，萼筒宽杯形；花冠深紫色或紫红色，干后黑色，旗瓣长3.2～4 cm，圆形，先端凹达4 mm，翼瓣长4.8～6 cm，宽1.8～2 cm，龙骨瓣长6～7 cm；雄蕊管长约4 cm；花柱下部和子房被毛。荚果带形，长30～60 cm，宽3～3.5 cm，具伏贴红褐色短毛，种子间缢缩		
资源利用	花期4～5月，果期8～10月。枝干遒劲，叶四季常青，色泽光亮，花色深紫色，茎生，下垂，形如成串的小雀，是一种适应性强、生长快、绿化优良、观赏性较强的木质藤本植物；适合大型棚架、拱门、栅栏、绿廊绿化；也可植于大树下任其攀援于大树上[240]，或植于公路边坡保护环境[241]。茎藤可药用，有活血去瘀、舒筋活络之效[238]。块根可提取淀粉，种子可食用和榨油；茎皮可织草袋及造纸；枝条可编箩筐。扦插、播种、压条、嫁接繁殖		

图 4-220A 常春油麻藤（花序）　　　　　　　　图 4-220B 常春油麻藤（藤茎、果实）　　　牟凤娟　摄

同属近缘种类：

中文名称	拉丁学名	分布范围	生境特点
贵州黧豆	M. bodinieri	产贵州（安顺）	生海拔 1000～1500 m 处
黄毛黧豆、苞花油麻藤	M. bracteata	产云南和海南，及缅甸、泰国、老挝和越南	生海拔 600～2000 m 林中或草地、山坡、路边、溪旁
美叶油麻藤	M. calophylla	产云南西部和中部（洱源、宾川和禄丰）	生海拔 1000～3000 m 林中、开阔灌丛或干燥草坡上
港油麻藤、绢毛油麻藤	M. championii	产香港	攀援在低海拔常绿阔叶林乔木或灌木上
闽油麻藤	M. cyclocarpa	产福建和江西交界的武夷山	生海拔约 1200 m 处，攀援在岩石、树木上
巨黧豆、大血藤	M. gigantea	产台湾地区和海南，及印度、马来西亚至澳大利亚，东至琉球群岛、小笠原群岛和波利尼西亚	生山边、海边的灌丛中
海南黧豆、琼油麻藤	M. hainanensis	产海南和云南，及越南北部	生山谷、山腰水旁密林、疏林或低海拔灌丛中，常攀援在乔木、灌木或竹上
毛瓣黧豆	M. hirtipetala	产云南（勐腊）	生海拔约 800 m 河边密林下
喙瓣黧豆	M. incurvata	产云南南部（景洪）	生海拔 800～900 m 混交林下
间序油麻藤	M. interrupta	产云南西部和西南部（西双版纳），及泰国、柬埔寨、老挝、越南和马来西亚	生海拔 900～1100 m 常绿阔叶林林缘处
大球油麻藤	M. macrobotrys	产广东沿海岛屿、广西和云南	攀援于林中树上
兰屿血藤	M. membranacea	产台湾（兰屿、火烧岛），及琉球群岛、西表岛和石垣岛	生近海边常绿阔叶林中
贵州黧豆	M. terrens	产贵州（安顺）	生海拔 1000～1500 m 处

221、葛（葛藤）			蝶形花科 Papilionaceae
拉丁学名	*Pueraria montana* （Lour.）Merr.	英文名称	Japanese Arrowroot，Vietnam Kudzuvine
分布范围	除新疆、青海及西藏外，分布几遍全国，以及东南亚至澳大利亚	生境特点	喜光、温暖、湿润，较耐阴、耐寒、耐旱
识别特征	粗壮藤本，长可达 8 m。羽状复叶具 3 小叶；顶生小叶宽卵形，长大于宽，长 9～18 cm，宽 6～12 cm；侧生小叶斜卵形，稍小；叶先端渐尖，基部近圆形，通常全缘，侧生小叶略小而偏斜，两面均被长柔毛，下面毛较密。总状花序；花冠长 12～15 mm，旗瓣圆形		
资源利用	花期 7～9 月，果期 10～12 月。生长速度快、蔓延能力强，形成密集族群局限性的大量入侵；枝叶稠密，花序硕长、美丽，长配植于棚架、绿廊、凉亭等处，也是一种优良的地被、水土保持植物。块根、藤茎、叶、花、种子及葛粉均可药用，葛根有升阳解肌、透疹止泻、除烦止渴之功能[242]。块状根可食用，可制葛粉或酿酒；茎皮纤维供织布、造纸用、拧绳索。播种、组织培养繁殖[243, 244]		
其他变种	葛麻姆（野葛）[*P. montana* var. *lobata* （Willdenow）Maesen & S. M. Almeida ex Sanjappa & Predeep] 全体被黄色长硬毛；块状根粗厚；茎基部木质；小叶三裂，偶尔全缘；叶上面被淡黄色、平伏蔬柔毛，下面较密；小叶柄被黄褐色绒毛；旗瓣倒卵形，基部有 2 耳及一黄色硬痂状附属体，具短瓣柄，翼瓣镰状，较龙骨瓣为狭，基部有线形、向下的耳，龙骨瓣镰状长圆形，基部有极小、急尖的耳；对旗瓣的 1 枚雄蕊仅上部离生；子房线形，被毛。荚果长椭圆形，扁平，被褐色长硬毛。花期 9～10 月，果期 11～12 月 粉葛 [*P. montana* var. *thomsonii* （Bentham）M. R. Al-meida] 顶生小叶菱状卵形或宽卵形，侧生的斜卵形，长和宽 10～13 cm，先端急尖或具长小尖头，基部截平或急尖，全缘或具 2～3 裂片，两面均被黄色粗伏毛；花冠长 16～18 mm；旗瓣近圆形。花期 9 月，果期 11 月。产江西、四川、广东、广西、海南、台湾、西藏、云南，及印度、不丹、中南半岛、菲律宾；生灌丛、开阔林下，常栽培		

图 4-221A 葛（花序）

图 4-221B 葛（果实）　　　　朱鑫鑫　摄　图 4-221C 野葛（花序）　　　　牟凤娟　摄

222、苦葛（云南葛藤、白苦葛、红苦葛）		蝶形花科 Papilionaceae	
拉丁学名	*Pueraria pedunculais*（Grah. ex Benth.）Benth.	英文名称	Bitter Arrowroot
分布范围	西藏、云南、四川、贵州和广西，以及克什米尔地区、印度、尼泊尔和缅甸	生境特点	荒地、杂木林中
识别特征	缠绕草质藤本。各部被疏或密的粗硬毛。羽状复叶具3小叶；托叶基着，披针形，早落；小托叶小，刚毛状；小叶卵形或斜卵形，全缘；先端渐尖，基部急尖至截平，两面均被粗硬毛，稀可上面无毛；叶柄长4～12 cm。总状花序长20～40 cm，纤细，苞片和小苞片早落；花白色，3～5朵簇生于花序轴的节上；花梗纤细，长2～6 mm，萼钟状，长5 mm，被长柔毛，上方的裂片极宽，下方的稍急尖，较管为短；花冠长约1.4 cm，旗瓣倒卵形，基部渐狭，具2个狭耳，无痂状体，翼瓣稍比龙骨瓣长，龙骨瓣顶端内弯扩大，无喙，颜色较深；对旗瓣的1枚雄蕊稍宽，和其他的雄蕊紧贴但不连合。迹果线形，长5～8 cm，宽6～8 mm，直，光亮，果瓣近纸质，近无毛或疏被柔毛		
资源利用	花期9月，果期11月。根有毒，根、花可入药有清热、透疹、生津止渴的功能；根、叶具有抑菌、杀虫作用[245～247]。播种繁殖		

图 4-222A 苦葛（藤茎、花序）　　　　图 4-222B 苦葛（花）　　　　朱鑫鑫 摄

同属近缘种类：

中文名称	拉丁学名	分布范围	生境特点
密花葛、狐尾葛	*P. alopecuroides*	产云南南部，及泰国和缅甸	
黄毛萼葛、黄毛萼葛藤	*P. calycina*	产云南（丽江、鹤庆和永胜）	生海拔2000～2600 m山地灌丛中
食用葛、食用葛藤	*P. edulis*	产广西、云南和四川	生海拔1000～3200 m山沟林中
须弥葛、喜马拉雅葛藤	*P. wallichii*	产西藏（察隅）、云南，及泰国、缅甸、印度东北部、不丹和尼泊尔	生海拔约1700 m山坡灌丛中

223、翡翠葛（绿玉藤）			蝶形花科 Papilionaceae
拉丁学名	*Strongylodon macrobotrys* A. Gray	英文名称	Jade Vine, Emerald Vine, Turquoise Jade Vine
生境特点	多生长在潮湿森林、溪边；喜高温、高湿，不耐霜冻或干旱	分布范围	原产菲律宾热带雨林中；华南及西南各地引种栽培
识别特征	常绿，多年生木质藤本植物，长可达 20 m。掌状复叶，常 3 小叶；小叶长椭圆形，先端渐尖，基部楔形，叶脉明显，叶全缘，下部小叶极不对称。总状花序，长可达 1.5 m，由多朵小花组成；龙骨瓣向上翘起，呈鹦鹉喙状，形似鸟爪。荚果圆柱形		
资源利用	花期 12～4 月，集中于春季至初夏。花色独特，从蓝绿色到薄荷绿各不相同，如发出冷光一般，为优良的观花型藤蔓植物；可在公园、庭院将其攀绕棚架，塑成拱门、篱墙、花廊、亭顶等；在夏威夷绿玉藤用来制作花环，在泰国用于墙体的垂直绿化。扦插、播种繁殖		

224、蜗牛藤（卡拉卡拉藤、豇豆卡拉卡拉）			蝶形花科 Papilionaceae
拉丁学名	*Vigna caracalla*（L.）Verdc.	英文名称	Corkscrew Vine, Snail Vine, Caracol
生境特点	喜高温、潮湿、阳光，不耐寒	分布范围	原产南美洲、中美洲热带和亚热带地区
识别特征	常绿，缠绕藤本，长达 7～8 m。三出复叶。总状花序，单花总长 4～7 cm，花梗长约 5～15 mm；具香味；花冠淡紫色，龙骨瓣盘绕旋转形如蜗牛壳般		
资源利用	花期 7～9 月。花形、花色和香味具有较高的观赏价值。旗瓣背面为紫色，随着花蕾逐渐绽放，龙骨瓣盘绕旋转，由尖尾端向后螺旋扭转渐开，白色部分逐渐变为橘黄色，紫色部分颜色不变，形似蜗牛，具有美妙的香气，粉红色、黄色和奶油色的花朵从夏季开花到深秋；开花时，螺旋形的开法形如红酒开瓶器，又有"螺旋花"之称。播种、扦插繁殖		

图 4-223 翡翠葛（花序）

图 4-224A 蜗牛藤（花）　　　　图 4-224B 蜗牛藤（藤茎、花）　　　　牟凤娟 摄

225、紫藤（藤萝、朱藤、招藤）			蝶形花科 Papilionaceae	
拉丁学名	*Wisteria sinensis*（Sims）Sweet		英文名称	Chinese Wisteria
生境特点	喜光照，略耐阴、耐寒、耐旱		分布范围	河北以南黄河、长江流域及陕西、河南、广西、贵州和云南
识别特征	落叶，缠绕大型木质藤本。枝较粗壮，嫩枝被白色柔毛，后秃净；冬芽卵形。奇数羽状复叶长15～25 cm；托叶线形，早落；小叶3～6对，纸质，卵状椭圆形至卵状披针形，上部小叶较大，基部1对最小，长5～8 cm，宽2～4 cm；先端渐尖至尾尖，基部钝圆或楔形，或歪斜，嫩叶两面被平伏毛；小托叶刺毛状，宿存。总状花序，长15～30 cm，花序轴被白色柔毛，花芳香；苞片披针形，早落；花萼杯状，密被细绢毛，上方2齿甚钝，下方3齿卵状三角形；花冠紫色，旗瓣圆形，先端略凹陷，花开后反折，基部有2胼胝体，翼瓣长圆形，基部圆，龙骨瓣较翼瓣短，阔镰形；子房线形，长10～15 cm，宽1.5～2 cm，密被绒毛。荚果线形，种子间缢缩			
资源利用	花期3～5月，果期5～8月。适应性较好，具一定抗污染性能；花开繁茂，紫色；是大型棚架、绿廊的优良绿化材料，也可植于山石旁任其攀援生长。豆荚、种子、茎皮有小毒；茎皮、花、种子及紫藤瘤皆可入药，可止痛，杀虫[248, 249]；紫藤皮可以杀虫。嫩叶、花可食用[249]。花可提取精油做香料；皮纤维可编织筐篮器皿，用剡藤制纸、藤手杖。扦插、播种、分株、压条、嫁接繁殖			
其他变型	白花紫藤［*W. sinensis* f. *alba*（Lindl.）Rehd. et Wils］花冠白色。产湖北、湖南、贵州			

图4-225A 紫藤（藤茎、花）　　　　图4-225B 紫藤（花序）　　　牟凤娟 摄

同属近缘种类：

中文名称	拉丁学名	习性	分布范围	生境特点
短梗紫藤、短齿紫藤	*W. brevidentata*	落叶	产福建和云南	
多花紫藤	*W. floribunda*	落叶	原产日本	
白花藤萝	*W. venusta*	落叶	产华北各地	
藤萝	*W. villosa*	落叶	产河北、山东、江苏、安徽和河南	生山坡灌木丛及路旁

226、蝉翼藤（中啷项、蝉翼木、象皮藤、当低相悲）		远志科 Polygalacea	
拉丁学名	*Securidaca inappendiculata* Hasskarl	英文名称	Securidaca
分布范围	广东、广西、海南和云南，以及印度、孟加拉国中南半岛、菲律宾、马来西亚和印度尼西亚	生境特点	海拔 500～1100 m 沟谷密林中
识别特征	攀援状灌木或小灌木，长 6 m，甚者可达 20 m。小枝细，被紧贴的短伏毛。单叶互生，叶片纸质或近革质，椭圆形或倒卵状长圆形，长 7～12 cm，宽 3～6 cm；先端急尖，基部钝至近圆形，全缘；叶面深绿色，无毛或被紧贴的短伏毛，背面淡绿色，被紧贴的短伏毛；主脉上面凹陷，背面隆起；叶柄被短伏毛。圆锥花序顶生或腋生，长 13～15 cm，被淡黄褐色短伏毛；苞片微小，早落；花小，萼片 5，外面 3 枚长圆状卵形，几等大，具缘毛，里面 2 枚花瓣状，基部具爪；花瓣 3，淡紫红色，侧瓣倒三角形，先端平截，基部与龙骨瓣合生，龙骨瓣近圆形，顶端具 1 兜状附属物；雄蕊 8，花丝 2/3 以下合生成鞘，并与花瓣贴生，花药卵球形；子房近圆形，花柱偏于一侧，弯曲。核果球形，果皮厚，坚硬，具明显的脉纹，顶端具革质翅，无短翅状附属物，翅长圆形，长 6～8 cm，宽 1.5～2 cm，先端钝，基部较狭，具多数弧形脉		
资源利用	花期 5～8 月，果期 10～12 月。花序开阔，花果色彩艳丽，可供栽培观赏。根、茎、叶可入药，根具活血散瘀、消肿止痛、清热利尿等功效[250～254]。茎皮纤维坚韧，可作麻类的代用品，人造棉和造纸原料。播种繁殖		
其他种类	瑶山蝉翼藤（*S. yaoshanensis* K. S. Hao）叶面光滑无毛；花序较小且少花，花大，枣红色，萼片较大；果较大，径 12～16 mm，翅宽短。花期 7 月，果期 10 月。产广东、广西（瑶山）和云南（西畴和马关）；生海拔 1000～1500 m 林下		

图 4-226 蝉翼藤（叶、花序） 周联选 摄

274

227、木藤蓼（木藤首乌、卷茎蓼、奥氏蓼）			蓼科 Polygonaceae
拉丁学名	*Fallopia aubertii*（L. Henry）Holub	英文名称	Silver Lace Vine, Russian Vine
生境特点	海拔 900～3200 m 山坡或山谷灌丛；喜阳、喜湿润，耐阴、寒、旱、贫瘠	分布范围	西北及西南多省区
识别特征	落叶，缠绕半灌木。茎灰褐色。叶簇生，稀互生；叶片近革质，长卵形或卵形，长 2.5～5 cm，宽 1.5～3 cm；顶端急尖，基部近心形；托叶鞘膜质，偏斜，褐色，易破裂。花序圆锥状，少分枝，稀疏，腋生或顶生，花序梗具小突起；苞片膜质，顶端急尖，每苞内具 3～6 花；花梗细，下部具关节；花被 5 深裂，淡绿色或白色，花被片外面 3 片较大，背部具翅，果时增大，基部下延；花被果时外形呈倒卵形；雄蕊 8，比花被短，花丝中下部较宽，基部具柔毛；花柱 3，极短，柱头头状。瘦果卵形，具 3 棱，黑褐色，密被小颗粒，微有光泽，包于宿存花被内		
资源利用	花期 7～8 月，果期 8～9 月。果实渐变为粉红色，最后呈褐色，并宿存至 12 月；白花红果，具有较高的观赏性。块根（酱头）供药用，可清热解毒、调经止血、行气消积。可作蜜源植物。播种、扦插、压条繁殖		

图 4-227A 木藤首乌（植株、花）

图 4-227B 木藤首乌（藤茎、花序）

图 4-227C 木藤首乌（果实）　　　　牟凤娟 摄

228、齿叶蓼（酱头） 蓼科 Polygonaceae

拉丁学名	*Fallopia denticulata*（Huang）A. J. Li	英文名称	Dentate-leaf Knotweed
生境特点	海拔 2500 m 山坡灌丛	分布范围	云南（耿马）
识别特征	多年缠绕藤本；根状茎肥厚，近球形或略呈葫芦形，直径可达 10cm。茎具纵棱，疏生小突起，中空，基部稍木质化，长 1～3 m，多分枝；小枝具细纵棱及小突起。叶卵状三角形，长 3～11 cm，宽 2～5 cm，顶端渐尖，基部宽心形，侧生裂片圆钝，边缘具浅波齿状或近全缘，薄纸质，沿叶脉具小突起；叶柄疏生小突起；托叶鞘膜质，带紫红色，偏斜，顶端急尖。花序圆锥状，腋生或顶生；苞片漏斗状，偏斜，背部具 1 条绿色纵脉，边缘近膜质，淡紫色，每苞片内具 1～2 花；花被白色或淡绿色，花被片长椭圆形；雄蕊 8；花丝淡紫红色，比花被稍短；花柱 3，中下部合生，柱头头状
资源利用	花期 8～9 月。根状茎供药用，有清热解毒、调经止血之功效。播种繁殖

图 4-228A 齿叶蓼（藤茎、花） 　　 图 4-228B 齿叶蓼（叶、花序）

图 4-228C 齿叶蓼（花） 　　 朱鑫鑫 摄

229、何首乌（多花蓼、紫乌藤、夜交藤） 蓼科 Polygonaceae

拉丁学名	*Fallopia multiflora*（Thunb.）Harald.	英文名称	Chinese Knotweed, Tuber Fleeceflower
生境特点	海拔 200～3000 m 山谷灌丛、山坡林下、沟边石隙	分布范围	陕西南部、甘肃南部、华东、华中、华南、四川、云南和贵州，以及日本

229、何首乌（多花蓼、紫乌藤、夜交藤） 蓼科 Polygonaceae

识别特征	多年生藤本。块根肥厚，长椭圆形，黑褐色。茎缠绕，长2～4 m，多分枝，具纵棱，微粗糙，下部木质化。叶卵形或长卵形，长3～7 cm，宽2～5 cm；顶端渐尖，基部心形或近心形，两面粗糙，边缘全缘；托叶鞘膜质，偏斜，无毛。花序圆锥状，顶生或腋生，分枝开展，具细纵棱，沿棱密被小突起；苞片三角状卵形，具小突起，顶端尖，每苞内具2～4花；花梗细弱，下部具关节，果时延长；花被5深裂，白色或淡绿色，花被片椭圆形，大小不相等，外面3片较大背部具翅，果时增大，花被果时外形近圆形；雄蕊8，花丝下部较宽；花柱3，极短，柱头头状。瘦果卵形，具3棱，黑褐色，有光泽，包于宿存花被内
资源利用	花期6～10，果期7～11月。块根入药用，可养血滋阴、润肠通便、截疟、祛风、解毒[255, 256]。播种、分株繁殖
其他变种	毛脉蓼［*F. multiflora* var. *ciliinerve* (Nakai) A. J. Li］叶下面沿叶脉具乳头状突起。产吉林南部、辽宁南部、河南、陕西南部、甘肃南部、青海东部、湖北、四川、贵州和云南；生海拔200～2700 m山谷灌丛，山坡石缝

图 4-229A 何首乌（幼果、花）　　图 4-229B 何首乌（藤茎、花）　　朱鑫鑫 摄

同属近缘种类：

中文名称	拉丁学名	分布范围	生境特点
牛皮消蓼	*F. cynanchoides* var. *cynanchoides*	产陕西南部、甘肃南部、湖南、湖北、四川、贵州和云南	生海拔1100～2400 m山谷灌丛、山坡林下
光叶牛皮消蓼	*F. cynanchoides* var. *glabriuscula*	产四川、西藏（墨脱）	生海拔2400～3000 m山坡林下、山谷灌丛

230、穴果木 茜草科 Rubiaceae

拉丁学名	*Coelospermum kanehirae* Merr.	英文名称	Kanehira Coelospermum
分布范围	海拔1900 m以下于山地和丘陵疏林下或灌丛中	生境特点	广西和海南，以及泰国、柬埔寨、越南、马来西亚和印度尼西亚

230、穴果木	茜草科 Rubiaceae
识别特征	藤本，常呈灌木状或小乔木状。茎无毛或近无毛。叶对生，革质或厚纸质，干后棕黄色或有时带淡黑色；椭圆形、卵圆形或倒卵形，长 7～15 cm，宽 3～10 cm；全缘；上面光亮，下面常被疏柔毛；托叶生叶柄间，每侧 2 片合生成半圆环形或略呈扁三角形，顶截平或具 2 短尖齿。聚伞状圆锥花序由 3～9 个伞形花序组成，长达 17 cm，顶生，有时兼腋生，较顶叶长；伞形花序梗和花梗被粉状微柔毛；萼杯形或钟形，革质，背面被粉状微毛，檐部环状，顶截平或具四五细齿；花冠高脚碟形，白色或乳黄色，外面无毛或疏具乳突状毛；管部内面和喉部密被均匀分布的柔毛，檐部四五裂，裂片线形或长圆状线形；雄蕊四五枚，着生冠管口处，花丝扁，花药线形，下部常稍叉开，2 室，纵裂；花柱棱柱形，自下向上扩大，2 裂，裂片线形。核果浆果状，近球形；分核 4（～2 或 3）枚，坚纸质，扁或稍钝三棱形
资源利用	花期 4～5 月，果期 7～9 月。播种繁殖
其他种类	**长叶穴果木**（*C. morindiforme* Pierre ex Pitard） 叶长圆状披针形，干后黑色；顶生聚伞圆锥花序长 6～8 cm，短于顶叶；萼环膜质；花冠喉部柔毛簇生。花期 5 月。产广西（十万大山），及越南北部、柬埔寨；生海拔 300 m 溪旁疏林下湿地，常平卧于石上

图 4-230A 穴果木（花） 徐晔春 摄

图 4-230B 穴果木（果实） 图 4-230C 穴果木（藤茎、果实） 周联选 摄

231、流苏子（牛老药藤、棉花藤、乌龙藤、伤药藤） 茜草科 Rubiaceae

拉丁学名	*Coptosapelta diffusa*（Champ. ex Benth.）Steenis	英文名称	Diffuse Coptosapelta
分布范围	安徽、浙江、江西、福建、台湾、湖北、湖南、广东、香港、广西、四川、贵州和云南，以及琉球群岛	生境特点	海拔 100～1500 m 山地或丘陵林中、灌丛中
识别特征	藤本或攀援灌木，长通常 2～5 m。枝多数，节明显；幼枝密被黄褐色倒伏硬毛。叶对生，坚纸质至革质，卵形、卵状长圆形至披针形，长 2～9.5 cm，宽 0.8～3.5 cm；顶端短尖、渐尖至尾状渐尖，基部圆形；干时黄绿色，上面稍光亮，中脉在两面均有疏长硬毛，边缘无毛或有疏睫毛；叶柄短；托叶条状披针形，脱落。花单生叶腋，常对生；萼管卵形，檐部 5 裂，裂片卵状三角形。花冠白色或黄色，高脚碟状，外面被绢毛，长 1.2～2 cm，冠管圆筒形，长 0.8～1.5 cm，内面上部有柔毛，裂片 5，长圆形，内面中部有柔毛，开放时裂片反折。蒴果稍扁球形，中间有 1 m 浅沟，淡黄色；果皮木质，顶有宿存萼裂片；种子边缘流苏状		
资源利用	花期 5～7 月，果期 5～12 月。根可药用，有祛风止痒之功效。播种繁殖		

图 4-231A 流苏子（藤茎、花） 　　　　　　图 4-231B 流苏子（藤茎、果实）　　　　周联选 摄

232、鸡眼藤（小叶羊角藤、细叶巴戟天、红珠藤） 茜草科 Rubiaceae

拉丁学名	*Morinda parvifolia* Bartl. ex DC	英文名称	Parvifoliate Morinda
生境特点	平原路旁、沟边等灌丛中或平卧于裸地上，及丘陵地灌丛中或疏林下	分布范围	江西、福建、台湾、广东、海南、广西，以及菲律宾和越南
识别特征	攀援、缠绕或平卧藤本。嫩枝密被短粗毛；老枝棕色或稍紫蓝色，具细棱。叶形多变，生旱阳裸地者叶为倒卵形，具大、小二型叶，生疏荫旱裸地者叶为线状倒披针形或近披针形，攀援于灌木者叶为倒卵状倒披针形、倒披针形、倒卵状长圆形，长 2～7 cm，宽 0.3～3 cm；顶端急尖、渐尖或具小短尖，基部楔形；托叶筒状，干膜质，顶端截平，每侧常具刚毛状伸出物 1～2。伞状花序（2～）3～9 排列于枝顶；花基数 4～5，无花梗；花萼下部各花彼此合生，上部环状，顶截平；花冠白色。聚花核果近球形，熟时橙红至橘红色；核果具分核 2～4；分核三棱形，外侧弯拱		
资源利用	花期 4～6 月，果期 7～8 月。聚花果形状独特、色彩艳丽，可用于花架、护栏和山石配置等立体绿化。全株药用，具清热利湿、化痰止咳等功效[257]。播种、扦插、压条繁殖		

第四章 木质藤本植物资源

279

图 4-232A 鸡眼藤（藤茎、花序）

图 4-232B 鸡眼藤（藤茎、果实） 　　　　　图 4-232C 鸡眼藤（植株）　　　　　牟凤娟　摄

233、羊角藤（糠藤、乌苑藤）		茜草科 Rubiaceae
拉丁学名	*Morinda umbellata* ssp. obovata Y. Z. Ruan	英文名称	Common Morinda
生境特点	海拔 300～1200 m 山地林下、溪旁、路旁等疏荫或密荫处，常攀援于灌木上	分布范围	江苏、安徽、浙江、江西、福建、台湾、湖南、广东、香港、海南和广西
识别特征	常绿，攀援或缠绕藤本，有时呈披散灌木状。嫩枝无毛，绿色，老枝具细棱，蓝黑色，多少木质化。叶纸质或革质，倒卵形、倒卵状披针形或倒卵状长圆形，长 6～9 cm，宽 2～3.5 cm；上面常具蜡质，光亮，干时淡棕色至棕黑色，下面淡棕黄色或禾秆色；托叶筒状，干膜质，顶截平。头状花序具花 6～12 朵，花序梗被微毛，花序 3～11 伞状排列于枝顶；花四五基数，无梗；各花萼下部彼此合生，上部环状，顶端平，无齿；花冠白色，稍呈钟状，檐部四五裂，裂片长圆形，顶部向内钩状弯折，内面中部以下至喉部密被髯毛；雄蕊与花冠裂片同数；花柱通常不存在，柱头圆锥状，常二裂，着生于子房顶或子房顶凹洞内，子房下部与花萼合生，2～4 室，每室胚珠 1 颗，着生于隔膜下部。聚花核果由 3～7 花发育而成，成熟时红色，近球形或扁球形；核果具分核 2～4；分核近三棱形，外侧弯拱		
资源利用	花期 6～7 月，果熟期 10～11 月。叶绿、果红，可观赏。根或根皮入药，部分地区将其根做"巴戟天"用（伪品）。播种、扦插、分株繁殖		

图 4-233A 羊角藤（藤茎、花序）　　　　　　图 4-233B 羊角藤（藤茎、果实）　　　　　周联选　摄

同属近缘种类：

中文名称	拉丁学名	习性	分布范围	生境特点
栗色巴戟	M. badia	常绿	产湖南西南部、广东中部和北部、海南、广西东北部	生山地林下或水旁灌丛中，攀援或缠绕于它树上
短柄鸡眼藤、短柄巴戟天	M. brevipes	常绿	产海南南部和西部	生海拔 200～800 m 丘陵地、山地，攀援或缠绕于灌木或乔木树下上
狭叶鸡眼藤、狭叶巴戟天	M. brevipes var. stenophylla	常绿	产海南（乐东）	生丘陵地林下湿处
紫珠叶巴戟	M. callicarpaefolia	常绿	产四川（缙云山）至贵州（兴仁），云南南部和东部	生山地林下或路旁、沟边、山坡等灌丛中
樟叶巴戟	M. cinnamomifoliata	常绿	产广西东南部	生村边山坡灌丛中
白蕊巴戟	M. citrina var. chlorina	常绿	产安徽（祁门）、浙江、江西、福建中部和北部、湖南、广西东部和北部、贵州南部	生山地林下或灌丛中
金叶巴戟	M. citrina var. citrina	常绿	产湖南西南部、广东、广西、贵州南部	生山地疏、密林下
大果巴戟、酒饼藤、黄心藤、大果巴戟天	M. cochinchinensis	常绿	产广东中部、香港、海南、广西东南部，及越南	生海拔 1200 m 以下山坡、山谷、溪旁、路边林下或灌丛中
海南巴戟、海南巴戟天	M. hainanensis	常绿	产海南（白沙和保亭）	生丘陵密林下湿地
糠藤	M. howiana	常绿	产广东（阳江）、海南	生山谷、溪边林下、路旁或山坡灌丛中
湖北巴戟	M. hupehensis	常绿	产福建北部、湖北、湖南、广西东北部、四川和贵州	生海拔 400～1000 m 林下或林边灌丛中
长序羊角藤	M. lacunosa	常绿	产云南南部和东南部，及中南半岛至马来半岛	生海拔 1000～1100 m 溪边和路边林下阴湿处

中文名称	拉丁学名	习性	分布范围	生境特点
木姜叶巴戟	*M. litseifolia*	常绿	产江西、福建北部、湖南、广西北部、四川南部	生海拔 700～1300 m 山地疏、密林下，缠绕或攀援于灌木或乔木上
南岭鸡眼藤	*M. nanlingensis*	常绿	产湖南西南部等南岭山脉地带和广东北部、广西东北部、云南南部	生山谷、溪旁等山地疏林下或灌丛荫处
少花鸡眼藤	*M. nanlingensis* var. *paucinora*	常绿	产浙江南部	生山地林下
毛背鸡眼藤	*M. nanlingensis* var. *pilophora*	常绿	产湖南西南部、广西东北部	生山地林下或荫处灌丛中
毛巴戟天	*M. officinalis* var. *hirsuta*	常绿	产海南西部和中部	生山地林下
巴戟天、大巴戟	*M. officinalis* var. *officinalis*	常绿	产福建、广东、海南、广西的热带和亚热带地区，及中南半岛	生山地疏、密林下和灌丛中，常攀于灌木或树干上，亦有栽培
密梗巴戟天	*M. officinalis* 'Uniflora'	常绿	广东（五华、高要和化州）有栽培	
细毛巴戟	*M. pubiofficinalis*	常绿	产湖南、广东北部（连县）、贵州	生山谷、山坡林下和水旁灌丛中
皱面鸡眼藤	*M. rugulosa*	常绿	产湖南西南部至广西北部	生山谷、河边林下、路旁或灌丛中
西南巴戟	*M. scabrifolia*	常绿	产江西西南部、广西、四川南部、云南	生山地林下、山地灌丛中或石岩荫处
假巴戟	*M. shuanghuaensis*	常绿	产广东（五华、高要和台山）	生山地林下
须弥巴戟	*M. villosa*	常绿	产云南南部，及印度北部	生海拔 800～900 m 山谷、水旁和路旁的林下或灌丛中

234、楠藤（厚叶白纸、大茶根、大白纸扇、火烧藤） 茜草科 Rubiaceae

拉丁学名	*Mussaenda erosa* Champ.	英文名称	Erose Mussaenda
分布范围	广东、香港、广西、云南、四川、贵州、福建、海南和台湾，以及中南半岛和琉球群岛	生境特点	常攀援于疏林乔木树冠上
识别特征	常绿，攀援灌木，高 3 m。小枝无毛。叶对生，纸质，长圆形、卵形至长圆状椭圆形，长 6～12 cm，宽 3.5～5 cm；顶端短尖至长渐尖，基部楔形；托叶长三角形，深 2 裂。伞房状多歧聚伞花序顶生，花序梗较长，花疏生；苞片线状披针形；花梗短；花萼管椭圆形，萼裂片线状披针形，长 2～2.5 mm，扩大萼裂片阔椭圆形，长 4～6 cm，宽 3～4 cm；顶端圆或短尖，基部骤窄；有纵脉 5～7 条；叶柄长 0.9～1 cm；花冠橙黄色，花冠管外面有柔毛，喉部内面密被棒状毛，花冠裂片卵形，顶端锐尖，内面有黄色小疣突。浆果近球形或阔椭圆形，长 10～13 mm，直径 8～10mm，无毛，顶部有萼檐脱落后的环状疤痕		
资源利用	花期 4～7 月，果期 9～12 月。茎、叶、果均可入药，茎、叶（大茶根）具有清热热解毒的功效。播种、扦插繁殖		

图 4-234A 楠藤（藤茎、花）　　　　　　　　图 4-234B 楠藤（花序）　　　　　　　牟凤娟　摄

235、红纸扇（红玉叶金花、血萼花、红玉叶金花）			茜草科 Rubiaceae
拉丁学名	*Mussaenda erythrophylla* Schumach et Thonn.	英文名称	Ashanti Blood，Red Flag Bush，Tropical Dogwood
生境特点	喜高温、高湿，忌低温、干旱	分布范围	原产西非；热带地区常引种栽培
识别特征	常绿或半落叶，攀援状或直立灌木。叶纸质，披针状椭圆形；两面被稀柔毛，叶脉红色。聚伞花序顶生；花冠五角星状，黄色；部分花的一枚萼片扩大成叶状，深红色，卵圆形，长 3.5～5 cm，顶端短尖，被红色柔毛，有纵脉 5 条		
资源利用	花期夏、秋季。叶状萼裂片似片片红云绽放枝顶，红艳夺目，萼片中心的五角星状小花金黄色，迷你巧致，盛花时满株粉色或红色，非常醒目；可成丛或成片配植于疏林边、空旷草地、草坪周围或小庭院内，颇具野趣；或点缀于山石；也可攀爬于大型藤架或大树上[258]。播种、扦插、压条繁殖		

图 4-235A 红纸扇（花序）

图 4-235B 红纸扇（叶、花序）　　　　　图 4-235C 红纸扇（藤茎、花）　　　　牟凤娟　摄

236、红毛玉叶金花（期里） 茜草科 Rubiaceae

拉丁学名	*Mussaenda hossei* Craib	英文名称	Red-haired Mussaenda
生境特点	海拔 600～1600 m 处林中	分布范围	云南南部，以及越南、老挝、缅甸和泰国
识别特征	常绿，攀援状亚灌木。嫩枝密被白色短柔毛，老枝无毛，红棕色。叶对生，厚纸质，倒披针形或长圆状倒披针形，长 10～16 cm，宽 3～7 cm；上面疏被毛，下面密被绢质短柔毛；托叶披针形，浅 2 裂，短尖。聚伞花序顶生，总花梗分枝，有绒毛；苞片披针形；花萼管近椭圆形，萼裂片 5 枚，披针形，短尖；苞片状萼齿长 3～5.5 cm，宽 4 cm，白色，被柔毛；花冠橙黄色，花冠管长 2.2～2.6 cm，上部膨大，外面尤其上部被贴伏柔毛，内面在喉部被棒状毛，花冠裂片近圆形，渐尖或短尖，内面密被小疣突；雄蕊 5 枚，着生于花冠管上，花丝短；花柱内藏，无毛，柱头 2 裂，很短。浆果长圆状椭圆形，宿存且直立、极小的萼裂片		
资源利用	花期 11 月至翌年 3 月。花期较早，鲜红色萼裂片宿存时间长，可用作为观花类观赏植物；可攀援大树或其他支撑物，也可修剪为灌木状。植物体可供药用，根（叶天天花）具清热解毒、凉血止血、抗疟作用；叶粗提物有抑菌作用[259]。播种、扦插繁殖		

图 4-236A 红毛玉叶金花（藤茎、花序）　　图 4-236B 红毛玉叶金花（花）　　牟凤娟 摄

237、粉萼金花（粉叶金花、粉纸扇） 茜草科 Rubiaceae

拉丁学名	*Mussaenda hybrida* 'Alicia'	英文名称	Pink Mussaenda
生境特点	喜高温、光照，耐热、干旱，忌长期积水、排水不良	分布范围	原产亚洲、非洲热带地区
识别特征	半常绿，有时为直立灌木，高 1～2 m，后攀援。叶对生，长椭圆形，全缘，叶面粗，尾锐尖，叶柄短。聚散花序顶生，花较小，金黄色；萼片 5 枚，扩大		
资源利用	由红纸扇（*M. erythrophylla*）与 *M. philippica* 杂交育种所得。花期 5～12 月。生长快速，花姿美，花期长，叶色翠绿，苞片状花萼裂片粉红色，宿存时间较长，为主要观赏部位；可攀援他支物，常修剪为灌木状，做花灌类；可盆栽、花槽栽植，也可单植、列植或群植。扦插繁殖		

图 4-237A 粉萼金花（藤茎、花） 　　　　　　　　图 4-237B 粉萼金花（花序）　　　　　　　　牟凤娟 摄

238、玉叶金花（毛玉叶金花、白纸扇、百花茶）			茜草科 Rubiaceae
拉丁学名	*Mussaenda pubescens* Ait. f.	英文名称	Pubescent Mussaenda, Buddha's Lamp
生境特点	海拔 100～900 m 灌丛、溪谷、山坡或村旁；喜阳、耐贫瘠、半阴湿	分布范围	浙江、江西、福建、湖南、广西、广东、香港、海南和台湾
识别特征	攀援灌木，嫩枝被贴伏短柔毛。叶对生或轮生，膜质或薄纸质，卵状长圆形或卵状披针形，长 5～8 cm，宽 2～2.5 cm；顶端渐尖，基部楔形；上面近无毛或疏被毛，下面密被短柔毛；叶柄被柔毛；托叶三角形，深 2 裂，裂片钻形。聚伞花序顶生，密花；苞片线形，有硬毛；花梗极短或无梗；花萼管陀螺形，被柔毛，萼裂片线形，通常比花萼管长 2 倍以上，基部密被柔毛，向上毛渐稀疏；花叶阔椭圆形，两面被柔毛；花冠黄色，花冠管外面被贴伏短柔毛，内面喉部密被棒形毛，花冠裂片长圆状披针形，内面密生金黄色小疣突；花柱短，内藏。浆果近球形，疏被柔毛，顶部有萼檐脱落后的环状疤痕，干时黑色		
资源利用	花期 4～7 月，果期 6～12 月。生适应性强，较耐阴，生长速度快，萌芽力强，极耐修剪；叶状白色萼裂片宿存时间长，小花黄色，是一种具有观赏、药用、生态等多种价值的藤本植物。茎、叶供药用，有清凉消暑、清热疏风及去湿、止咳、止渴的功效。茎、叶晒干代茶叶饮用，作凉茶配料。扦插、播种繁殖		

图 4-238A 玉叶金花（藤茎、花序） 　　　　　　图 4-23B 玉叶金花（花序）　　　　　　　　牟凤娟 摄

第四章　木质藤本植物资源

285

同属近缘种类：

中文名称	拉丁学名	分布范围	生境特点
异形玉叶金花	M. anomala	产广西	攀援于森林中树冠上
壮丽玉叶金花	M. antiloga	产海南南部	喜生密林中潮湿地方
尾裂玉叶金花	M. caudatiloba	产广西	生海拔300～800 m灌丛
密花玉叶金花	M. densiflora	产广西，及越南	生稀疏灌丛
展枝玉叶金花	M. divaricata	产广东、广西、贵州、四川和云南，及越南	生海拔1400 m以下河边灌丛、山谷
黐花、大叶白纸扇	M. esquirolii	产广东、广西、江西、贵州、湖南、湖北、四川、安徽、福建和浙江	生海拔约400 m山地疏林下或路边
洋玉叶金花	M. frondosa	原产印度、柬埔寨、越南和印度尼西亚，广东、海南和香港有栽培	
海南玉叶金花、加辽菜藤	M. hainanensis	产海南各地	常见中等海拔林地
粗毛玉叶金花	M. hirsutula	产海南、广东、湖南、贵州和云南	生海拔300～800 m处山谷、溪边和旷野灌丛，常攀援于树冠
广西玉叶金花	M. kwangsiensis	产广西	生山谷溪旁疏林下
广东玉叶金花	M. kwangtungensis	产广东南部	生山地丛林中，常攀援于林冠
乐东玉叶金花	M. lotungensis	产海南（乐东）	生密林潮湿土壤上，不常见
大叶玉叶金花	M. macrophylla	产台湾、广东、广西和云南，及印度东北部、尼泊尔、马来半岛、菲律宾、印度尼西亚（爪哇）	生海拔达1300 m处灌丛中或森林中
膜叶玉叶金花	M. membranifolia	产海南中部和南部	常生湿润的林下，但不常见
小玉叶金花	M. parviflora	产广东和台湾，及日本	生森林、灌丛中
无柄玉叶金花	M. sessilifolia	产云南南部	生海拔约1300 m处林中
大叶白纸扇	M. shikokiana	产安徽、浙江、江西、福建、广东、广西、贵州、湖北、湖南和四川，及日本	生海拔100～1000 m山地路旁、疏林下
单裂玉叶金花	M. simpliciloba	产四川、贵州和云南	生海拔1200～1400 m山谷、河边灌丛
贡山玉叶金花	M. treutleri	产云南，及印度东北部、不丹和尼泊尔	生海拔（600～）1000～1500（～2000）m山地灌丛、密林下

239、耳叶鸡矢藤（圆锥鸡矢藤）			茜草科 Rubiaceae
拉丁学名	*Paederia cavaleriei* Levl.	英文名称	Auricular-leaf Fever Vine
生境特点	海拔 300～1400 m 山地灌丛	分布范围	南部、中部和西部各省区
识别特征	缠绕灌木。茎和枝圆柱形，被锈色绒毛。叶近膜质，卵形，长圆状卵形至长圆形，长 6～18 cm，宽 2.5～10 cm，顶端长渐尖，基部圆形或截头状心形，长 6～18（～22）cm，宽 2.5～10（～13）cm；两面均被锈色绒毛，下面被毛稍密；叶柄被毛；托叶三角状披针形，外面被绒毛。花具短梗，聚集成小头状，有小苞片，小头状再排成腋生或顶生的复总状花序；萼管倒卵形；花冠管状，上部稍膨大，外面被粉末状绒毛，裂片 5，极短，长约 5 mm，外反。成熟果球形，光滑，草黄色，冠以宿存三角形的萼檐裂片和隆起的花盘；小坚果无翅，浅黑色		
资源利用	花期 6～7 月，果期 10～11 月。可供药用[260]。播种繁殖		

图 4-239A 耳叶鸡矢藤（花）

图 4-239B 耳叶鸡矢藤（花）

图 4-239C 耳叶鸡矢藤（藤茎、花序） 　　朱鑫鑫 摄

240、臭鸡矢藤			茜草科 Rubiaceae
拉丁学名	*Paederia cruddasiana* Prain	英文名称	Smelly Fever Vine
生境特点	海拔 100～1900 m 开阔林中	分布范围	云南，以及印度、孟加拉国、不丹、尼泊尔、缅甸、泰国和越南

240、臭鸡矢藤		茜草科 Rubiaceae
识别特征	藤状灌木。无毛或被柔毛。叶对生，膜质，卵形或披针形，长5～10 cm，宽2～4 cm；顶端短尖或削尖，基部浑圆，有时心状形，叶上面无毛，在下面脉上被微毛；叶柄长1～3 cm；托叶卵状披针形，长2～3 mm，顶部2裂。圆锥花序腋生或顶生，长6～18 cm，扩展；小苞片微小，卵形或锥形，有小睫毛；花有小梗，生于柔弱的三歧常作蝎尾状的聚伞花序上；花萼钟形，萼檐裂片钝齿形；花冠紫蓝色，长12～16 mm，通常被绒毛，裂片短。果阔椭圆形，压扁，长和宽6～8 mm，光亮，顶部冠以圆锥形的花盘和微小宿存的萼檐裂片；小坚果浅黑色，具1阔翅	
资源利用	花期5～6月，果期11～12月。根药用，具祛风除湿、消食化积、解毒消肿、活血止痛等功效。播种繁殖	

图 4-240A 臭鸡矢藤（藤茎、花序）

图 4-240B 臭鸡矢藤（花序）

图 4-240C 臭鸡矢藤（花、果实）　　朱鑫鑫 摄

241、鸡矢藤（牛皮冻、鸡屎藤）			茜草科 Rubiaceae
拉丁学名	*Paederia scandens*（Lour.）Merr.	英文名称	Chinese Fever Vine
生境特点	喜温暖、湿润环境，常攀援于其他植物或岩石上	分布范围	南方各省区，以及朝鲜、日本、印度、中南半岛、马来西亚和印度尼西亚

241、鸡矢藤（牛皮冻、鸡屎藤） 茜草科 Rubiaceae

识别特征	常绿，缠绕木质藤本。叶对生，纸质或近革质，形状变化很大，卵形、卵状长圆形至披针形，长5～15 cm，宽1～6 cm；顶端急尖或渐尖，基部楔形或近圆或截平，有时浅心形；叶柄长1.5～7 cm。圆锥状聚伞花序，腋生和顶生；花冠浅紫色，外被粉末状柔毛，里面被绒毛。果球形，成熟时近黄色，有光泽，平滑，顶冠以宿存的萼檐裂片和花盘；小坚果无翅，浅黑色
资源利用	花期5～7月。花色花型独特，果实繁多，可观花、观果。全草药用，具有祛风利湿、止痛解毒、消食化积、活血消肿之功效；还有抑菌作用[260]；茎皮可提取纤维。播种、扦插、压条繁殖

图4-241A 鸡矢藤（藤茎、花序）

图4-241B 鸡矢藤（花序）

图4-241C 鸡矢藤（藤茎、花）　　朱鑫鑫 摄

242、狭叶鸡矢藤（小果鸡矢藤） 茜草科 Rubiaceae

拉丁学名	*Paederia stenophylla* Merr.	英文名称	Angustifoliate S Fever Vine
生境特点	海拔1000～1300 m石砾山坡上	分布范围	四川
识别特征	藤状灌木。茎圆柱形，鲜时微带紫色。叶纸质，狭披针形，长8～12 cm，宽7～13 mm；两侧近相等，顶端柔弱渐尖，基部楔尖；干后两面灰白色；侧脉在叶片上面下陷，在下面隆起；叶柄长1 cm；托叶阔三角状卵形。圆锥花序腋生，长约4 cm，无毛或被疏柔毛，第一次分枝少，略扩展，长约2cm。果球形，有光泽，直径5～6 mm			
资源利用	果期11～12月。播种繁殖			

图 4-242B 狭叶鸡矢藤（藤茎、叶）

图 4-242A 狭叶鸡矢藤（藤茎、叶）　　图 4-242C 狭叶鸡矢藤（果实）　　朱鑫鑫 摄

同属近缘种类：

中文名称	拉丁学名	习性	分布范围	生境特点
绒毛鸡矢藤	P. lanuginosa	常绿	产云南（耿马），及泰国和缅甸	生疏林或灌丛中，常缠绕于灌丛上或矮树上
疏花鸡矢藤	P. laxiflora	常绿	产江西、福建、湖北、广西和云南	生海拔 700～800 m 山中林内
白毛鸡矢藤、广西鸡矢藤	P. pertomentosa	常绿	产江西、福建、湖南、广东、香港和广西	生低海拔或石灰岩山地矮林
奇异鸡矢藤	P. praetermissa	常绿	产云南，及泰国和缅甸	生高海拔疏林内或灌丛中
云桂鸡矢藤	P. spectatissima	常绿	产广西和云南，及越南	
狭序鸡矢藤	P. stenobotrya	常绿	产广东（始兴、新会、鼎湖山）、海南	生海拔 500 m 山坡阔叶林内
云南鸡矢藤	P. yunnanensis	常绿	产广西、贵州和云南	生海拔 300～3000 m 山谷林缘

243、钟花清风藤　　　　　　　　　　　　　　　　　　　　　　　　　　　清风藤科 Sabiaceae

拉丁学名	*Sabia campanulata* Wall. ex Roxb.	英文名称	Bell-flowered Sabia
生境特点	海拔 2300～2800 m 山坡疏林中或铁杉林下	分布范围	西藏南部（聂拉木和吉隆），以及印度、尼泊尔和不丹
识别特征	落叶，攀援木质藤本。小枝淡绿色，有褐色斑点、斑纹及纵条纹，无毛。叶膜质，嫩时披针形或狭卵状披针形，成长叶，长圆形或长圆状卵形，长 3.5～8 cm，宽 3～4 cm；先端尾状渐尖或渐尖，基部楔形或圆形，叶面深绿色，有微柔毛，老叶脱落近无毛，叶背灰绿色；叶柄被长柔毛。花绿色或黄绿色，单生于叶腋，很少 2 朵并生；萼片 5，半圆形；花瓣 5 片，宽倒卵形或近圆形，果时增大长达 12 mm，宿存，顶端圆，有 7 条脉纹；雄蕊 5 枚，花丝扁平，花药外向开裂；花盘肿胀，高短于宽，中部最宽，边缘有浅圆齿。分果爿阔倒卵形		
资源利用	花期 5 月，果期 7 月。播种繁殖		
其他亚种	**鄂西清风藤**［*S. campanulata* ssp. *ritchieae*（Rehd. et Wils.）Y. F. Wu］花深紫色，花梗长 1～1.5 cm，花瓣长 5～6 mm，果时不增大、不宿存而早落；花盘肿胀，高长于宽，基部最宽，边缘环状。产江苏中南部、安徽、浙江、福建、江西、广东北部、湖南、湖北、陕西南部、甘肃南部、四川东部、南部及西部、贵州；生海拔 500～1200 m 山坡、湿润山谷林中		

图 4-243A　鄂西清风藤（藤茎、果实）　　　　　　　　图 4-243B　鄂西清风藤（果实）　　牟凤娟　摄

244、平伐清风藤　　　　　　　　　　　　　　　　　　　　　　　　　　　清风藤科 Sabiaceae

拉丁学名	*Sabia dielsii* Levl.	英文名称	Diels' Sabia, Pingfa Sabia
生境特点	海拔 800～2000 m 山坡、溪旁灌木丛中或森林边缘	分布范围	云南中部以南、贵州东南部至西南部、广西北部

244、平伐清风藤

清风藤科 Sabiaceae

识别特征	落叶，攀援木质藤本，长 1～2 m；嫩枝黄绿色或淡褐色，老枝紫褐色或褐色，有纵条纹；芽鳞质厚，三角形或三角状卵形。叶纸质，卵状披针形，长圆状卵形或椭圆状卵形，长 6～14 cm，宽 2～6 cm；先端渐尖或常弯成镰刀状，基部圆或阔楔形；叶面深绿色，干后橄绿色，叶背淡绿色。聚伞花序，2～6 小花；萼片 5，卵形，花瓣 5 片，卵形或卵状椭圆形，长 2～3 mm，宽 1.5～2 mm，先端圆，有脉纹；雄蕊 5 枚，花药内向开裂；花盘杯状；子房卵球形。分果爿近肾形，长 4～8 mm；核无中肋，两侧面具明显蜂窝状凹穴。
资源利用	花期 4～6 月，果期 7～10 月。果实成熟时由红色变为黑色，可盆栽观赏或栅栏绿化。播种繁殖

图 4-244A 平伐清风藤（藤茎、果实） 　　图 4-244B 平伐清风藤（叶、果实）　牟凤娟 摄

245、灰背清风藤（白背清风藤）

清风藤科 Sabiaceae

拉丁学名	*Sabia discolor* Dunn	英文名称	Diverse-colored Sabia
生境特点	海拔 1000 m 以下山地灌木林间	分布范围	浙江、福建、江西、广东和广西
识别特征	常绿攀援木质藤本。嫩枝具纵条纹；老枝具白蜡层；芽鳞阔卵形。叶纸质，卵形，椭圆状卵形或椭圆形，长 4～7 cm，宽 2～4 cm，先端尖或钝，基部圆或阔楔形；叶面绿色，干后黑色，叶背苍白色。伞状聚伞花序有花 4～5，长 2～3 cm；花瓣 5 枚，卵形或椭圆状卵形，有脉纹；雄蕊 5 枚，花药外向开裂；花盘杯状。分果爿红色；核中肋显著凸起，呈翅状，两侧面有不规则的块状凹穴，腹部凸出			
资源利用	花期 3～4 月，果期 5～8 月。根、茎、叶均可入药[261, 262]。播种繁殖			

图 4-245A 灰背清风藤（藤茎、幼果） 　　图 4-245B 灰背清风藤（藤茎、果实）　朱鑫鑫 摄

292

246、柠檬清风藤（毛萼清风藤、大发散、黑风藤、三天出工）　　　　　　　　　清风藤科 Sabiaceae

拉丁学名	*Sabia limoniacea* Wall.	英文名称	Lemon Sabia
生境特点	海拔 800～1300 m 密林中	分布范围	云南西南部，以及印度北部、缅甸、泰国、马来西亚和印度尼西亚
识别特征	常绿，攀援木质藤本。嫩枝绿色，老枝褐色，具白蜡层。叶革质，椭圆形、长圆状椭圆形或卵状椭圆形，长 7～15 cm，宽 4～6 cm；先端短渐尖或急尖，基部阔楔形或圆形。聚伞花序有花 2～4 朵（有时基部有一叶状苞片），再排成狭长圆锥花序；花淡绿色，黄绿色或淡红色；萼片 5，卵形或长圆状卵形，先端尖或钝，有缘毛；花瓣 5 片，倒卵形或椭圆状卵形，顶端圆，长 1.5～2 mm，有 5～7 条脉纹；雄蕊 5 枚，花丝扁平，花药内向开裂；花盘杯状，有 5 浅裂；子房无毛。分果爿近圆形或近肾形，长 1～1.7 cm，红色至灰黑色；核中肋不明显，两边各有 4～5 行蜂窝状凹穴，两侧面平凹，腹部稍尖		
资源利用	花期 8～11 月，果期翌年 1～5 月。可药用，民间广泛用于治风湿痹病、产后瘀血。播种繁殖		

图 4-246A 柠檬清风藤（藤茎、果实）　　　　　图 4-246B 柠檬清风藤（植株）　　　　牟凤娟　摄

247、尖叶清风藤　　　　　　　　　　　　　　　　　　　　　　　　　　　　清风藤科 Sabiaceae

拉丁学名	*Sabia swinhoei* Hemsl. ex Forb. et Hemsl.	英文名称	Acutifoliate Sabia
生境特点	海拔 400～2300 m 山谷林间	分布范围	江苏、浙江、台湾、福建、江西、广东、广西、湖南、湖北、四川和贵州
识别特征	常绿，攀援木质藤本；小枝纤细，被长而垂直的柔毛。叶纸质，椭圆形、卵状椭圆形、卵形或宽卵形，长 5～12 cm，宽 2～5 cm；先端渐尖或尾状尖，基部楔形或圆；叶面除嫩时中脉被毛外余无毛，叶背被短柔毛或仅在脉上有柔毛；叶柄被柔毛。聚伞花序有花 2～7 朵，被疏长柔毛；萼片 5，卵形，长 1～1.5 mm，外面有不明显的红色腺点，有缘毛；花瓣 5 片，浅绿色，卵状披针形或披针形；雄蕊 5 枚，花丝稍扁，花药内向开裂；花盘浅杯状；子房无毛。分果爿深蓝色，近圆形或倒卵形，基部偏斜；核的中肋不明显，两侧面有不规则的条块状凹穴，腹部凸出		
资源利用	花期 3～4 月，果期 7～9 月。根、茎、叶均可入药，民间常用于治疗类风湿等[261～263]。播种繁殖		

图 4-247A 尖叶清风藤（花序）　　　　　　　　　　图 4-247B 尖叶清风藤（藤茎、叶、花）　　朱鑫鑫 摄

248、阿里山清风藤　　　　　　　　　　　　　　　　　　　　　　　　　　清风藤科 Sabiaceae

拉丁学名	*Sabia transarisanensis* Hayata	英文名称	Alishan Sabia
生境特点	海拔 1500～3300 m 山林边缘或灌木丛中	分布范围	台湾（阿里山）
识别特征	攀援木质藤本。小枝绿色，有纵条纹。芽鳞三角状圆形，长约 1 mm。叶膜质或近纸质，卵状长圆形或长圆形，长 4～6 cm，宽 2～3 cm；先端尖或短渐尖，基部楔形或阔楔形；全缘或具不明显的小锯齿；叶柄有柔毛。聚伞花序腋生，有花一二朵，生于当年生枝；萼片 5，绿色，长圆形，先端圆钝，有脉纹；花瓣五六片，紫色，长圆形或倒卵状长圆形，先端圆，有 5 条脉纹；雄蕊五六枚，稍短于花瓣，花丝扁平；花盘肿胀，枕状，高长于宽，基部最宽；子房圆锥形，无毛		
资源利用	花期 4 月，果期 7～8 月。花紫红色，可观赏。播种繁殖		

249、云南清风藤（老鼠吹箫）　　　　　　　　　　　　　　　　　　　　　清风藤科 Sabiaceae

拉丁学名	*Sabia yunnanensis* Franch.	英文名称	Yunnan Sabia
生境特点	海拔 1400～3600 m 的山谷、溪旁、疏林中	分布范围	云南西北部至中部
识别特征	落叶，攀援木质藤本，长 3～4 m。嫩枝淡绿色，被短柔毛或微柔毛；老枝褐色或黑褐色，无毛，有条纹。叶片膜质或近纸质，卵状披针形，长圆状卵形或倒卵状长圆形，长 3～7 cm，宽 1～3.5 cm；先端急尖、渐尖至短尾状渐尖，基部圆钝至阔楔形；嫩时有微柔毛，边有缘毛；叶柄有柔毛。聚伞花序 2～4 花朵，花绿色或黄绿色；萼片 5，阔卵形或近圆形，有紫红色斑点；花瓣 5 片，阔倒卵形或倒卵状长圆形，7～9 条脉纹，基部有紫红色斑点，边缘有时具缘毛；花盘肿胀，有三四条肋状凸起，中部有褐色凸起的腺点；子房有柔毛或微柔毛。分果爿近肾形		
资源利用	花期 4～5 月，果期 5 月。根、茎、叶均可药用，主治风湿瘫痪、皮肤疮毒[262]。播种繁殖		
其他亚种	阔叶清风藤（毛清风藤）[*S. yunnanensis* ssp. *latifolia* (Rehd. et Wils.) Y. F. Wu] 叶片椭圆状长圆形、椭圆状倒卵形，或倒卵状长圆形；花瓣通常有缘毛，基部无紫红色斑点；花盘中部无凸起的褐色腺点。产四川中南部、贵州；生海拔 1600～2600 m 密林中。茎皮可作纤维用		

图 4-248A 阿里山清风藤（叶、果实）　　朱鑫鑫 摄 　图 4-249A 云南清风藤（花）

图 4-249B 云南清风藤（藤茎、花） 　　　　　图 4-249C 阔叶清风藤（藤茎、果实）　　宋 鼎 摄

同属近缘种类：

中文名称	拉丁学名	习性	分布范围	生境特点
革叶清风藤、厚叶清风藤	S. coriacea	常绿	产福建中南部、江西南部、广东（北部、东部和南部）	生海拔 1000 m 以下山坑、山坡灌木林中
凹萼清风藤、凹叶清风藤	S. emarginata	落叶	产四川中部和东部、湖北西部和南部、湖南西部、广西东北部	生海拔 400～1500 m 灌木林中
簇花清风藤	S. fasciculata	常绿	产云南东南部、广西、广东北部、福建南部，及越南、缅甸北部	生海拔 600～1000 m 山岩、山谷、山坡、林间
清风藤、寻风藤	S. japonica var. japonica	落叶	产江苏、安徽、浙江、福建、江西、广东、广西，及日本	生海拔 800 m 以下山谷、林缘灌木林中
中华清风藤	S. japonica var. sinensis	落叶	产广东北部、江西西南部	生海拔 500 m 上下山地、路旁疏林中
披针清风藤	S. lanceolata		产西藏，及印度、孟加拉国、不丹和缅甸	生海拔 700～1100 m 河岸林下
细蕊清风藤、龙陵清风藤	S. leptandra	落叶	产西藏东南部、云南西南部，及印度、尼泊尔和不丹[264]	

中文名称	拉丁学名	习性	分布范围	生境特点
锥序清风藤	*S. paniculata*	常绿	产云南西南部，及印度东北部、孟加拉国、尼泊尔西部、缅甸和泰国	生海拔 1000 m 左右林中
小花清风藤	*S. parviflora*	常绿	产云南东南部至西南部、贵州西部和西南部、广西西部和西南部，及印度、缅甸、泰国、越南和印度尼西亚	生海拔 800～2800 m 山沟、溪边林中或山坡灌木林中
灌丛清风藤	*S. purpurea* ssp. *dumicola*	落叶	产云南西部	生海拔 1700～2700 m 山谷、溪边、密林中
多花清风藤	*S. schumanniana* ssp. *pluriflora*	落叶	产湖北西部、四川东部	生海拔 600～2600 m 林中
两色清风藤	*S. schumanniana* ssp. *pluriflora* var. *bicolor*	落叶	产云南中部、四川南部、贵州西部	生海拔 900～2600 m 山谷、山坡、溪旁
四川清风藤、女儿藤、青木香	*S. schumanniana* ssp. *schumanniana*	落叶	产四川南部、贵州北部和西部	生海拔 1100～2600 m 山谷、山坡、溪旁和阔叶林中
尖叶清风藤	*S. swinhoei*		产湖北、湖南、江苏、浙江、江西、福建、广东、广西、四川、贵州、云南、海南和台湾，及越南北部	生海拔 300～2300 m 山谷林下、石灰山灌丛

250、寄生藤（鸡骨香藤、青藤公、观音藤、左扭香） 檀香科 Santalaceae

拉丁学名	*Dendrotrophe varians*（Blume）Miquel	英文名称	Various Parasitic Vine
生境特点	海拔 100～300 m 山地灌丛中	分布范围	福建、广东、广西和云南，以及越南
识别特征	常绿，木质藤本，枝长 2～8 m，寄生，常呈灌木状。枝深灰黑色，嫩时黄绿色，三棱形，扭曲。叶厚，多少软革质，倒卵形至阔椭圆形，长 3～7 cm，宽 2～4.5 cm，顶端圆钝，有短尖，基部收狭而下延成叶柄，基出脉 3 条；叶柄扁平。花通常单性，雌雄异株；雄花球形，五六朵集成聚伞状花序；花被 5 裂，裂片三角形，在雄蕊背后有疏毛一撮，花药室圆形；花盘 5 裂；雌花或两性花通常单生；雌花短圆柱状，花柱短小；两性花，卵形。核果卵状或卵圆形，顶端有内拱形宿存花被，成熟时棕黄色至红褐色		
资源利用	花期 1～3 月，果期 6～8 月。在地下深入其他植物的根或茎，吸取营养而生活，常攀援树上。全株供药用[265]。播种繁殖		

图 4-250A 寄生藤（花序） 徐晔春 摄　图 4-250B 寄生藤（藤茎、叶、果实） 周联选 摄

同属近缘种类：

中文名称	拉丁学名	习性	分布范围	生境特点
黄杨叶寄生藤	D. buxifolia	常绿	产云南西南部、广西南部，及泰国、柬埔寨、越南、马来西亚、印度尼西亚	生海拔约 400 m 向阳山谷或水边
疣枝寄生藤	D. granulata	常绿	产西藏（墨脱），及不丹、尼泊尔、印度东北部	生海拔约 1800 m 山坡栎林中
异花寄生藤	D. platyphylla	常绿	产云南西北部，及尼泊尔、印度（锡金）、缅甸、马来西亚西部	生海拔 2000～3700 m 山地阔叶林中，寄生于栎属植物枝上
多脉寄生藤	D. polyneura	常绿	产云南，及越南	生海拔 1400～2000 m 山地松栎混交林中
长叶寄生藤	D. umbellata var. longifolia	常绿	产云南南部，及柬埔寨	生海拔约 1100 m 林中
伞花寄生藤	D. umbellata var. umbellata	常绿	产海南，及老挝、柬埔寨、马来西亚和印度尼西亚	生疏林下

251、狭叶南五味子（广西南五味子）   五味子科 Schisandraceae

拉丁学名	*Kadsura angustifolia* A. C. Smith	英文名称	Narrow-leaf Kadsura
生境特点	海拔 900～1800 m 林中	分布范围	广西，以及越南
识别特征	缠绕藤本。植株全部光滑无毛。叶纸质或亚革质，狭椭圆形，长 9.5～14 cm，宽 2.5～4.5 cm；全缘或具齿，叶尖急尖，叶基楔形；叶柄长 1～1.7 cm。花梗长 9～10 mm；花被片 9～15 枚，最大者长 7.5～8.5 mm，宽 5～6 mm；雄蕊约 50 枚，无退化雄蕊；雌蕊群具心皮 80 枚。聚花果，果梗长 4 cm；小浆果长 9～10.5 mm，直径 8～9.5 mm		
资源利用	花期 6 月，果期 9 月。植株可药用[266]。播种繁殖		

图 4-251 狭叶南五味子（藤茎、果实）   朱鑫鑫 摄

252、黑老虎（臭饭团、过山龙藤、布福娜）		五味子科 Schisandraceae	
拉丁学名	*Kadsura coccinea*（Lem.）A. C. Smith	英文名称	Scarlet Kadsura
生境特点	海拔 1500～2000 m 林中	分布范围	江西、湖南、广东、香港、海南、广西、四川、贵州和云南，以及越南
识别特征	常绿，缠绕木质藤本。叶革质，长圆形至卵状披针形，长 7～18 cm，宽 3～8 cm；先端钝或短渐尖，基部宽楔形或近圆形，全缘。花单生于叶腋，稀成对，雌雄异株；雄花：花被片红色，10～16 枚，中轮最大 1 片椭圆形，长 2～2.5 cm，宽约 14 mm，最内轮 3 片明显增厚，肉质，花托长圆锥形，顶端具 1～20 条分枝的钻状附属体，雄蕊群椭圆体形或近球形，具雄蕊 14～48 枚，花丝顶端为两药室包围着；雌花：花柱短钻状，顶端无盾状柱头冠，心皮长圆体形，50～80 枚。聚合浆果近球形，红色或暗紫色，径 6～10 cm 或更大；小浆果倒卵形，长达 4 cm；外果皮革质		
资源利用	花期 4～7 月，果期 7～11 月。果形奇特，可作房顶、围栏、河岸的垂直绿化，及凉亭、公园长廊的顶面绿化，也作盆栽点缀阳台、窗栏、园门、居室等，又可作观果盆景。根、茎藤、种子可药用[267～272]。果成熟后味甜，可食[267]。种子的脂肪酸含量丰富[272]。播种繁殖		
其他变种	四川黑老虎（*K. coccinea* var. *sichuanensis* Law） 雄蕊群花托顶端无附属体。产四川		

图 4-252A 黑老虎（雌花）

图 4-252B 黑老虎（雄花）　　朱鑫鑫 摄

图 4-252C 黑老虎（藤茎、雌花）

图 4-252D 黑老虎（果实）　　周联选 摄

253、南五味子（红木香、小血藤）		五味子科 Schisandraceae	
拉丁学名	*Kadsura longipedunculata* Finet et Gagnep.	英文名称	Common Kadsura
生境特点	喜温暖、荫湿气候、微酸性腐殖土、耐半阴	分布范围	江苏、安徽、浙江、江西、福建、湖北、湖南、广东、广西、四川和云南
识别特征	落叶，缠绕藤本。叶纸质到革质；长圆状披针形、倒卵状披针形或卵状长圆形，长 5.5 ～ 12（～ 15）cm，宽 2 ～ 4.5（～ 6.5）cm；边缘具疏齿；上面具淡褐色透明腺点。花单生叶腋，雌雄异株；雄花：花被片白色或淡黄色，8 ～ 17 片，花托椭圆体形，顶端伸长圆柱状，不凸出雄蕊群外，雄蕊群球形，具雄蕊 30 ～ 70 枚；雌花：雌蕊群椭圆体形或球形，具雌蕊 40 ～ 60 枚，子房宽卵圆形，花柱具盾状心形的柱头冠。聚合果球形，直径 1.5 ～ 3.5 cm；小浆果倒卵圆形，聚集于一短棒状的花托上，红色，肉质		
资源利用	花期 6 ～ 9 月，果期 9 ～ 12 月。花具香味，聚合浆果红色鲜艳，具有较高的观赏价值；适合栽植于花墙、篱垣、棚架、花柱或建筑物周围等荫蔽处，还可点缀山石及屋顶、阳台、立体花坛绿化。根、茎、叶、种子均可入药，有收敛固涩、益气生津、补肾宁心等功效[273, 274]。果实可酿酒、制果汁。茎、叶、果实可提取芳香油；茎皮可作绳索。播种、扦插（地下横走茎）、压条繁殖		

图 4-253A 南五味子（雄花）

图 4-253B 南五味子（雌花）

图 4-253C 南五味子（藤茎、花）朱鑫鑫 摄

同属近缘种类：

中文名称	拉丁学名	习性	分布范围	生境特点
异形南五味子、大风沙藤、吹风散	*K. heteroclita*	常绿	产湖北、广东、海南、广西、贵州和云南，及孟加拉国、越南、老挝、缅甸、泰国、印度和斯里兰卡	生海拔 400 ～ 900 m 山谷、溪边、密林中
毛南五味子	*K. induta*		产云南东南部（屏边）	生海拔 1300 ～ 1500 m 林中
日本南五味子、南五味子、红骨蛇	*K. japonica*		产福建和台湾，及朝鲜、日本	生海拔 500 ～ 2000 m 山坡林中
冷饭藤	*K. oblongifolia*		产海南（琼中、琼海、保亭和儋州）	生海拔 500 ～ 1000 m 疏林中
仁昌南五味子	*K. renchangiana*		产广西东北部（龙胜和融安）、贵州东北部（梵净山）	生海拔 700 ～ 1300 m 山坡、山谷林中

254、翼梗五味子　　　　　　　　　　　　　　　　　　　　　五味子科 Schisandraceae

拉丁学名	*Schisandra henryi* Clarke.	英文名称	Henry's Magnoliavine
生境特点	海拔 500～2100（～2300）m 沟谷边、山坡林下或灌丛中	分布范围	河南南部、浙江、江西、福建、湖北、湖南、广东、广西、四川中部、贵州、云南东南部
识别特征	落叶，木质藤本。当年生枝淡绿色，小枝紫褐色，具宽近 1～2.5 mm 翅棱，被白粉；内芽鳞紫红色，长圆形或椭圆形，长 8～15 mm，宿存于新枝基部。叶宽卵形、长圆状卵形，或近圆形，长 6～11 cm，宽 3～8 cm；先端短渐尖或短急尖，基部阔楔形或近圆形，上部边缘具胼胝齿尖的浅锯齿或全缘；上面绿色，下面淡绿色；叶柄红色，长 2.5～5 cm，具叶基下延薄翅。雄花：花柄长 4～6 cm，花被片黄色，8～10 枚，近圆形，雄蕊群倒卵圆形；花托圆柱形，顶端具近圆形的盾状附属物；雄蕊 30～40 枚，药隔具凹入的腺点；雌花：花梗长 7～8 cm；雌蕊群长圆状卵圆形，长约 7 mm，雌蕊约 50 枚。小浆果红色，球形，直径 4～5 mm，果柄约 1 mm，顶端的花柱附属物白色		
资源利用	花期 4～8 月，果期 7～10 月。茎供药用，有通经活血、强筋壮骨之功效[275, 276]。播种繁殖		
其他亚种	**东南五味子**［*S. henryi* ssp. *marginalis*（A. C. Smith）R. M. K. Saunders］幼枝具棱或窄翅；叶片背面后无毛；雄花：花被片 6，黄色，雄蕊 12～19 枚。花期 4～5 月，果期 7～10 月。产浙江、福建、湖南广东、广西；生 600～1500（～1800）m 林下或灌丛。 **滇五味子**［*S. henryi* ssp. *yunnanensis*（A. C. Smith）R. M. K. Saunders］叶背无白粉，两面近同色；小枝的棱翅狭而粗厚，不为薄翅状；最外面的雄蕊几无花丝；种皮明显皱纹近似瘤状凸起。花期 5～7 月，果期 7 月下旬至 9 月。产云南南部至东南部；生海拔 1100～1800（～2300）m 沟谷、山坡林中或灌丛中		

图 4-254A 翼梗五味子（藤茎、果实）　　　图 4-254B 翼梗五味子（藤茎、果实）　　　胡 秀 摄

255、滇藏五味子（小血藤）			五味子科 Schisandraceae
拉丁学名	*Schisandra neglecta* A. C. Smith	英文名称	Neglect Magnoliavine
生境特点	海拔 1200～2500 m 山谷丛林或林间。	分布范围	四川南部、云南西部和西北部、西藏南部，以及印度东北部、不丹和尼泊尔。
识别特征	落叶，木质藤本。全株无毛；当年生枝紫红色；内芽鳞倒卵形或近圆形。叶纸质，狭椭圆形至卵状椭圆形，长 6～12 cm，宽 2.5～6.5 cm；先端渐尖，基部阔楔形，下延至叶柄成极狭的膜翅，边缘具胼胝质齿尖的浅齿或近全缘；上面干时橄褐色，有凸起的树脂点，下面灰绿色或带苍白色。花黄色，生于新枝叶腋或苞片腋；雄花：花被片 6～8，宽椭圆形、倒卵形或近圆形，上部雄蕊贴生于盾状附属物；雌花：雌蕊 25～40 枚，雌蕊群近球形。聚合果，小浆果红色，长圆状椭圆体形，具短梗		
资源利用	花期 5～6 月，果期 9～10 月。种子可替代"五味子"入药，具补虚益气之效[277]。播种繁殖		

图 4-255A 滇藏五味子（藤茎、花）

图 4-255B 滇藏五味子（花序）

图 4-255C 滇藏五味子（花）　　朱鑫鑫　摄

256、合蕊五味子（满山香）			五味子科 Schisandraceae
拉丁学名	*Schisandra propinqua* （Wall.）Baill.	英文名称	Sib Magnoliavine
生境特点	海拔 2000～2200 m 河谷、山坡常绿阔叶林中	分布范围	云南西北部、西藏南部，以及尼泊尔和不丹
识别特征	落叶，木质藤本。全株无毛；当年生枝褐色或变灰褐色，有银白色角质层。叶坚纸质，卵形、长圆状卵形或狭长圆状卵形，长 6～12 cm，宽 2.5～6.5 cm；先端渐尖或长渐尖，基部圆或阔楔形，下延至叶柄；上面干时褐色，下面带苍白色，具疏离的胼胝质齿，有时近全缘。花常单生或 2～3 朵聚生于叶腋，或 1 花梗具数花的总状花序，橙黄色；雄花：花被片 9（15），外轮 3 片绿色，雄蕊群黄色，雄蕊 12～16 枚，药室内向纵裂；雌花：雌蕊群卵球形，心皮 25～45 枚，倒卵圆形，密生腺点。聚合果托干时黑色，成熟心皮近球形或椭圆体形，具短柄		

256、合蕊五味子（满山香）　　　　　　　　　　　　　　　　　　　　　　　　五味子科 Schisandraceae

资源利用	花期6～7月。根、茎、叶、种子可药用；根、叶有祛风去痰之效；根、藤茎（鸡血藤）治风湿；骨痛、跌打损伤等症。种子入药主治神经衰弱。茎、叶、果实可提取芳香油。播种繁殖。
其他亚种	铁箍散（血糊藤、香巴戟、小血藤、狭叶五味子）[*S. propinqua* ssp. *sinensis* (Oliv.) R. M. K. Saunders] 花被片椭圆形，雄蕊较少，6～9枚；成熟心皮亦较小，10～30枚。种子较小，肾形。花期6～8月，果期8～9月。产陕西、甘肃南部、江西、河南、湖北、湖南、四川、贵州、云南中部至南部；生海拔500～2000 m沟谷、岩石山坡林中 中间五味子 [*S. propinqua* ssp. *intermedia* (A. C. Sm.) R. M. K. Saunders]

图 4-256A 铁箍散（藤茎、花）

图 4-256B 铁箍散（雄花）

图 4-256C 铁箍散（叶、幼果）　　　　朱鑫鑫 摄

257、红花五味子　　　　　　　　　　　　　　　　　　　　　　　　　　　　　　五味子科 Schisandraceae

拉丁学名	*Schisandra rubriflora* (Franch.) Rehd. et Wils.	英文名称	Red-flowered Magnoliavine
生境特点	海拔1000～1300 m河谷、山坡林中	分布范围	甘肃南部、湖北、四川、云南西部和西南部、西藏东南部

257、红花五味子		五味子科 Schisandraceae
识别特征	落叶，缠绕木质藤本。小枝紫褐色，后变黑，具节间密的距状短枝。叶纸质，倒卵形、椭圆状倒卵形或倒披针形，很少为椭圆形或卵形，长6～15 cm，宽4～7 cm；边缘具胼胝质齿尖的锯齿，上面中脉凹入，叶下面中脉及侧脉淡红色。花红色，雄蕊：外花被片有缘毛，椭圆形或倒卵形，雄蕊40～60枚；雌花：雌蕊群长圆状椭圆体形，心皮60～100枚，倒卵圆形，柱头具明显鸡冠状凸起，基部下延成长3～8 mm长的附属体。聚合果轴粗壮；小浆果红色，椭圆体形或近球形	
资源利用	花期5～6月，果期7～10月。花色鲜红艳丽，可供观赏。果实可作"五味子入"药，藤茎（血藤、五香血藤）也可供药用[278]。播种、扦插繁殖	

图4-257A 红花五味子（雄花）　　　　　图4-257B 红花五味子（藤茎、花）　　　　朱鑫鑫 摄

258、球蕊五味子			五味子科 Schisandraceae
拉丁学名	*Schisandra sphaerandra* Stapf	英文名称	Spherical-staminal Magnoliavine
生境特点	海拔2300～3900 m阔叶混交林或针叶云杉和冷杉林间	分布范围	四川西南部、西藏东北部
识别特征	落叶，缠绕木质藤本。具距状短枝；新枝紫红色，老枝灰褐色。叶纸质，倒披针形或狭椭圆形，长4～11 cm，宽1.5～3.5 cm；边缘具胼胝质齿尖的浅齿或仅具齿尖，近全缘；上面深绿色，下面灰绿带苍白色；叶柄红色，具叶下延的狭膜翅。花深红色；雄花：雄蕊约30～50枚；雌花：雌蕊群长圆状椭圆体形。聚合果柄长约3～6 cm；小浆果椭圆形		
资源利用	花期5～6月，果期8～9月。全株药用，可治风湿关节炎、痢疾、胸腹胀、胃脘痛（《滇省志》）[279]。播种、扦插繁殖		
其他变型	白花球蕊五味子（*S. sphaerandra* f. *pallida* A.C. Smith）花被片白色或玫瑰红色，较大，基部具明显的脉纹。产云南西北部、西藏东南部；生海拔2700～3300 m阔叶林或针叶云杉和冷杉林间		

图 4-258A 球蕊五味子（藤茎、花） 　　　　　　图 4-258B 球蕊五味子（叶、雄花））　　　宋　鼎　摄

259、华中五味子（北五味子、辽五味子）		五味子科 Schisandraceae	
拉丁学名	*Schisandra sphenanthera* Rehder & E. H. Wilson	英文名称	Orange Magnoliavine
生境特点	喜阴凉、湿润，耐寒，不耐涝，需适度荫蔽	分布范围	南方多省区
识别特征	落叶，木质藤本。冬芽、芽鳞具长缘毛，先端无硬尖；小枝红褐色，距状短枝或伸长，具颇密而凸起的皮孔。叶纸质，倒卵形、宽倒卵形，或倒卵状长椭圆形，有时圆形，很少椭圆形，长（3～）5～11 cm，宽（1.5～）3～7 cm；干膜质边缘至叶柄成狭翅，上面深绿色，下面淡灰绿色，有白色点，1/2～2/3 以上边缘具疏离、胼胝质齿尖的波状齿；叶柄红色。花生于近基部叶腋；花被片 5～9，橙黄色，近相似，椭圆形或长圆状倒卵形，具缘毛，背面有腺点。雄花：雄蕊群倒卵圆形；雌花：雌蕊群卵球形。聚合果浆果，成熟红色		
资源利用	花期 4～7 月，果期 7～9 月。枝叶繁茂，夏有香花、秋有红果，是庭园和公园垂直绿化的良好藤本植物。果实供药用，茎藤、根（血藤）可养血消瘀、理气化湿[280]；种子榨油可制肥皂或作润滑油。播种、压条、扦插繁殖[281]		

图 4-259A 华中五味子（藤茎、花） 　　　　　　图 4-259B 华中五味子（雌花）　　　朱鑫鑫　摄

近缘种类：

中文名称	拉丁学名	习性	分布范围	生境特点
阿里山五味子、台湾五味子	S. arisanensis ssp. arisanensis	落叶	产台湾（阿里山）	生海拔 1600～2300 m 山地林间
绿叶五味子	S. arisanensis ssp. viridis	落叶	产安徽、福建、广东、广西、贵州、湖南、江西和浙江	生海拔 200～1300 m 林中
二色五味子	S. bicolor var. bicolor	落叶	产浙江（天目山）、江西	生海拔 700～1500 m 山坡、森林边缘
瘤枝五味子、罗裙子、龙藤	S. bicolor var. tuberculata	落叶	产江西、湖南、广西北部	生海拔 800～1700 m 山谷林间
五味子	S. chinensis	落叶	产黑龙江、吉林、辽宁、内蒙古、河北、山西、宁夏、甘肃和山东，及朝鲜和日本	生海拔 1200～1700 m 沟谷、溪旁、山坡
金山五味子	S. glaucescens	落叶	产湖北西部、四川中南部和东部	生海拔 1500～2100 m 林中或灌丛中
大花五味子	S. grandiflora	落叶	产西藏南部、云南西南部，及尼泊尔、不丹、印度北部、缅甸和泰国。	生海拔 1800～3100 m 山坡林下灌丛中。
东南五味子	S. henryi var. marginalis		产福建、广东、广西、湖南和浙江	生海拔 600～1500（～1800）m 林下、灌丛
滇五味子	S. henryi var. yunnanensis	落叶	产云南南部和东部	生海拔 1100～1800（～2300）m 林下、灌丛中
兴山五味子	S. incarnate		产湖北西部和西南部	生海拔 1500～210 m 灌丛或密林中
狭叶五味子	S. lancifolia	落叶	产四川中南部、云南西部和西北部	生海拔 1000～3000 m 水边、林下
长柄五味子	S. longipes		产广东北部、广西北部	生海拔 500～1400 m 林下，常河边附近
小花五味子	S. micrantha	落叶	产广西、贵州、云南中部和东南部	生海拔 1000～3000 m 山谷、溪边、林间
重瓣五味子	S. plena	常绿	产云南南部和西南部（普洱、耿马、景洪），及印度东北部	生丛林中
毛叶五味子	S. pubescens var. pubescens	落叶	产湖北西部、四川	生海拔 1100～2000 m 山坡丛林
毛脉五味子	S. pubescens var. pubinervis	落叶	产四川（峨眉、洪雅、宝兴、小金、天全）、重庆（南川）	生海拔 1500～2500 m 山坡或林
柔毛五味子	S. tomentella	落叶	产四川中南部	生海拔 1300～2000 m 山地杂林

260、星茄藤（白花星茄藤、素馨叶白英） 茄科 Solanaceae

拉丁学名	*Solanum laxum* Spreng.	英文名称	Potato Vine, Potato Climber, Jasmine Nightshade
生境特点	喜温暖、湿润环境，喜阳，耐半阴	分布范围	原产南美洲

260、星茄藤（白花星茄藤、素馨叶白英） 茄科 Solanaceae

识别特征	半常绿或常绿，藤本。叶卵形或卵状披针形，长3～5 cm，宽1.5～2.5 cm；全缘。圆锥花序顶生，花20朵左右，白色或灰淡蓝色，雄蕊为显著的黄色。浆果直径8mm，成熟时深蓝色或黑色
资源利用	花期可全年，主要集中在春季。叶片深绿色，秋季叶片稍带红色；花纯白色至浅蓝色，有淡淡香味。果实有毒。播种、扦插繁殖

图 4-260A 星加茄（藤茎、花序）

图 4-260B 星加茄（藤茎、花序） 牟凤娟 摄

图 4-260C 星加茄（藤茎、花序） 朱鑫鑫 摄

261、悬星花（巴西蔓茄、星茄） 茄科 Solanaceae

拉丁学名	*Solanum seaforthianum* Ander	英文名称	Brazilian Nightshade，Star Potato Vine
生境特点	喜温暖、湿润及良好光照	分布范围	原产热带美洲（巴西、美国佛罗里达南部）
识别特征	常绿，蔓性木质藤本。茎纤细毛。奇数羽状复叶，小叶3～9，通常大小不等；小叶薄纸质，也有不整齐羽裂，脉上被毛。圆锥花序顶生，或与叶对生腋出，下垂；花萼先端近平截；花冠浅蓝紫色或白色，星形。浆果球形，成熟时深红色			
资源利用	花果期夏、秋季。花色鲜艳、紫色，适合吊盆或棚架栽植。全株有毒，果实毒性最强。播种、扦插繁殖			

图 4-261A 悬星花（藤茎、花序） 　　　　图 4-261B 悬星花（花序）

图 4-261C 悬星花（藤茎、果实）　　　　牟凤娟 摄

262、天堂花（天堂鸟花）			茄科 Solanaceae
拉丁学名	*Solanum wendlandii* Hook. f.	英文名称	Giant Potato Creeper, Costa Rican Nightshade
生境特点	喜温暖、潮湿、阳光	分布范围	原产中美洲；世界多地引种栽培
识别特征	半常绿，大型藤本。主茎、叶片散布钩状刺毛。叶片卵形，质厚，全缘或深裂。圆锥花序顶生，花冠由深紫色变为淡蓝色、白色，顶端具毛。浆果卵形，呈现深绿色、黄色、红色		
资源利用	花期春、夏、秋季。花呈现深浅不一的蓝紫色，具有香味，可栽培观赏。播种、扦插繁殖		

图 4-262A 天堂鸟（藤茎、花序） 　　　　图 4-262B 天堂鸟（花序）　　　　牟凤娟 摄

263、百部（蔓生百部、婆妇草，药虱药） 百部科 Stemonaceae

拉丁学名	*Stemona japonica*（Bl.）Miq.	英文名称	Japanese Stemona
生境特点	喜温暖、潮湿、阴凉环境，耐寒，忌积水	分布范围	浙江、江苏、安徽和江西
识别特征	块根肉质，成簇，常长圆状纺锤形，粗1～1.5 cm。茎常有少数分枝，下部直立，上部攀援状。叶2～4（～5）枚轮生，纸质或薄革质，卵形、卵状披针形或卵状长圆形，长4～9（～11）cm，宽1.5～4.5 cm；顶端渐尖或锐尖，边缘微波状；主脉两面均隆起，横脉细密而平行。花序柄贴生于叶片中脉上，花单生或数朵排成聚伞状花序；苞片线状披针形；花被片淡绿色，披针形，开放后反卷；雄蕊紫红色，短于或近等长于花被；花丝短，基部多少合生成环；花药线形，顶具1箭头状附属物，两侧各具一直立或下垂的丝状体；药隔直立，延伸为钻状或线状附属物；蒴果扁卵形，赤褐色，顶端锐尖，熟果2片开裂；常具种子2粒		
资源利用	花期5～7月，果期7～10月。根有毒性；入药内用具止咳化痰、温润肺气、散热解表功效[282]；外用可杀虫灭虱。播种、分根繁殖[283]		

图4-263A 百部（植株）　　　　　　　图4-263 百部（花）　　　　　　　朱鑫鑫 摄

264、云南百部 百部科 Stemonaceae

拉丁学名	*Stemona mairei*（Levl.）Krause	英文名称	Yunnan Stemona, Maire's Stemona
生境特点	海拔达3200 m山坡草地上或山地路边	分布范围	云南北部、西北部至东北部（永仁、鹤庆和丽江）
识别特征	块根肉质，长圆状卵形。茎攀援状，圆柱形，粉绿色，具纵条棱。叶对生或3～4枚轮生，直立向上，线形或线状披针形，有时下部叶为卵圆形，长1.5～7 cm，宽2～12 mm，偶生于茎下部的达3 cm；顶端急尖或锐尖，基部楔形或圆形，无柄或近无柄；主脉3～5条。花单生于叶腋或叶片中脉基部，白色，有时带粉红色；苞片刚毛状；花柄丝状，长1～2.5 cm；花被狭长圆形，顶端急尖，通常具7～9脉；雄蕊直立；花丝短，丝状；花药披针形，药室基部离生，顶端延伸为线状附属物；药隔在药室之上延伸为较长的钻状附属物；子房细小，近球形；柱头无柄；胚珠6枚。蒴果卵形		
资源利用	花期4～6月。植株有毒；根、全株可药用，不宜多服。播种繁殖		

图 4-264A 云南百部（藤茎、花）　　　　　　　图 4-264B 云南百部（花）

图 4-264C 云南百部（果实）　　　　朱鑫鑫 摄

265、大百部（对叶百部、九重根）			百部科 Stemonaceae
拉丁学名	*Stemona tuberosa* Lour.	英文名称	Large Stemona
生境特点	海拔 300～2300 m 山坡丛林下、溪边、路旁以及山谷和荫湿岩石中	分布范围	长江流域以南各省区，以及菲律宾、中南半岛、印度北部
识别特征	藤本，块根通常纺锤状，粗大，长达 30 cm。茎常具少数分枝，攀援状，下部木质化，分枝表面具纵槽。叶对生或轮生，极少兼有互生，卵状披针形、卵形或宽卵形，长 6～24 cm，宽（2）5～17 cm；顶端渐尖至短尖，基部心形，边缘稍波状，纸质或薄革质；叶柄长 3～10 cm。花单生或 2～3 朵的总状花序，腋生或偶贴生于叶柄上；花被片黄绿色带紫色脉纹；雄蕊紫红色，短于或几等长于花被；花丝粗短；花药顶端具短钻状附属物；药隔肥厚，向上延伸为长钻状或披针形的附属物；子房小，卵形，花柱近无。蒴果光滑，具多数种子		
资源利用	花期 4～7 月，果期（5～）7～8 月。块根可入药，可润肺、下气、止咳；也可杀虫[284]。播种繁殖		

同属近缘种类：

中文名称	拉丁学名	分布范围	生境特点
克氏百部	*S. kerrii*	产云南南部，及泰国和越南	生海拔约 1700 m 山坡
细花百部、小花百部、披针叶百部	*S. parviflora*	产海南	生海拔约 700 m 山谷路边、溪边或石隙中
山东百部	*S. shandongensis*	产山东	生海拔 400～500 m 山坡

图 4-265A 大百部（藤茎、花）　　　　图 4-265C 大百部（藤茎、果实）　　　　牟凤娟　摄

图 4-265B 大百部（花）

266、刺果藤			梧桐科 Sterculiaceae
拉丁学名	*Byttneria grandifolia* Candolle	英文名称	Grandfoliate Byttneria
生境特点	海拔 200～300 m 疏林中或山谷溪旁；喜阳光	分布范围	广东、广西和云南，以及印度、不丹、尼泊尔、孟加拉国、越南、柬埔寨、老挝和泰国
识别特征	常绿，缠绕木质大藤本。小枝的幼嫩部分略被短柔毛。叶广卵形、心形或近圆形，长 7～23 cm，宽 5.5～16 cm；顶端钝或急尖，基部心形，下面被白色星状短柔毛，基生脉 5 条；叶柄长 2～8 cm，被毛。花小，淡黄白色，内面略带紫红色；萼片卵形，被短柔毛；花瓣与萼片互生，顶端 2 裂并具长条形的附属体，约与萼片等长；具药的雄蕊 5 枚，与退化雄蕊互生；子房 5 室，每室有胚珠两枚。蒴果圆球形或卵状圆球形，具短而粗的刺，被短柔毛；成熟时分裂为 5 个果瓣，果瓣与中轴分离并在室背开裂；种子长圆形，成熟时黑色		
资源利用	花期春、夏季。藤适应性较强，匍匐茎蔓延速度较快，易成为入侵物种[285]；在受控条件下可作为常绿地被类植物。根可入药，具祛风除湿、补肾强腰等功效。茎皮纤维可制绳索。播种、扦插繁殖		

图 4-266A 刺果藤（花序） 　　　　　　　图 4-266B 刺果藤（藤茎、果实）　　　周联选　摄

267、粗毛刺果藤（野枇杷藤）			梧桐科 Sterculiaceae
拉丁学名	*Byttneria pilosa* Roxb.	英文名称	Pilous Byttneria
生境特点	海拔 500～1000 m 混交林林缘	分布范围	云南南部（勐海和耿马），以及老挝、泰国、越南、缅甸
识别特征	木质缠绕藤本；小枝深褐色，被星状毛，或无。叶圆形或心形，长 14～24 cm，宽 13～21 cm；顶端钝或短尖，基部心形，基生脉 7 条，边缘有粗锯齿，常 3～5 浅裂，两面均被淡黄褐色星状柔毛及硬毛，尤以背面为多；叶柄被毛，托叶条形，早落。聚伞花序伞房状，腋生，具少数花；萼片 5，外面有毛；花瓣 5，凹陷；具药雄蕊 5 枚，与花瓣对生，退化雄蕊 5 枚，下面连合；子房圆球形，有乳头状突起。蒴果圆球形，黄色而略带红色，密被有分枝的锥尖状软刺；种子卵形，黄色并具褐色斑点		
资源利用	根、茎藤、叶药用，可祛风湿、壮筋骨。播种繁殖		
其他种类	全缘刺果藤 （*B. integrifolia* Lace）产云南南部（西双版纳），及泰国、缅甸；生海拔 800～1600 m 山坡疏林中		

图 4-267A 粗毛刺果藤（藤茎、果实）

图 4-267B 粗毛刺果藤（果实） 　　　　图 4-267C 粗毛刺果藤（藤茎、果实）　朱鑫鑫　摄

268、红萼龙吐珠（美丽龙吐珠、红花龙吐珠、麒麟吐珠） 马鞭草科 Verbenaceae

拉丁学名	*Clerodendrum speciosum* W. Bull	英文名称	Red flower, Bleeding Hert Glorybower
生境特点	喜高温、湿润环境，喜光，耐半阴，忌积水	分布范围	原产非洲热带地区；我国南方广为栽培
识别特征	常绿，蔓性藤木。茎具多分枝，小枝带黑色，四方形，有毛茸。叶对生，纸质；具柄，长卵形或卵状椭圆形；先端渐尖，基部近圆形，全缘且叶脉明显，呈紫褐色；暗绿色，具光泽。聚伞花序圆锥状，腋生或顶生；花萼灯笼状，紫红色，萼片卵三角形，3枚，宿存；花冠深红色，5裂片，完全平展；雄蕊4枚，白色，细长线形且突出花冠外。核果球形，藏于残存花萼内；种子4粒，黑色		
资源利用	龙吐珠（*C. thomsonae*）与红龙吐珠（龙吐珠藤，*C. splendens*）的杂交栽培种。花期夏、秋两季。花型奇特，紫红色萼片留存，为主要观赏部位，观赏期全年；生长迅速，蔓性很强，但缠绕力一般，侧枝经常呈披散型下垂，可装点棚架、篱栏、花架、花台等处，亦可盆栽，或整形成灌木状；墙面绿化和立柱绿化时需要牵引，护坡绿化只适合较矮的护坡或挡土墙。扦插、分株、播种繁殖		

图4-268A 红萼龙吐珠（藤茎、花）　　　图4-268B 红萼龙吐珠（花序）　　　牟凤娟 摄

269、艳赪桐（红龙吐珠、龙吐珠藤） 马鞭草科 Verbenaceae

拉丁学名	*Clerodendrum splendens* G. Don	英文名称	Glory Tree, Flaming Glorybower
生境特点	喜温暖、潮湿、阳光，耐半阴，不耐霜冻	分布范围	原产非洲西部热带地区；现热带地区广泛引种栽培
识别特征	常绿，缠绕木质或半木质藤本。叶对生，纸质；卵状椭圆形；全缘，先端渐尖，基部近圆形；侧脉明显、下凹。聚伞花序腋生或顶生，花冠红色，花萼红色；雌蕊、雄蕊细长，突出花冠外。核果		
资源利用	花期12月至翌年1月。生长迅速，蔓性强，缠绕力一般，侧枝经常呈披散型下垂；花苞呈灯笼状，开花时花形如红龙抬头吐珠。叶片深绿光亮，花色鲜艳，可观叶、观花，若提供攀爬支架，多用于花篱、棚架（花架、亭架、花廊、门廊等）、花柱的装饰，可形成、花墙、花带、绿屏。蜜源植物。扦插、播种繁殖		

图4-269A 艳赪桐（藤茎、花）

图4-269B 艳赪桐（花序）　　　　　　　　图4-269C 艳赪桐（藤茎、花）　　　　牟凤娟　摄

270、龙吐珠（白萼赪桐、珍珠宝莲）			马鞭草科 Verbenaceae
拉丁学名	*Clerodendrum thomsoniae* Balf.	英文名称	Bleeding Heart，Glorybower，Bleeding Heart Vine
生境特点	喜阳光、湿润、耐半阴，不耐寒	分布范围	原产非洲西部热带地区；我国各地栽培
识别特征	常绿，蔓性木质藤本，高2～5 m。幼枝四棱形，被黄褐色短绒毛，小枝髓部嫩时疏松，老后中空。叶纸质，狭卵形或卵状长圆形；顶端渐尖，基部近圆形；全缘，表面被小疣毛，基脉三出。聚伞花序腋生或假顶生，二歧分枝；花萼白色，基部合生，中部膨大，有5棱脊，顶端5深裂，宿存，不增大；花冠深红色，外被细腺毛，裂片椭圆形。核果近球形，有2～4分核；宿存萼不增大，红紫色。		
资源利用	花期3～5月。开花繁茂，花型奇特，红白相映，颜色鲜艳明朗；适合小型棚架、绿廊、花架、花台栽培，也可盆栽垂吊观赏；还可片植在坡地、林下、树丛旁、岩石和墙角等作为地被栽植，及较矮的护坡或挡土墙护坡。扦插、分株、组织培养、播种繁殖[286]。		
其他品种	花叶龙吐珠（*C. thomsoniae* 'Varegatum'）叶片边缘具有黄白色或绿白色大小不一的斑块		

同属近缘种类：

中文名称	拉丁学名	习性	分布范围	生境特点
狗牙大青、假狗牙花	*C. ervatamioides*	常绿	产云南	生海拔100～700 m山坡向阳的杂木林或疏林下湿润处
泰国垂茉莉	*C. garrettianum*	常绿	产云南南部和西南部，及泰国和老挝	生海拔500～1100 m山坡密林中
绢毛大青、长毛臭牡丹	*C. villosum*	常绿	产云南，及中南半岛、马来西亚和印度尼西亚	生海拔700～900 m山谷溪旁密林中或路边灌丛较湿润的地方

图 4-270A 龙吐珠（花）　　　宋鼎 摄

图 4-270B 龙吐珠（花序）

图 4-270C 龙吐珠（藤茎、花）　　　朱鑫鑫 摄

271、蓝花藤（紫霞藤、紫绒藤、锡叶藤、许愿藤）			马鞭草科 Verbenaceae
拉丁学名	*Petrea volubilis* L.	英文名称	Queen's Wreath, Bluebird Vine, Purple Wreath
生境特点	喜温暖、潮湿、阳光，耐半阴	分布范围	原产中美洲墨西哥、西印度群岛
识别特征	常绿，缠绕木质藤本。小枝灰白色，具椭圆形皮孔，被毛，叶痕显著。叶对生，革质，椭圆状长圆形或卵状椭圆形；先端钝或短尖，基部钝圆，全缘；两面粗糙。总状花序顶生，下垂；花萼管5裂，裂片狭长圆形，开展，紫蓝色，密被棕色微绒毛；花冠管浅蓝至紫色，外面密被微绒毛，喉部有髯毛；雄蕊4枚，等长或近二强。核果包藏于宿存花萼内，种子一二粒		
资源利用	花期4～5月。花紫蓝色，花型别致，成串下垂，优雅美丽；花萼于果期扩大变淡绿，逐渐变淡转白且变硬，具明显的脉纹，宿存时间较长，脱落干燥后可做花环或手工艺品，故名"皇后的花环"；可用于棚架、门廊、拱门及墙垣。叶面极粗糙，可用于磨亮锡器。播种、扦插繁殖		

图 4-271A 蓝花藤（藤茎、花序）

图 4-271B 蓝花藤（幼果）　　　牟凤娟 摄

272、绒苞藤			马鞭草科 Verbenaceae
拉丁学名	*Congea tomentosa* Roxb.	英文名称	Wooly Congea，Shower Orchid
生境特点	海拔 600～1200 m 疏、密林中；喜光、潮湿	分布范围	云南西南部，以及孟加拉国、印度东北部、缅甸、泰国、老挝、越南中部
识别特征	常绿，攀援状灌木。小枝有环状节。叶对生；椭圆形、卵圆形或阔椭圆形，长 6～16 cm，宽 3～9.5 cm；顶端尖至渐尖，很少钝，基部圆或近心形；表面幼时密生柔毛，老时疏生伏硬毛，至近无毛，背面密生长柔毛。聚伞花序头状，具柄，有花 5～7 朵，再构成圆锥花序；总苞片 3～4 枚，长圆形、阔椭圆形或倒卵状长圆形，基部联合部分长 1～3 mm，顶端钝圆或有 1 枚微凹，通常青紫色；花萼漏斗状，外面密生黄色柔毛，内面被伏毛；花冠管长于花萼			
资源利用	花期 2 月。观花，花期长达数月，具有良好的攀援效果，用于棚架、栅栏、建筑物、围墙、花架等立体空间布置；或修剪为灌木状。播种、扦插繁殖			
其他种类	华绒苞藤（*C. chinensis* Moldenke） 叶狭椭圆形；总苞片长圆形或近倒披针形，灰白色。花期 10 月。产云南南部（屏边、西双版纳），及缅甸北部；生海拔 700～1500 m 混交林下			

图 4-272A 绒苞藤（花序）

图 4-272B 绒苞藤（花）

图 4-272C 绒苞藤（藤茎、花） 牟凤娟 摄

273、多花楔翅藤			马鞭草科 Verbenaceae
拉丁学名	*Sphenodesme floribunda* Chun et How	英文名称	Polyanthous Sphenodesme
生境特点	海拔 300～700 m 混交林	分布范围	广东和海南
识别特征	常绿，攀援藤本。枝条圆柱状，灰褐色，有凸起的皮孔，花枝、幼叶及苞片均有星状毛。叶对生，叶片倒卵状椭圆形，叶片倒卵状椭圆形，长 6～9 cm，宽 2～4 cm；顶端渐尖或少有短尖，基部楔形，边缘上部有不相等的深波状粗齿，两面有极微小的腺点。聚伞花序头状，有花 7 朵和由 6 枚长椭圆形或倒卵形的苞片组成的总苞，顶生或侧生于叶腋而排成大型圆锥花序；总苞片匙状披针形，顶端钝圆，膜质，两面密生黄褐色星状柔毛；萼漏斗状，5 齿裂，外面密生黄褐色星状毛，结果时扩大；花冠管短，5～6 裂，边缘有白色长柔毛；雄蕊 5 枚，着生于冠管喉部，内藏或略伸出；子房不完全的 2 室，每室有胚珠 2 颗，生于胎座轴顶端而下垂。核果，包藏于宿萼内		
资源利用	花期 3～4 月。圆锥花序大型，总苞于果期增大，并宿存较长时间，具有较高的观赏价值。播种繁殖		

图 4-273A 多花楔翅藤（藤茎、花）　　　　　图 4-273B 多花楔翅藤（藤茎、花序）　　　周联选 摄

274、毛楔翅藤			马鞭草科 Verbenaceae
拉丁学名	*Sphenodesme mollis* Craib	英文名称	Haired Sphenodesme
生境特点	海拔 600～1500 m 山坡或溪边混交林下	分布范围	云南南部（元江、新平和石屏），以及泰国、越南中部至南部
识别特征	常绿，攀援藤本。小枝纤细，有绒毛或柔毛，后无毛，疏生皮孔。叶对生，叶片纸质至近革质；椭圆状长圆形，长 4～12 cm，宽 3.5～6（～8.5）cm；顶端锐尖至渐尖，基部楔形。头状聚伞花序花 3～7 朵，再排成腋生或顶生圆锥花序；总苞由 6 枚长椭圆形或倒卵形的苞片组成；花萼漏斗状，5 齿裂，裂片间有小附齿，外面有丝状绒毛（成果时渐疏），内面上半部有长疏柔毛，裂片顶端 2 浅裂，结果时有时扩大；冠管漏斗状，花冠管短，喉部内面有柔毛环，5 浅裂，很少 6 裂；雄蕊 5 枚，着生于冠管喉部，内藏或略伸出；子房卵形，有刺毛；花柱纤细，伸出。核果，包藏于圆锥状宿萼内		
资源利用	果期 10～11 月。总苞于果期增大、宿存，具有较高的观赏价值。播种繁殖		

图4-274A 毛楔翅藤（花序）　　　　　　　　图4-274B 毛楔翅藤（藤茎、花）　　　　牟凤娟 摄

275、山白藤（楔翅藤）			马鞭草科 Verbenaceae
拉丁学名	*Sphenodesme pentandra* var. *wallichiana* (Schauer) Munir	英文名称	Sphenodesme
分布范围	云南、海南及沿海岛屿，以及印度东北部经孟加拉国、缅甸、泰国、越南中部、老挝、柬埔寨至马来西亚	生境特点	海拔500～700 m干燥溪边、杂木林中
识别特征	常绿，攀援藤本。幼枝近四方形，疏生柔毛，老枝近无毛，暗褐色，有皮孔。叶片坚纸质或近革质，椭圆状长圆形或披针状长圆形，长5.5～18 cm，宽2.5～7 cm；顶端渐尖至锐尖，基部近圆形或楔形，两面疏生短毛或近无毛，表面有光泽。聚伞花序头状，有花7朵，花序梗长达3 cm；总苞片5～6枚，长圆状匙形，长1.5～2.8 cm，宽0.5～1 cm，钝；花萼钟状，顶端5裂间有附齿；花冠管状或漏斗状，紫色，5浅裂，裂片近圆形，平展，仅内面喉部密生长柔毛；雄蕊5，花丝纤细，伸出；子房密生刺毛，有腺点，花柱细长，伸出，柱头短2裂。果球形，有刺毛。		
资源利用	花、果期2～4月。增大、宿存的果苞极具观赏性。播种繁殖		
其他种类	**爪楔翅藤**（司芬双藤）[*S. involucrate* (Presl) Robinson] 幼枝纤细，有星状毛；叶片卵形至狭椭圆形；总苞片倒卵形；雄蕊不外露；花萼裂齿间无附齿。花果期11月至翌年6月。产广东、海南和台湾，以及印度东部、马来西亚；常生海拔500～700 m疏林中		

图4-275A 山白藤（茎枝、叶）　　　　　　图4-275B 山白藤（植株）　　　　　　　朱鑫鑫 摄

主要参考文献

[1] Darwin C. On the movements and habits of climbing plants [J]. Journal of the Linnean Society, 1867, 9:1-118.

[2] Putz F E, Mooney H A. The Biology of Vines [M]. London: Cambrige Universtiy Press, 1991.

[3] 蔡永立，宋永昌．藤本植物生活型系统的修订及中国亚热带东部藤本植物的生活型分析[J]．生态学报, 2000, 20(5)：808-814.

[4] Ray T S. Foraging behaviour in tropical herbaceous climbers (Araceae) [J]. Journal of Ecology, 1992, 80(2): 189-203.

[5] Carter G A, Teramura A H. Vine photosynthesis and relationships to climbing mechanics in a forest understory [J]. American Journal of Botany, 1988, 75(7)：1011-1018.

[6] 袁春明，刘文耀，杨国平，等．哀牢山湿性常绿阔叶林木质藤本植物的物种多样性及其与支柱木的关系[J]．林业科学, 2010, 46(1)：15-22.

[7] 蔡永立，郭佳．藤本植物适应生态学研究进展及存在问题[J]．生态学杂志, 2000, 19(6)：28-33.

[8] Pérez-Sailcrup D. Effect of liana cutting on tree regeneration in a liana forest in Amazonian Bolivia [J]. Ecology, 2001, 82(2)：389-396.

[9] Putz F E, Chal P. Ecological studies of lianas in Lambir National Park, Sarawak, Malaysia [J]. Journal of Ecology, 1987, 75(2)：523-531.

[10] 颜立红，祁承经，刘小雄．中国亚热带中部藤本植物区系的基本特点[J]．中南林学院学报, 2006, 26(4)：36-41.

[11] Putz F E, Mooney H A. The biology of vines [M] London: Cambrige Universtiy Press, 1991.

[12] 蔡永立．浙江天童森林公园藤本植物的基本特征[J]．华东师范大学学报(自然科学版), 1999(2): 75-81.

[13] 陈亚军，陈军文，蔡志全．木质藤本及其在热带森林中的生态学功能[J]．植物学通报, 2007, 24 (2): 240-249.

[14] Castellanos A E. Photosynthesis and Gas Exchange in Vines [M]. In: Putz EE, Mooney AH (eds). The Biology of Vines. Cambridge：Cambridge University Press, 1991: 181-203.

[15] Clark D B, Clark D A. Distribution and effects of tree growth of lianas and woody hemiepiphytes in a Costa Rican tropical wet forest [J]. Journal of Tropical Ecology, 1990, 6(3): 321-331.

[16] Fisher J B, Hugh T W, Tan L P L. Xylem of rattans: vessel dimensions in climbing palms [J]. American Journal of Botany, 2002, 89(2): 196-202.

[17] Gartner B L, Bullock S H, Mooney H A, et al. Water transport properties of vine and tree stems in a tropical deciduous forest [J]. American Journal of Botany, 1990, 77(6): 742-749.

[18] Holbrook M, Putz F E. Physiology of Tropical Vines and Hemiepiphytes: Plants that Climb up and Plants that Climb Down in Tropical Forest Plant Ecophysiology [M]. New York: Chapmanand Hall Publishing Co., 1996: 363-394.

[19] Schnitzer S A, Brongers F. The Ecology of lianas and their role in forests [J]. Trend and Evolution, 2002,

17(5): 223-230.

[20] Penalosa J. Basal branching and vegetative spread in two tropical rain forest lianas [J]. Biotropica 1984, 16(1): 1-9.

[21] 娄成后. 高等植物中电化学波的信使传递 [J]. 生物物理学报, 1996, 12(4): 739-745.

[22] Croat T B. Flora of Barro Colorado Island [M]. California: Stanford University Press, 1978: 943.

[23] Richards P W. The Tropical Rain Forest: an EcologicalStudy, 2nd edn [M]. Cambridge: Cambridge University Press, 1996.

[24] Schnltzer S A, Kuzee M, Bongers F. Disentangling above-and below-ground competition between lianas and trees in a tropical forest [J]. Journal of Ecology, 2005, 93(6): 1115-1125.

[25] Schnltzer S A, Dalllng J W, Carson W P. The impact of lianas on tree regeneration in tropical forest canopy gaps: evidence for an alternative pathway of gap-phase regeneration [J]. Journal of Ecology, 2000, 88(4): 655-666.

[26] Stevens G C. Lianas as structural parasites: the Bursera simaruba example [J]. Ecology, 1967, 68(1): 77-81.

[27] Cook R E. Growth and development in clonal plant populations [M]. In: Jackson J B C, Buss L W, Cook R E (eds). Population Biologyand Evolution of Clonal Organisms. New Haven: Yale University Press, 1985: 25-296.

[28] Balfour D A, Bond W J. Factors limiting climber distribution and abundance in a southern African forest [J]. Journal of Ecology, 1993, 81(1): 93-100.

[29] Laurance W F, Perez-Salicrup D, Delamonica P, et al. Rain forest fragmentation and the structure of Amazonian liana communities [J]. Ecology, 2001, 82(1): 105-116.

[30] 张玉武. 贵州梵净山自然保护区藤本植物攀援方式及类型的研究 [J]. 广西植物, 2000, 20(4): 301-312.

[31] 胡亮. 东亚温带藤本植物多样性及其格局 [J]. 生物多样性, 2011, 19(5): 567-573.

[32] 何天贤, 杨文伍, 邓文礼. 具有超级粘附作用的藤本植物——爬山虎的最新研究结果及研究进展评论 [J]. 自然科学进展, 2008, 18(11): 1220-1225.

[33] 李慧, 刘凤栾, 郗琳, 等. 月季皮刺的组织结构与化学组成 [J]. 园艺学报, 2012, 39(7): 1321-1329.

[34] Lemon P C, Voegeli J M. Anatomy and Ecology of Pieris phillyreifolia (Hook.) DC[J]. Bulletin of the Torrey Botanical Club, 1962, 89(5): 303-311.

[35] 张朝阳, 周凤霞, 许桂芳. 藤本植物在边坡生态恢复中的应用 [J]. 水土保持研究, 2007, 14(4): 462-464.

[36] 高丽霞, 吴焕忠, 刘水, 等. 藤本植物在边坡水土保持工程中的应用 [J]. 中南林业调查规划, 2006, 25(1): 23-25.

[37] 张朝阳, 周凤霞, 许桂芳. 藤本植物在边坡生态恢复中的应用 [J]. 水土保持研究, 2009, 16(3): 291-293.

[38] 杨冰冰, 夏汉平, 黄娟, 等. 采石场石壁生态恢复研究进展 [J]. 生态学杂志, 2005, 24(2): 181-186.

[39] 李根有, 屠娟丽, 哀建国. 山体断面绿化植物的选择、配置及种植措施 [J]. 浙江林学院学报, 2002, 19(1): 95-99.

[40] 胡振华, 王电龙. 攀援植物在北方水土保持生态修复中的应用 [J]. 水土保持通报, 2007, 27(1) 99-101.

[41] 沈彦, 沈文雅. 藤本植物在深圳采石场边坡生态修复中的应用 [J]. 亚热带水土保持, 2012, 24(2): 40-41, 56.

[42] 吴易雄, 陶抵辉, 邓沛怡. 利用藤本植物治理石漠化的成效、存在的问题与对策 [J]. 南方林业科学, 2015, 43(2): 50-55.

[43] 莫宁捷, 吕长平, 成明亮. 浅谈岩生植物及其在园林中的应用 [J]. 林业调查规划, 2007, 32(6): 152-155.

[44] 张仁波, 何林, 窦全丽, 等. 黔北岩生种子植物种类及其在石漠化治理中的应用 [J]. 北方园艺,

2012(13): 77-80.

[45] 颜立红, 向光锋, 刘小雄, 等. 喙果鸡血藤等植物在石灰岩山地植被恢复中的应用 [J]. 湖南林业科技, 2012, 39(5): 79-82.

[46] 曲仲湘. 我国南方森林中缠绕藤本植物的初步观察 [J]. 植物生态学与地植物学丛刊, 1964(1): 1-6.

[47] 王宝荣. 西双版纳勐养自然保护区沟谷热带季节雨林藤本植物的行为研究 [J]. 云南植物研究, 1997, 增刊 (6): 70-76.

[48] 蔡永立, 宋永昌. 中国亚热带东部藤本植物的多样性 [J]. 武汉植物学研究, 2000, 18(5): 390-396.

[49] 朱华. 西双版纳龙脑香热带雨林生态学与生物地理学研究 [M]. 昆明: 云南科技出版社, 2000.

[50] 郭云文, 苏德荣, 花伟军, 等. 木本藤本植物在城市绿化中的应用现状及发展趋势 [J]. 北方园艺, 2007(8): 146-148.

[51] 陶抵辉, 吴易雄. 常见藤本植物图谱 (第 1 版) [M]. 长沙: 中南大学出版社, 2013.

[52] 夏江宝, 许景伟, 赵艳云. 我国藤本植物的研究进展 [J]. 浙江林业科技, 2008, 28(3): 69-74.

[53] 袁春明, 刘文耀, 杨国平. 哀牢山湿性常绿阔叶林窗木质藤本植物的物种组成与多样性 [J]. 山地学报, 2008, 26(1): 29-35.

[54] 李景功. 关于缠绕植物旋向的起源 [J]. 遗传, 1985, 7(2): 47-48.

[55] 中国科学院中国植物志编辑委员会 [M]. 中国植物志. 北京: 科学出版社, 2004.

[56] Wu Z Y, Raven P H, Hong D Y. Flora of China Vol. 1–25 [M]. Beijing: Science Pres; St. Louis: Missouri Botanical Garden Press, 1994–2013.

[57] 陈恒彬, 张凤金, 阮志平, 等. 观赏藤本植物 [M]. 武汉: 华中科技大学出版社, 2013.

[58] 孙光闻, 徐晔春. 水生藤蔓植物 (园林植物彩色图鉴)(1-1) [M]. 北京: 中国林业出版社, 2011.

[59] 熊济华, 唐岱. 藤蔓花卉 / 攀援匍匐垂吊观赏植物 [M]. 北京: 中国林业出版社, 2000.

[60] 徐晔春, 吴棣飞. 藤本植物 [M]. 北京: 中国电力出版社, 2010.

[61] 薛聪贤, 杨宗愈. 景观植物大图鉴 (3) 藤蔓植物、竹类、棕榈类 626 种 [M]. 广州: 广东科技出版社, 2015.

[62] 唐光大, 成建飞, 谢振兴, 等. 外来植物大花老鸭嘴在迁入地的传粉机制和繁殖策略 [J]. 生态环境学报, 2014, 23(6): 950-957.

[63] 刘仁林. 山牵牛 (大花山牵牛) [J]. 南方林业科学, 2017, 45(4): 2-2.

[64] 陆耀东, 何松, 萧洪东, 等. 大花老鸦嘴组织培养技术 [J]. 林业实用技术, 2008, (9): 43.

[65] 史彩虹, 李大伟, 赵余庆. 软枣猕猴桃的化学成分和药理活性研究进展 [J]. 现代药物与临床, 2011, 26(3): 203-207.

[66] 祝儒刚, 孙艳頔, 陈罡, 等. 软枣猕猴桃与中华猕猴桃功能成分比较研究 [J]. 辽宁大学学报 (自然科学版), 2017, 44(1): 59-64.

[67] 姜爱丽, 白雪, 杨柳, 等. 软枣猕猴桃加工与保鲜研究进展 [J]. 食品工业科技, 2016, 37(14): 375-378, 384.

[68] 马思远, 黄初升, 刘红星, 等. 中华猕猴桃根化学成分及药理活性的研究进展 [J]. 广西师范学院学报 (自然科学版), 2016, 33(4): 57-63

[69] 朱波, 华金渭, 吉庆勇, 等. 毛花猕猴桃生物学特性与优良株系初选 [J]. 浙江农业科学, 2013(1): 32-34.

[70] 李然红, 金志民, 陈鑫, 等. 狗枣猕猴桃研究进展 [J]. 中国林副特产, 2015(2): 84-85

[71] 林琳, 闫晓娜, 于宏影, 等. 狗枣猕猴桃研究现状 [J]. 林业科技通讯, 2016(6): 72-75

[72] 陈显锋, 王玉红, 卜庆军. 浅谈野生狗枣猕猴桃的开发利用 [J]. 中国林副特产, 2013(3): 105-106.

[73] 李瑞高, 李洁维, 王新桂, 等. 广西猕猴桃三个新变种 [J]. 广西植物, 2002, 22(5): 385-387.

[74] 陈豪, 潘坤官, 何丽君. 抗癌中药猫人参研究概况 [J]. 海峡药学, 2011, 23(12): 9-11.

[75] 姜维梅, 李凤玉. 大籽猕猴桃 (*Actinidia macrosperma*) 离体再生系统的建立 [J]. 浙江大学学报 (农业与生命科学版), 2003, 29(3): 295-299.

[76] 邓龙, 孙承逊, 李孟河. 葛枣资源的开发利用前景 [J]. 中国林副特产, 2007(1): 92-93.

[77] 朴慧淑, 丛凡华, 李范洙, 等. 野生葛枣猕猴桃果汁饮料加工工艺研究 [J]. 延边大学农学学报, 2011, 33(3): 172-177.

[78] 李红莉. 葛枣猕猴桃硬枝扦插繁殖技术的研究 [J]. 林业科技, 2013, 38(6): 22-24.

[79] 潘天春, 罗强. 三种猕猴桃属植物形态特征补充 [J]. 西昌学院学报 (自然科学版), 2013, 27(1): 5-6, 13.

[80] 李秉滔. 中国毛药藤属订正和链珠藤属三新变种 [J]. 广西植物, 1984, 4(3): 191-194.

[81] 王培, 宋启示, 徐蔚, 等. 清明花枝叶化学成分的研究 [J]. 中草药, 2009, 40(10): 1549-1551.

[82] 廖凤仙, 王法红, 骆焱平. 鹿角藤属植物的研究进展 [J]. 广东农业科学, 2013(2): 215-218.

[83] 李敦禧, 廖凤仙, 连春枝, 等. 鹿角藤提取物的抑菌活性 [J]. 福建林业科技, 2015, 42(3): 60-62, 66.

[84] 冯志舟. 云南的野生橡胶植物 [J]. 云南林业, 2008, 29(1): 28.

[85] 钱军, 廖凤仙, 陈国德, 等. 海南鹿角藤提取物杀虫活性的初步研究 [J]. 湖北农业科学, 2015, 54(16): 3936-3938, 3989.

[86] 廖凤仙, 钱军, 朱朝华, 等. 海南鹿角藤粗提物除草活性研究 [C]. 第十二届全国杂草科学大会论文摘要集, 2015: 100.

[87] 李永红, 曾大兴, 谢利娟. 红蝉花的组织培养及快速繁殖技术 [J]. 林业科技, 2004, 29(5): 49-51.

[88] 吴坤林, 曾宋君, 陈之林, 等. 飘香藤的组织培养与快速繁殖 [J]. 植物生理学通讯, 2007, 43(6): 1145-1146.

[89] 刘艳萍, 乔丽菲, 陈阿红, 等. 思茅山橙枝叶的化学成分研究（Ⅰ）[J]. 广东化工, 2015, 42(3): 26-27.

[90] 周长江, 关焕玉, 张援虎, 等. 尖山橙中生物碱类成分的研究 [J]. 中成药, 2012, 43(4): 653-657.

[91] 颜克序, 冯孝章. 川山橙化学成分的研究 [J]. 中草药, 1998, 29(12): 793-795.

[92] 王晓, 方磊. 山橙属植物化学成分与抗肿瘤活性研究进展 [J]. 天然产物研究与开发, 2014(26): 1332-1337.

[93] 方忠莹, 杜思雨, 蔡晓青, 等. 山橙属植物生物碱类成分研究进展 [J]. 中国实验方剂学杂志, 2017, 23(22): 218-225.

[94] 许亚楠, 熊婷, 曾东强, 等. 山橙叶粗提物的杀虫活性研究 [J]. 天然产物研究与开发, 2015(27) : 1748-1752.

[95] 李志英, 符运柳, 徐立. 山橙胚的离体培养和植株再生 [J]. 植物生理学通讯, 2008, 44(3): 517.

[96] 羊程纹. 羊角拗根的生物活性成分研究 [D]. 海口：海南大学, 2013.

[97] 张洁, 姜明辉, 杨竹雅, 等. 民族药酸叶胶藤的鉴别研究 [J]. 云南中医中药杂志, 2013, 34(4): 53-55.

[98] 石凤平. 药食同源植物——酸叶胶藤 [J]. 中国花卉盆景, 2005(10): 23.

[99] 李静晶, 王军民, 华燕. 大纽子花挥发油的化学成分研究 [J]. 中国民族民间医药, 2013, 22(5): 40-42.

[100] 周法兴，梁培瑜，瞿赐荆，等 . 广西马兜铃的化学成分研究 [J]. 药学学报，1981, 16(8): 638-640.

[101] 李舒养，姚琪 . 广西马兜铃的块根全是宝 [J]. 植物杂志，1981(4): 23.

[102] 苏文潘，张美华，黎萍 . 美丽马兜铃的组织培养和快速繁殖 [J]. 广西热带农业，2008(1): 13-14.

[103] 文和群 . 广西马兜铃属一新种 [J]. 广西植物，1992, 12(3): 217-218.

[104] 谭兴根，张晓瑢，彭树林，等 . 宽叶秦岭藤根部的化学成分 [J]. 高等学校化学学报，2003, 24(3): 436-441.

[105] 吴兰芳，景永帅，张振东，等 . 吊灯花提取物体外抗氧化活性评价 [J]. 食品工业科技，2010, 31(11): 78-80.

[106] 张小卉，辜天琪，田先华，等 . 陕西省萝藦科一新记录属 —— 吊灯花属 [J]. 西北植物学报，2008, 28(2): 406-407.

[107] 李江玲，赵云丽，秦徐杰，等 . 古钩藤茎叶的化学成分研究 [J]. 中草药，2014, 45(12): 1677-1681.

[108] 王丽，甄汉深，梁臣艳，等 . 古钩藤的研究概况 [J]. 中国民族民间医药，2017, 26(13): 64-67.

[109] 欧莹，莫善列，肖智会，等 . 古钩藤研究发展现状 [J]. 中国民族民间医药，2013(4): 16-17.

[110] 张庆英，张乃霞，赵玉英，等 . 白叶藤属植物化学成分与药理活性研究概况 [J]. 国外医药 (植物药分册), 1999, 14(6): 235-238.

[111] 彭蕴茹，丁永芳，李友宾，等 . 白首乌研究现状 [J]. 中草药，2013, 44(3): 370-378.

[112] 赵冰清，张为，周源，等 . 瑶族药白首乌的研究进展 [J]. 时珍国医国药，2006, 17(12): 2396-2400.

[113] 秦新生，邢福武，李秉滔 . 广东及香港、澳门鹅绒藤属药用植物资源 [J]. 中国野生植物资源，2010, 29(4): 8-12.

[114] 秦新生，李秉滔 . 中国鹅绒藤属 (萝藦科) 植物研究进展 [J]. 中国野生植物资源，2011, 30(5): 7-13.

[115] 刘文平，王国亮，杨政 . 朱砂藤根化学成分的研究 [J]. 武汉植物学研究，1994, 12(1): 58-60.

[116] 刘文平，王国亮，杨政 . 青羊参的生药学研究 [J]. 河南中医学院学报，2007, 22(3): 29-31：108.

[117] 曹继华，曹伶俐，王正益，等 . 白族药用植物 —— 青羊参 [J]. 大理学院学报，2013, 12(12)

[118] 马玉兰，王晓英，王智慧，等 . 野生地梢瓜栽培试验 [J]. 中国园艺文摘，2014(9): 44-45.

[119] 阿拉探巴干 . 蒙药材地梢瓜现代研究进展 [J]. 北方药学，2012, 9(9): 33-34.

[120] 谢凯强 . 隔山消化学成分及生物活性研究 [D]. 贵阳：贵州大学：2017

[121] 汪健，杜凡，李云琴 . 鹅绒藤属 (萝藦科) 一新变种 —— 折叶白前 [J]. 西北植物学报，2012, 32(3): 616-618.

[122] 贾少华，刘峰亮，吕芳，等 . 云南苦绳化学成分的研究 [J]. 天然产物研究与开发，2013, 25(5): 631-633.

[123] 宋娟，吕芳 . 南山藤属植物化学成分及生物活性研究进展 [J]. 天然产物研究与开发，2016, 28(9): 1492-1498.

[124] 李凤珍 . 南山藤育苗及密植栽培技术 [J]. 林业科技通讯，2015(7): 61-62.

[125] 丘琴，甄汉深，韦一飞，等 . 匙羹藤的研究进展 [J]. 中国民族民间医药，2017, 26(10): 51-53.

[126] 苏钛，黄宁珍 . 匙羹藤愈伤组织培养研究 [J]. 中国野生植物资源，2015, 34(5): 14-18.

[127] 王艳艳，王威，李红岩，等 . 牛奶菜属植物化学成分研究进展 [J]. 天然产物研究与开发，2009, 21(1): 163-170.

[128] 何立巍，陆兔林，毛春芹，等 . 通光藤化学成分及抗肿瘤活性研究 [J]. 中国现代应用药学，2014,

31(7): 821-824.

[129] 李海涛, 康利平, 郭宝林, 等. 常用傣药"傣百解"的基原考证 [J]. 中国中药杂志, 2014, 39(8): 1525-1529.

[130] 钟业聪. 观果藤本——翅果藤 [J]. 植物杂志, 2002(3): 20.

[131] 赵延涛, 赵宝玉, 张援虎, 等. 黑骨藤和青蛇藤挥发油成分的比较研究 [J]. 西北农业学报, 2007, 16(6): 38-41.

[132] 李朝晖, 王丽敏, 张玉柱. 杠柳的生物生态特性及应用价值 [J]. 防护林科技, 2018(4): 90-91.

[133] 李秉滔, 陈纪军. 裂冠藤属——萝摩科一新属 [J]. 华南农业大学学报, 1997, 18(1): 39-40.

[134] 李秉滔, 李延辉. 云南产萝藦科牛奶菜属一新种 [J]. 云南植物研究, 1982, 4(2): 157-159.

[135] 陈纪军, 张壮鑫, 张润珍, 等. 裂冠牛奶菜的化学成分 [J]. 云南植物研究, 1990, 12(1): 93-97.

[136] 卢人道, 孙漠董, 欧乞鍼. 须药藤根的化学成分 [J]. 药学学报, 1963, 10(11): 681-682.

[137] 王红刚, 马远刚, 余伯阳, 等. 娃儿藤抗肿瘤活性部位的成分 [J]. 中国天然药物, 2006, 4(5): 352-354.

[138] 张成刚, 李建军, 汪晓慧, 等. 娃儿藤生物碱及其类似物的抗肿瘤构效关系研究进展 [J]. 中国药物化学杂志, 2010, 20(5): 379-388.

[139] 陈璐, 李荣彩, 陈风华, 等. 新优垂直绿化植物的引种及繁殖试验 [J]. 中国园艺文摘, 2013, 29(3): 58-60.

[140] 李鹏初. 非洲凌霄在广州的栽培及园林应用 [J]. 广东园林, 2011, 33(3): 48-50.

[141] 张金政, 梁松洁, 石雷. 忍冬属藤本植物资源的栽培及应用 [J]. 中国园林, 2004(5): 53-56.

[142] 严福林, 何顺志, 徐文芬. 贵州忍冬属药用植物种类与地理分布的研究 [J]. 贵州科学, 2013, 31(2): 31-36.

[143] 郑曦, 杨树德, 杨竹雅, 等. 长花忍冬生药学初步研究 [J]. 云南中医学院学报, 2014, 37(5): 58-60.

[144] 郑曦滇. 产长花忍冬生药学及质量标准研究(附大花忍冬生药学初研)[D]. 昆明: 云南中医学院, 2013.

[145] 谷淑芬, 李长海, 张旭东. 台尔曼忍冬引种与繁殖技术 [J]. 林业科技, 1999, 24(1): 5-7, 19.

[146] 吕剑, 王金寨, 由为宇, 等. 台尔曼忍冬引种及繁殖技术 [J]. 中国西部科技, 2011, 10(2): 37-38.

[147] 王录娟. 台尔蔓忍冬的生态特性及栽培应用 [J]. 石河子科技, 2010(6): 33, 41.

[148] 张慧洁, 王立英, 沈军, 等. 台尔曼忍冬嫩枝扦插繁育技术研究 [J]. 北方园艺, 2014(8): 48-50.

[149] 丁宗保, 李强, 佟丽, 等. 过山枫总黄酮抗氧化作用研究 [J]. 中药材, 2011, 34(3): 435-437.

[150] 赵洋, 颜妙虹, 白殊同, 等. 过山枫有效成分南蛇藤素和扁蒴藤素对斑马鱼节间血管生成的抑制作用研究 [J]. 中药新药与临床药理, 2013, 24(6): 537-540.

[151] 陈玲, 张海艳, 李坤威, 等. 苦皮藤根皮化学成分 [J]. 中国实验方剂学杂志, 2015, 21(12): 23-25.

[152] 王鹏, 王文静, 黄杰. 苦皮藤植物组织培养研究现状与前景展望 [J]. 现代牧业, 2017, 1(4): 33-38.

[153] 鞠志新, 孙铭, 康玉荣. 刺苞南蛇藤繁殖及绿化应用 [J]. 特种经济动植物, 2007, 10(6): 25-26.

[154] 杨华, 刘国强, 彭大勇, 等. 大芽南蛇藤水解产物农药生物活性初探 [J]. 西北农业学报, 2005, 4(2): 87-90.

[155] 张仁波, 窦全丽. 大芽南蛇藤扦插育苗试验研究 [J]. 广东农业科学, 2012, 39(16): 26-28.

[156] 胡贤卿, 刘庆鑫, 李慧梁, 等. 青江藤中黄烷类化学成分的研究 [J]. 中草药, 2014, 45(15): 2132-2135.

[157] 陈铭祥, 李国成, 魏佳纯, 等. 独子藤化学成分研究 [J]. 中成药, 2011, 33(4): 651-655.

[158] 陈铭祥，喻文进，林晓，等．独子藤茎的化学成分研究 [J]．中国药房，2013, 24(3): 259-261.

[159] 陈铭祥．独子藤有效成分抗癌活性研究 [J]．中国现代药用应用，2012, 6(7): 118-119.

[160] 韩天娇，陈燕忠，王定勇，等．独子藤各部位提取物体外抗癌活性研究 [J]．食品与药品，2015, 17(2): 99-101.

[161] 黄振英．辽西地区南蛇藤的种植与生态应用 [J]．绿色科技，2016(17): 94-95.

[162] 姚松林，王济虹．南蛇藤属植物对几种昆虫的拒食作用 [J]．西南农业学报，1998, 11(3): 66-70.

[163] 窦全丽，张仁波．短梗南蛇藤种子的萌发特性 [J]．植物生理学报，2013, 49(1): 75-80.

[164] 沐先运，谭运洪，张志翔．中国南蛇藤属（卫矛科）一新记录种及其意义 [J]．植物分类与资源学报，2012, 34(4): 354-356.

[165] 沐先运．中国南蛇藤属（卫矛科）的分类修订 [D]．北京：北京林业大学，2012.

[166] 吴晓鹏，陈光英，蒋才武．风车子属植物的化学成分及药理作用研究进展 [J]．海南师范大学学报（自然科学版），2007, 20(1): 63-68.

[167] 邓刚，蒋才武，黄健军，等．壮药风车子化学成分的研究（Ⅰ）[J]．时珍国医国药，2010, 21(10): 2518-2519.

[168] 陈子隽，陈勇，谢臻，等．风车子属植物研究概况 [J]．中国民族民间医药，2017, 26(24): 57-59, 60.

[169] 刘兆花，王艳婷，刘寿柏，等．长毛风车子的化学成分研究 [J]．天然产物研究与开发，2014, 26(3): 348-350.

[170] 陈璐．城市园林绿化新材——石风车子引种繁育研究初报 [J]．福建建设科技，2017(5): 35-36.

[171] 毕和平，韩长日，梁振益，等．使君子叶挥发油的化学成分分析 [J]．中草药，38(5): 680-681.

[172] 葛玉聪，石瑞娟，吴燕红，等．银背藤属植物化学成分及药理活性研究进展 [J]．中药材，2018, 41(1): 233-238.

[173] 丁艳娇，左国营，郝小燕．8 种滇产中草药体外抑菌活性筛选 [J]．贵阳医学院学报，2013, 38(2): 111-114.

[174] 李斌，陈钰妍，李顺祥．飞蛾藤属植物化学成分和药理作用研究进展 [J]．科技导报，2013, 31(11): 74-79.

[175] 林淳，刘国坤．外来入侵植物五爪金龙（*Ipomoea cairica*）的研究进展 [J]．亚热带农业研究，2008, 4(3): 177-179.

[176] 葛玉聪，罗建光，吴燕红，等．厚藤化学成分研究 [J]．中药材，2016, 39(10): 2251-2255.

[177] 冯小慧，邓家刚，秦健峰，等．海洋中药厚藤的化学成分及药理活性研究进展 [J]．中草药，2018, 49(4): 955-964.

[178] 黎海利，谭飞理，刘锴栋，等．厚藤的组织培养及植株再生 [J]．北方园艺，2015(15): 104-106.

[179] 纵熠，黄乔乔，李晓霞，等．金钟藤与掌叶鱼黄草水浸液对土壤养分和酶活性的影响 [J]．热带作物学报，2015, 36(9): 1620-1625.

[180] 余华．明艳靓丽的木玫瑰 [J]．花木盆景（花卉园艺），2009(1): 1.

[181] 张朝凤，张紫佳，张勉，等．大果飞蛾藤的化学成分研究 [J]．中国药学杂志，2006, 41(2): 94-96.

[182] 笪舫芳，戴忠华，龙莉，等．锡叶藤种质资源调查 [J]．中国实验方剂学杂志，2018(13): 22-32.

[183] 黄珊珊．锡叶藤的研究进展 [J]．海峡药学，2013, 25(10): 1-3.

[184] 纳智，李朝明，郑惠兰，等．锡叶藤的化学成分 [J]．云南植物研究，2001, 23(1): 400-402.

[185] 周兴栋，程淼，余绍福，等．锡叶藤的化学成分研究 [J]．中草药，2015, 46(2): 185-188.

[186] 朱华，王洪，李保贵．云南锡叶藤属一新种 [J]．广西植物，1999, 19(4): 337-338.

[187] 王基沣．龟甲龙的种植 [J]．河南农业，2017(10): 51.

[188] 夏时云，孙涛，李德森．龟甲龙的组织培养与快速繁殖 [J]．植物生理学通讯，2004, 40(5): 589.

[189] 黄甫昭，吕仕洪，唐建维，等．星油藤在桂西南石漠化地区的生长适应性 [J]．南方农业学报，2017, 48(10): 1769-1775.

[190] 蔡志全．特种木本油料作物星油藤的研究进展 [J]．中国油脂，2011, 36(10): 1-6.

[191] 戴余波，刘小琼，李国明．木质藤本植物星油藤的开发研究进展 [J]．现代农业科技，2017(23): 111-113.

[192] 王健伟，梁敬钰，李丽．小叶买麻藤的化学成分 [J]．中国天然药物，2006, 4(6): 432-434.

[193] 兰倩，刘建锋，史胜青，等．小叶买麻藤种子营养及药用成分分析 [J]．林业科学研究，2014, 27(3): 441-444.

[194] 兰倩，史胜青，刘建锋，等．海南省小叶买麻藤种子形态及营养成分研究 [J]．植物研究，2013, 33 (5)：616-622

[195] 代家猛，逯娅，黄相中，等．心叶青藤茎中酚类化学成分研究 [J]．云南民族大学学报（自然科学版），2017, 26(6): 433-437.

[196] 李江，蔡小玲．民族药三叶青藤的研究现状 [J]．华夏医学，2009, 22(5): 992-994.

[197] 王卫国，陈宇红，乔卫国，等．秦岭植物新记录属——无须藤属 [J]．陕西林业科技，2015(5): 27.

[198] 钟卫红，曹岚，钟卫津，等．江西省木通科野生药用植物资源调查 [J]．江西中医药大学学报，2016, 28(2): 63-64, 77.

[199] 郭林新，马养民，乔珂，等．三叶木通化学成分及其抗氧化活性 [J]．中成药，2017, 39(2): 338-342.

[200] 雷颂，涂庆会，张利，等．三叶木通果皮制作果脯加工工艺 [J]．食品研究与开发，2016, 37(19): 100-104.

[201] 谭超．秦巴山区三叶木通植株繁殖及栽培技术 [J]．农业与技术，2016, 36(18): 183.

[202] 张天啸，付辉政，杨毅生，等．野木瓜化学成分研究 [J]．中药材，2016, 39(7): 1554-1558.

[203] 崔霖芸．野木瓜果汁体外抗氧化性研究 [J]．食品工业科技，2017, 38(15): 6-10.

[204] 游彩云，梅拥军，刘菁，等．斑叶野木瓜容器播种育苗技术 [J]．林业科技通讯，2017(5): 29-30.

[205] 陈晓东，田伟，邓仁华，等．那藤化学成分研究 [J]．中草药，2013, 44(6): 671-673.

[206] 刘浩，俞昌喜．钩吻的研究进展 [J]．福建医科大学学报，2008, 42(5): 469-472.

[207] 王智华，张和岑．中药钩吻的生药学研究 [J]．上海第一医学院学报，1982, 9(2): 81-86.

[208] 张娅，项朋志，高敏．傣药倒心盾翅藤化学成分及应用探究 [J]．云南中医中药杂志，2018, 39(1): 81-82.

[209] 李海涛，彭朝忠，管燕红，等．傣药倒心盾翅藤资源调查 [J]．时珍国医国药，2011, 22(12): 2999-3000.

[210] 张丽霞，彭朝忠，牛迎凤，等．傣药倒心盾翅藤扦插繁殖研究 [J]．中国农学通报，2011, 27(19): 125-128.

[211] 代色平，赖晋灵．狭叶异翅藤的繁殖和栽培 [J]．广东园林，2008, 30(4): 17-19.

[212] 张庆英，梁鸿，蔡少青，等．崖藤中生物碱 aromoline 的结构及 NMR 研究 [J]．中草药，2005, 36(11): 1627-1629.

[213] 杨海东, 陈艳梅, 刘淑芬, 等. 木防己多糖的组成及其清除活性氧自由基的作用 [J]. 河北北方学院学报, 2005, 22(2): 6-8.

[214] 唐宗俭, 劳爱娜, 陈嬿, 等. 毛叶轮环藤肌松有效成分的研究 [J]. 药学学报, 1980, 15(8): 506-508.

[215] 黄孝春, 郭跃伟, 王峥涛, 等. 苍白秤钩风化学成分的研究 [J]. 中草药, 2003, 34(2): 101-104.

[216] 扶教龙, 刘佳, 吴晨奇, 等. 天仙藤化学成分分离纯化研究 [J]. 上海农业学报, 2014, 30(6): 116-119.

[217] 苗爽, 袁卓婷, 王长春, 等. 金线吊乌龟的组织培养与快速繁殖技术研究 [J]. 湖南农业科学, 2014(10): 43-44.

[218] 马养民. 千金藤属植物化学成分研究 [J]. 西北林学院学报, 2004, 19(3): 125-130.

[219] 张茂生, 潘卫东, 郁建平, 等. 黄叶地不容生物碱成分研究 [J]. 时珍国医国药, 2009, 20(10): 2437-2438.

[220] 周子静. 中药黄藤的类似品大叶藤的生药学鉴定 [J]. 广西中医药, 1980(2): 41-44.

[221] 赵成刚. 青牛胆属植物化学成分及药理研究进展 [J]. 铜仁学院学报, 2013, 15(4): 136-139.

[222] 邓平, 吴敏, 肖相元. 青牛胆属药用植物的研究进展 [J]. 南方林业科学, 2015, 43(2): 28-31.

[223] 马亚娟, 白文婷, 朱小芳, 等. 青牛胆属药用植物研究进展 [J]. 中南药学, 2017, 15(12): 1733-1738.

[224] 李冠华, 丁文兵, 李有志. 青牛胆属植物的杀虫活性研究进展 [J]. 华中昆虫研究, 2013, 9: 71-75.

[225] 孔令锋, 李书渊. 扭肚藤的生药学研究 [J]. 广东药学院学报, 2008, 24(5): 449-451.

[226] 黄海泉, 浦绍锋, 王博, 等. 扭肚藤的组织培养和快速繁殖 [J]. 植物生理学通讯, 2008, 44(6): 1173-1174.

[227] 张毅, 梁旭, 张正锋, 等. 清香藤茎化学成分的分离与鉴定 [J]. 沈阳药科大学学报, 2014, 31(8): 610-612, 668.

[228] 卢松茂, 蔡坤秀, 郑少缘, 等. 毛茉莉形态特征调查 [J]. 福建热作科技, 2013, 38(3): 16-17.

[229] 周亮, 张淑红, 张远辉, 等. 毛茉莉扦插繁殖试验 [J]. 西南林业大学学报, 2013, 33(6): 61-65.

[230] 霍丽妮, 李培源, 陈睿, 等. 青藤仔叶和茎挥发油化学成分研究 [J]. 时珍国医国药, 2011, 22(11): 2616-2618.

[231] 刘建林. 四川素馨属(木犀科)一新变种 [J]. 植物研究, 2005, 25(1): 7.

[232] 娄予强, 叶燕萍, 张林辉, 等. 生物农药资源——鱼藤的研究进展 [J]. 农业科技通讯, 2010(1): 108-111.

[233] 吴红果, 娄华勇, 梁光义, 等. 毛果鱼藤化学成分研究 [J]. 中成药, 2014, 36(4): 785-788.

[234] 蓝俊杰, 张华, 娄华勇, 等. 毛果鱼藤化学成分及生物活性研究 [J]. 热带亚热带植物学报, 2016, 24(4): 471-476.

[235] 邓丽姚, 姜明国, 杨立芳, 等. 壮药毛果鱼藤提取物体内外降糖作用的初步研究 [J]. 中药材, 2017, 40(9): 2156-2160.

[236] 王亚维, 张国洲, 谢维斌. 贵州省内不同品种鱼藤植物中鱼藤酮的含量分析 [J]. 种子, 2013, 32(5): 51-53.

[237] 巩婷, 王东晓, 刘屏, 等. 白花油麻藤化学成分研究 [J]. 中国中药杂志, 2010, 35(13): 1720-1722.

[238] 巩江, 倪士峰, 路锋, 等. 油麻藤属药用研究概况 [J]. 安徽农业科学, 2010, 38(22): 12184-12185.

[239] 胡旺云, 罗士德, 蔡建勋. 大果油麻藤化学成分研究 [J]. 中草药, 1994, 25(2): 59-60.

[240] 芦夕芹, 彭志金. 常春油麻藤的开发利用 [J]. 中国林副特产, 2007(2): 85-86.

[241] 张晓龙, 周伦高. 常春油麻藤在公路边坡绿化中的应用 [J]. 西部交通科技, 2010(4): 74-76.

[242] 张德武, 戴胜军, 李贵海, 等. 野葛藤的化学成分研究 [J]. 中草药, 2011, 42(4): 649-651.

[243] 洪森荣, 尹明华, 邵兴华. 野葛叶片和茎段高频再生体系的建立 [J]. 植物研究, 2008, 28(4): 458-464.

[244] 马崇坚, 郑声云, 卓海标. 粉葛种苗离体繁殖技术初步研究 [J]. 广东农业科学, 2013, 40(15): 28-30.

[245] 王静, 黄林普, 王一, 等. 苦葛提取物抑菌活性初步研究 [J]. 中国农学通报, 2014, 30(7): 312-315.

[246] 黄燕, 王军民, 华燕. 植物源农药及苦葛研究综述 [J]. 安徽农业科学, 2011, 39(3): 1417-1418.

[247] 王静, 范黎明, 肖春, 等. 中药苦葛资源开发与利用研究进展 [J]. 安徽农业科学, 2012, 40(36): 17532-17533.

[248] 陈爱民, 吴培云, 刘劲松, 等. 紫藤瘤化学成分研究 [J]. 安徽医药, 2012, 16(1): 18-20.

[249] 宗梅, 蔡永萍, 范志强, 等. 紫藤不同部位活性成分的研究与应用进展 [J]. 食品工业科技, 2012, 34(7): 383-386.

[250] 常银霞, 陈业高. 蝉翼藤属药用植物的研究进展 [J]. 山西师范大学学报 (自然科学版), 2005, 19(1): 95-99.

[251] 李丽, 李勇文, 李植飞, 等. 蝉翼藤的药效学研究 [J]. 贵阳中医学院学报, 2006, 28(6): 46-48.

[252] 石磊, 康文艺. 蝉翼藤根茎化学成分研究 [J]. 中国中药杂志, 2008, 33(7): 780-782.

[253] 王起文, 马赟, 马程遥, 等. 蝉翼藤化学成分及药理活性研究进展 [J]. 中成药, 2016, 38(9): 2013-2017.

[254] 王起文, 陈东东, 马程遥, 等. 蝉翼藤化学成分的研究 [J]. 中成药, 2017, 39(6): 1199-1203.

[255] 楼招欢, 吕圭源, 俞静静. 何首乌成分、药理及毒副作用相关的研究进展 [J]. 浙江中医药大学学报, 2014, 38(4): 495-500.

[256] 梅雪, 余刘勤, 陈小云, 等. 何首乌化学成分和药理作用的研究进展 [J]. 药物评价研究, 2016, 39(1): 122-131.

[257] 康洁, 苏现明, 张鹏, 等. 鸡眼藤地上部分的化学成分研究 [J]. 中药材, 2017, 40(1): 111-113.

[258] 陈少萍. 红纸扇栽培管理 [J]. 中国花卉园艺, 2013(2): 42-44.

[259] 汪萌, 胡华斌, 唐建维, 等. 西双版纳三个少数民族间共用药用植物的初步研究 [C]. 第八届中国民族植物学学术研讨会暨第七届亚太民族植物学论坛会议文集, 2016.

[260] 胡明勋, 马逾英, 蒋运斌, 等. 鸡矢藤的研究进展 [J]. 中国药房, 2017, 28(16): 2277-2280.

[261] 刘易蓉, 梁光义, 张永萍. 清风藤属药用植物的研究概况 [J]. 贵阳中医学院学报, 2006, 28(1): 50-52.

[262] 温迪, 孙庆文, 潘国吉, 等. 清风藤属药用植物研究进展 [J]. 贵州科学, 2016, 34(3): 25-31.

[263] 梁光义, 武孔云, 徐任生, 等. 尖叶清风藤化学成分的研究 [J]. 药学学报, 1995, 30(5): 367-371.

[264] 邓云飞. 中国清风藤属 *Sabia* Colebr.(清风藤科) 的订正 [J]. 热带亚热带植物学报, 2001, 9(1): 45-48.

[265] 李楠, 徐影, 孙铭学, 等. 寄生藤水溶性成分的分离与鉴定 [J]. 沈阳药科大学学报, 2011, 28(9): 703-706.

[266] 陈业高, 林中文, 曹霖, 等. 狭叶南五味子中的抗生育活性三萜酸 (英文)[J]. 中国现代应用药学, 2002, 19(2): 103-105.

[267] 叶国盛. 山珍奇果——优选黑老虎. 农村经济与科技, 2005, 16(1): 33.

[268] 舒永志, 成亮, 杨培明. 黑老虎的化学成分及药理作用研究进展 [J]. 中草药, 2011, 42(4): 805-813.

[269] 延在昊, 成亮, 孔令义, 等. 黑老虎化学成分及其抗氧化活性研究 [J]. 中草药, 2013, 44(21): 2969-

2973.

[270] 石焱芳, 陈海玲. 黑老虎的药理活性成份研究进展 [J]. 海峡药学, 2013, 25(7): 67-69.

[271] 陆俊, 刘如如, 赵雪萌, 等. 黑老虎活性成分及生理活性研究进展 [J]. 食品研究与开发, 2018, 39(2): 219-224.

[272] 谢玮, 杨涛, 赵雯霖. 黑老虎籽功能成分分析及其应用前景展望 [J]. 食品研究与开发, 2016, 37(12): 1-5.

[273] 谭晓虹, 田嘉铭, 杨辉, 等. 南五味子有效成分及其药理作用的研究进展 [J]. 神经药理学报, 2014, 4(6): 28-32.

[274] 陈佳宝, 刘佳宝, 崔保松, 等. 南五味子根的化学成分研究 [J]. 中草药, 2015, 46(2): 178-184.

[275] 周杰文, 杜金龙, 侯宪峰, 等. 翼梗五味子藤茎倍半萜类化学成分研究 [J]. 中国中药杂志, 2016, 4(16): 3049-3054.

[276] 周杰文. 翼梗五味子和金山五味子藤茎化学成分研究 [D]. 武汉: 华中科技大学, 2016.

[277] 徐秀梅, 廖志华, 陈敏. 滇藏五味子化学成分研究 [J]. 中国药学杂志, 2009, 44(23): 1769-1773.

[278] 田仁荣, 肖伟烈, 杨柳萌, 等. 红花五味子甲素的分离纯化及其抗HIV-1活性的研究 [J]. 中国天然药物, 2006, 4(1): 40-44.

[279] 郭洁, 刘利辉, 梅双喜, 等. 球蕊五味子藤茎的化学成分研究 [J]. 中国中药杂志, 2003, 28(2): 138-140.

[280] 黄泽豪, 秦路平. 华中五味子藤茎的化学成分研究 [J]. 中草药, 2016, 47(19): 3374-3378.

[281] 吴玲娜, 谢碧霞, 邓白罗, 等. 华中五味子的愈伤组织诱导 [J]. 经济林研究, 2007, 25(4): 50-52.

[282] 姜登钊, 吴家忠, 刘红兵, 等. 百部药材的生物碱类成分及生物活性研究进展 [J]. 安徽农业科学, 2011, 39(31): 19097-19099.

[283] 李克烈, 林乙明, 徐立, 等. 蔓生百部组织培养快繁技术 [J]. 广西农业科学, 2005, 36(6): 505-506.

[284] 张玄薇, 王孝勋, 梁臣艳, 等. 对叶百部化学成分及药理作用研究进展 [J]. 亚太传统医药, 2015, 11(3): 42-44.

[285] 王海军, 韦萍萍, 刘莹, 等. 木质藤本刺果藤灾变的产生机理及管控 [J]. 生态科学, 2016, 35(3): 178-183.

[286] 李鹤春, 李成雁, 庄金慧, 等. 龙吐珠组培快繁技术初探 [J]. 安徽农业科学, 2009, 37(21): 9863-9866.

拉丁学名索引

A

Actinidia arguta	60
Actinidia callosa	61
Actinidia chinensis	62
Actinidia eriantha	64
Actinidia farinosa	64
Actinidia fortunatii	65
Actinidia henryi	66
Actinidia kolomikta	67
Actinidia liangguangensis	68
Actinidia macrosperma	69
Actinidia melanandra	70
Actinidia polygama	72
Actinidia rubus	72
Actinidia melliana	71
Aganosma harmandiana	77
Aganosma siamensis	78
Akebia quinata	200
Akebia trifoliata	201
Albertisia laurifolia	222
Alyxia odorata	79
Alyxia sinensis	80
Amalocalyx yunnanensis	82
Apios carnea	252
Araujia sericifera	110
Argyreia capitiformis	170
Argyreia nervosa	171
Argyreia osyrensis	173
Argyreia wallichii	174
Aristolochia fangchi	102
Aristolochia fimbriata	103
Aristolochia gigantea	104
Aristolochia hainanensis	105
Aristolochia howii	106
Aristolochia kwangsiensis	107
Aristolochia littoralis	108
Aristolochia westlandii	109
Aspidopterys floribunda	215
Aspidopterys obcordata	216
Austrobaileya scandens	147

B

Baissea acuminata	82
Beaumontia grandiflora	83
Biondia hemsleyana	111
Bowringia callicarpa	253
Byttneria grandifolia	310
Byttneria pilosa	311

C

Callerya cinerea	255
Callerya dielsiana	255
Callerya reticulata	256
Callerya bonatiana	254
Celastrus aculeatus	158
Celastrus angulatus	159
Celastrus flagellaris	159
Celastrus gemmatus	160
Celastrus hindsii	161
Celastrus monospermus	162
Celastrus orbiculatus	163
Celastrus rosthornianus	164
Celastrus tonkinensis	165
Ceropegia ampliata	112
Ceropegia christenseniana	113
Ceropegia dolichophylla	113
Ceropegia mairei	114
Ceropegia teniana	115
Ceropegia trichantha	116
Chonemorpha eriostylis	84
Chonemorpha splendens	85
Clerodendrum splendens	312
Clerodendrum thomsoniae	313
Clerodendrum speciosum	312
Clitoria ternatea	258
Cocculus orbiculatus	223
Coelospermum kanehirae	277
Combretum alfredii	167
Combretum pilosum	167
Combretum wallichii	168
Congea tomentosa	315
Coptosapelta diffusa	279
Cosmostigma cordatum	117
Craspedolobium schochii	259
Cryptolepis buchananii	118
Cryptolepis sinensis	119
Cryptostegia grandiflora	119
Cyclea barbata	225
Cynanchum auriculatum	120
Cynanchum bungei	120
Cynanchum chekiangense	122
Cynanchum chinense	122
Cynanchum officinale	123
Cynanchum otophyllum	124
Cynanchum taihangense	124
Cynanchum thesioides	125
Cynanchum wilfordii	126

D

Dendrotrophe varians	296
Derris elliptica	260
Derris eriocarpa	261
Derris harrowiana	262
Derris marginata	263
Dinetus racemosus	178

Dioscorea elephantipes	189
Diploclisia glaucescens	226
Dregea cuneifolia	128
Dregea sinensis	129
Dregea volubilis	130
Dregea yunnanensis	132

E

Ecdysanthera rosea	99
Erycibe expansa	179

F

Fallopia denticulata	276
Fallopia multiflora	276
Fallopia aubertii	275
Fibraurea recisa	227
Fockea edulis	132

G

Gelsemium elegans	213
Gelsemium sempervirens	215
Gnetum gnemon	191
Gnetum montanum	192
Gnetum parvifolium	193
Gymnema sylvestre	133

H

Hetcropterys angustifolia	218
Heterostemma grandiflorum	135
Hibbertia scandens	189
Hiptage benghalensis	218
Hiptage lucida	219
Holboellia angustifolia	203
Holboellia coriacea	204
Holboellia latifolia	205
Hosiea sinensis	199
Hypserpa nitida	227

I

Ichnocarpus polyanthus	86
Illigera celebica	194
Illigera cordata	195
Illigera parviflora	196
Illigera rhodantha	196
Ipomoea cairica	180
Ipomoea horsfalliae	180
Ipomoea pes-caprae	181

J

Jasminum beesianum	236
Jasminum cinnamomifolium	237
Jasminum coffeinum	237
Jasminum craibianum	238
Jasminum dispermum	238
Jasminum duclouxii	239
Jasminum elongatum	240
Jasminum lanceolarium	241
Jasminum laurifolium	242
Jasminum multiflorum	243

Jasminum nervosum	243
Jasminum officinale	244
Jasminum polyanthum	245
Jasminum rufohirtum	247
Jasminum sambac	247
Jasminum seguinii	248
Jasminum sinense	249
Jasminum stephanense	250
Jasminum tonkinense	251

K

Kadsura angustifolia	297
Kadsura coccinea	298
Kadsura longipedunculata	299

L

Loeseneriella concinna	198
Lonicera × tellmanniana	156
Lonicera hildebrandiana	150
Lonicera hypoglauca	151
Lonicera japonica	151
Lonicera longiflora	153
Lonicera macrantha	153
Lonicera pampaninii	154
Lonicera sempervirens	154

M

Mandevilla sanderi	87
Mandevilla splendens	88
Marsdenia formosana	136
Marsdenia tenacissima	137
Melodinus fusiformis	90
Melodinus hemsleyanus	91
Melodinus suaveolens	91
Melodinus cochinchinensis	89
Merremia boisiana	183
Merremia tuberosa	183
Merremia vitifolia	184
Millettia pachycarpa	264
Morinda parvifolia	279
Morinda umbellata ssp. *obovata*	280
Mucuna birdwoodiana	265
Mucuna lamellata	266
Mucuna macrocarpa	267
Mucuna sempervirens	268
Mussaenda erosa	282
Mussaenda erythrophylla	283
Mussaenda hossei	284
Mussaenda hybrida	284
Mussaenda pubescens	285
Myriopteron extensum	139

P

Pachygone valida	228
Paederia cavaleriei	287
Paederia cruddasiana	287
Paederia scandens	288

Paederia stenophylla	289
Pandorea jasminoides	148
Pegia nitida	76
Pentalinon luteum	93
Periploca calophylla	139
Periploca forrestii	140
Periploca sepium	141
Petraeovitex wolfei	200
Petrea volubilis	314
Plukenetia volubilis	190
Podranea ricasoliana	149
Porana duclouxii	176
Porana grandiflora	177
Poranopsis sinensis	186
Pueraria montana	270
Pueraria peduncularis	271

Q

Quisqualis indica	169

R

Ruellia affinis	54

S

Sabia campanulata	291
Sabia dielsii	291
Sabia discolor	292
Sabia limoniacea.	293
Sabia swinhoei	293
Sabia transarisanensis	294
Sabia yunnanensis	294
Sargentodoxa cuneata	206
Schisandra henryi	300
Schisandra neglecta	301
Schisandra propinqua	301
Schisandra rubriflora	302
Schisandra sphaerandra	303
Schisandra sphenanthera	304
Securidaca inappendiculata	274
Sinofranchetia chinensis	207
Sinomarsdenia incise	142
Sinomenium acutum	229
Solanum laxum	305
Solanum seaforthianum	306
Solanum wendlandii	307
Sphenodesme floribunda	315
Sphenodesme mollis	316
Sphenodesme pentandra var. *wallichiana*	317
Stauntonia brunoniana	208
Stauntonia chinensis	208
Stauntonia conspicua	209
Stauntonia decora	210
Stauntonia maculata	211
Stauntonia obovatifoliola	212
Stelmatocrypton khasianum	143
Stemona japonica	308
Stemona mairei	308
Stemona tuberosa	309
Stephania cepharantha	230
Stephania japonica	231
Stephania viridiflavens	232
Stephanotis floribunda	94
Stigmaphyllon ciliatum	221
Strongylodon macrobotrys	272
Strophanthus divaricatus	94
Strophanthus gratus	95
Strophanthus hispidus	96
Strophanthus preussii	97
Strophanthus wallichii	98

T

Tetracera sarmentosa	188
Thunbergia alata	55
Thunbergia coccinea	56
Thunbergia grandiflora	57
Thunbergia lacei	58
Thunbergia mysorensis	59
Tinomiscium petiolare	233
Tinospora sagittata	234
Toxocarpus wightianus	143
Tridynamia sinensis	186
Tristellateia australasiae	221
Tylophora silvestris	146
Tylophora ovata	145

U

Urceola tournieri	100

V

Vallaris indecora	101
Vallaris solanacea	102
Vigna caracalla	272

W

Wisteria sinensis	273

中文名索引（按拼音顺序排序）

A
阿里山清风藤 294

B
桉叶藤 119
八月瓜 205
巴豆藤 259
白蛾藤 110
白花叶 186
白花油麻藤 265
白瓶吊灯花 112
白首乌 120
白叶藤 119
百部 308
斑叶野木瓜 211
边荚鱼藤 263

C
苍白秤钩风 226
蝉翼藤 274
长花忍冬 153
长黄毛山牵牛 58
长毛风车子 167
长叶吊灯花 113
常春油麻藤 268
程香仔树 198
匙羹藤 133
齿叶蓼 276
翅果藤 139
翅野木瓜 210
臭鸡矢藤 287
川山橙 91
串果藤 207
垂丝金龙藤 97
刺苞南蛇藤 159
刺果藤 310
丛林素馨 239
粗毛刺果藤 311

D
大百部 309
大果忍冬 150
大果三翅藤 186
大果油麻藤 267
大花忍冬 153
大花山牵牛 57
大花醉魂藤 135
大理鱼藤 262
大纽子花 101
大血藤 206
大芽南蛇藤 160
大叶藤 233
大叶银背藤 174
大籽猕猴桃 69
淡红素馨 250
倒心盾翅藤 216
地梢瓜 125
滇藏五味子 301
滇桂鸡血藤 254
吊灯花 116
蝶豆 258
独子藤 162
短柄忍冬 154
短梗南蛇藤 164
短序吊灯花 113
对叶藤 147
多花盾翅藤 215
多花黑鳗藤 94
多花素馨 245
多花楔翅藤 315

E
鹅绒藤 122
耳叶鸡矢藤 287

F
飞蛾藤 178

非洲凌霄	149
翡翠葛	272
粉萼金花	284
粉花凌霄	148
粉毛猕猴桃	64
风车子	167
风龙	229
风筝果	218

G

杠柳	41
葛	270
葛枣猕猴桃	72
隔山消	126
弓果藤	143
钩吻	214
狗枣猕猴桃	67
菰腺忍冬	151
古钩藤	118
贯月忍冬	154
灌状买麻藤	191
广防己	102
广西马兜铃	107
广西香花藤	78
龟甲龙	189
贵州娃儿藤	146
桂叶素馨	242
过山枫	158

H

海南链珠藤	79
海南鹿角藤	85
海南马兜铃	105
合蕊五味子	301
何首乌	276
黑老虎	298
黑龙骨	140
黑蕊猕猴桃	70
红蝉花	87
红萼龙吐珠	312
红花木芦莉	54
红花青藤	196
红花山牵牛	56
红花五味子	302
红毛玉叶金花	284
红素馨	236
红纸扇	283
厚果崖豆藤	264
厚藤	181
华素馨	249
华中五味子	304
黄花老鸦嘴	59
黄金藤	221
黄叶地不容	232
灰背清风藤	292
灰毛鸡血藤	255
火星人	132

J

鸡矢藤	288
鸡眼藤	279
寄生藤	296
尖山橙	90
尖叶清风藤	293
箭毒羊角拗	96
金钩吻	215
金平藤	82
金雀马尾参	114
金线吊乌龟	230
金香藤	93
金钟藤	183
巨花马兜铃	104
聚花白鹤藤	173

K

咖啡素馨	237
苦葛	271
苦皮藤	159
苦绳	129
宽药青藤	194

宽叶秦岭藤 111

L

蓝花藤 314
丽子藤 132
链珠藤 80
两广猕猴桃 68
亮叶素馨 248
裂冠藤 142
流苏马兜铃 103
流苏子 279
龙吐珠 313
鹿角藤 84

M

马鞍山吊灯花 115
买麻藤 192
蔓剪草 122
毛车藤 82
毛萼素馨 238
毛果鱼藤 261
毛花猕猴桃 64
毛茉莉 243
毛楔翅藤 316
毛叶轮环藤 225
毛鱼藤 260
美丽马兜铃 108
美丽猕猴桃 71
美丽银背藤 171
蒙自猕猴桃 66
密花素馨 251
茉莉花 247
木防己 223
木玫瑰 183
木藤蓼 275
木通 200

N

那藤 212
南山藤 130
南蛇藤 163

南五味子 299
南粤马兜铃 106
楠藤 282
柠檬清风藤 293
牛皮消 120
扭肚藤 240
纽子花 102

P

攀援纽扣花 189
飘香藤 88
平伐清风藤 291

Q

千金藤 231
青江藤 161
青牛胆 234
青蛇藤 139
青藤仔 243
青羊参 124
清明花 83
清香藤 241
球蕊五味子 303

R

忍冬 151
绒苞藤 315
肉色土圞儿 252
软枣猕猴桃 60

S

三列飞蛾藤 176
三星果藤 221
三叶木通 201
三叶野木瓜 208
山白藤 317
山橙 91
肾子藤 228
石风车子 168
使君子 169
双子素馨 238
思茅山橙 89

素方花	244	星油藤	190
酸叶胶藤	99	锈毛丁公藤	179

T

台尔曼忍冬	156	须药藤	143
台湾牛奶菜	136	悬星花	306
太行白前	124	旋花羊角拗	95
藤槐	253	穴果木	277

Y

藤漆	76	崖藤	222
天堂花	307	艳赪桐	312
天仙藤	227	羊角拗	94
条叶猕猴桃	65	羊角藤	280
通光散	137	野木瓜	208
头花银背藤	170	夜花藤	227

W

娃儿藤	145	翼梗五味子	300
王妃藤	180	翼叶老鸦嘴	55
网络鸡血藤	256	鹰爪枫	204
蜗牛藤	272	硬齿猕猴桃	61
沃尔夫藤	200	玉叶金花	285
无须藤	199	云南百部	308
五月瓜藤	203	云南清风藤	294
五爪金龙	180	云南水壶藤	100

		云南素馨	247

X

		云南香花藤	77
锡叶藤	188	云南羊角拗	98

Z

狭叶鸡矢藤	289		
狭叶南五味子	297	藏飞蛾藤	177
狭叶异翅藤	218	樟叶素馨	237
显脉野木瓜	209	掌叶鱼黄草	184
香港马兜铃	109	昭通猕猴桃	72
香花鸡血藤	255	褶皮黧豆	266
小花青藤	196	中华猕猴桃	62
小花藤	86	钟花清风藤	291
小叶买麻藤	193	皱果南蛇藤	165
楔叶南山藤	128	朱砂藤	123
心叶荵蔓藤	117	紫凤筝果	219
心叶青藤	195	紫藤	273
星茄藤	305		

335